模拟光纤链路
理论与实践

Analog Optical Links
Theory and Practice

◎ [美] Charles H. Cox, III 著
◎ 戴 键 刘安妮 吴钟涵 高一然 许方星 徐 坤 译

電子工業出版社
Publishing House of Electronics Industry
北京 · BEIJING

内 容 简 介

本书是一本关于模拟光纤链路基础理论模型与应用实践设计的专著。全书共七章，系统深入地介绍了模拟光纤链路组件与小信号模型，低频短距离模拟光纤链路模型，以及模拟光纤链路的频率响应、噪声源、非线性失真及综合权衡设计等几方面内容，并重点分析了模拟光纤链路的四个主要性能参数（功率增益、工作带宽、噪声系数和无互调失真动态范围），特别包括两部分关键内容：核心组件参数与整体链路性能之间的关系，主要核心组件参数与链路系统性能指标之间的权衡设计。

本书可以作为高等院校电子信息类相关学科的高年级本科生和研究生教材或参考书，也可作为从事光纤通信和微波技术等相关行业的工程设计人员了解模拟光纤链路的学习指导和工具指南，对从事微波光子学相关领域的研究和开发都有很好的借鉴价值。

图书在版编目（CIP）数据

模拟光纤链路：理论与实践 /(美) 查尔斯·H·考克斯三世（Charles H. Cox, III）著；戴键等译．—北京：电子工业出版社，2020. 10
书名原文：Analog Optical Links：Theory and Practice
ISBN 978-7-121-39736-3

Ⅰ. ①模…　Ⅱ. ①查…　②戴…　Ⅲ. ①模拟信号-光链路　Ⅳ. ①TN929. 11

中国版本图书馆 CIP 数据核字(2020)第 193195 号

责任编辑：满美希
印　　刷：三河市兴达印务有限公司
装　　订：三河市兴达印务有限公司
出版发行：电子工业出版社
　　　　　北京市海淀区万寿路 173 信箱　邮编：100036
开　　本：720×1000　1/16　　印张：14　　字数：260 千字
版　　次：2020 年 10 月第 1 版
印　　次：2020 年 10 月第 1 次印刷
定　　价：68. 00 元

凡所购买电子工业出版社图书有缺损问题，请向购买书店调换。若书店售缺，请与本社发行部联系，联系及邮购电话：（010）88254888，88258888。
质量投诉请发邮件至 zlts@ phei. com. cn，盗版侵权举报请发邮件至 dbqq@ phei. com. cn。
本书咨询和投稿联系方式：（010）88254590，manmx@ phei. com. cn。

译者序

模拟光纤链路凭借光纤的宽带宽低损耗传输优势，能够辅助实现宽带或高频射频信号的产生、传输、处理与控制，模拟光纤链路是微波光子学领域的研究和应用基础，微波光子功能模块或系统实现首先依赖于基础模拟光纤链路的性能指标，其在国防、通信、有线电视、射电天文和科学研究等领域都有广泛应用需求，并且备受高校、企业及科研院所等学术界和工业界关注。模拟光纤链路已经从基础原理研究走向工程实际应用，最典型的应用场景包括宽带无线通信、有线电视信号分布、大动态射频信号传输、光纤时频稳相传递、光控相控阵列、光纤拖曳诱饵和低相位噪声光电振荡器等，这些都充分利用了模拟光纤链路的低传输损耗优势，着力解决模拟光纤链路的噪声、非线性等机制问题，通过低噪声系数、大动态范围的高性能模拟光纤链路实现高性能射频信号产生、传输和处理功能。

本书作者 Cox 博士是模拟光纤链路领域（目前通常称之为模拟或微波光子学领域）创始人之一，并且在该领域活跃了 30 年以上，由于他对模拟光纤链路的分析、设计和实现方面所做贡献，Cox 博士于 2001 年当选为 IEEE Fellow。Cox 博士目前是美国 Photonic Systems 公司总裁，也是美国国防部部长办公室电子器件咨询小组成员，在成立 Photonic Systems 公司之前，Cox 博士受雇于麻省理工学院和麻省理工学院林肯实验室。

Analog Optical Links: Theory and Practice 是模拟光纤链路领域最早的经典著作，专注于模拟光纤链路的分析、设计和实现，我们有幸将此专著翻译成《模拟光纤链路：理论与实践》一书。本书的特色在于全面深入地体现了从模拟光纤链路的理论基础分析到关键核心器件设计，再到整个链路系统实现的实际认知过程，结合实际链路系统，注重概念理解，通过细致翔实的解释，加深读者对模拟光纤链路理论和实践知识的掌握。本书内容全面、实用性强，特别适合从事相关领域研究开发工作的科研人员、工程技术人员和高年级研究生阅读参考。

本书的翻译工作由北京邮电大学射频光子学实验室组织并完成，该实验室长期从事微波光子学领域相关科研工作，近年来主持和参与了多项国家级和省部级项目的基础研究和工程研制方面工作，具有坚实的理论基础和丰富的研究经验。全书共分为七章，由戴键、刘安妮、吴钟涵、高一然、许方星和徐坤主译，冀冲、韩微微、陈敬月、李晓琼和霍沙沙等人也参与了部分翻译工作。

本书的翻译出版得到了国家杰出青年科学基金项目（61625104）和面上项目（61971065）的支持，译者在此对国家自然科学基金委员会表示衷心的感谢，同时感谢电子工业出版社对翻译工作的大力支持。受译者水平和时间精力限制，书中若存在疏漏乃至错误之处，敬请广大读者及专家不吝赐教，提出修改意见，我们将不胜感激。

徐坤

前言

本书主要围绕模拟光纤链路的优化设计，重点介绍器件、链路与系统参数之间的权衡关系，并且在附录中简要介绍部分链路器件的内部原理。早期的模拟光纤链路设计主要将器件通过光纤简单连接起来，链路性能通常较差。因此，链路中需要级联前置或后置放大器来提升相关性能，但是级联放大器将使整个链路系统的性能优化设计变得更加复杂。

本书将利用增量/小信号模型方法，研究无级联放大器的模拟光纤链路中器件参数与链路性能的权衡关系。例如，通过对模拟光纤链路进行小信号建模可知，在不改变链路器件的基础上，合理设计器件参数可以有效降低链路射频损耗。希望读者在读完本书后，能够掌握器件、链路与系统参数之间的权衡关系并建立设计评估链路系统的基础，利用相关知识设计出最低成本和最高性能的链路系统。

电子工程师、器件设计师和系统设计师均可以将本书作为参考书：电子工程师通常具备电子技术背景，但是对光子学知识并不了解；器件设计师通常具备物理知识背景，但是对电子工程知识并不了解；系统设计师需要全面深入了解各领域之间的关系。例如，本书第二章涵盖了电光/光电器件及其增量/小信号模型，电子工程师只需要略读本章增量模型部分，重点关注电光/光电器件相关内容；反之，器件设计师可以略读器件部分内容，重点关注增量/小信号建模的内容；系统设计师应重点关注器件参数对链路性能的影响。此外，对于刚接触模拟光纤链路领域的读者，在第一次通读本书时，可能更希望了解具有普遍适用性的基础知识，对这部分读者，建议按照下表指南进行选择性阅读。

章	基础入门	拓展提升
第一章	全部内容	
第二章	除右侧内容外全部内容	2.2.1.2节、2.2.1.3节、2.2.2.2节及2.2.1.3节
第三章	全部内容	
第四章	除右侧内容外全部内容	4.4节
第五章	除右侧内容外全部内容	5.5节
第六章	除右侧内容外全部内容	6.3.3节、6.3.4节及6.4节
第七章	全部内容	

本书并未详细阐述全部基础知识，如果读者在阅读过程中需要了解更多基础内容，可以参阅相关参考文献。

在此，我要首先感谢微波光子学领域的所有研究人员，与他们的交流不断加深了我对模拟光纤链路的理解。当本书增量模型部分内容初次发表时，研究者们对模拟光纤链路射频功率增益的预测存在一定的争议，加州理工学院的 Bill Bridges 教授和伦敦大学的 Alwyn Seeds 教授针对该问题提供了重要解决思路。

在撰写、修订本书过程中，加州理工学院的 Bill Bridges 教授、麻省理工学院的 Jim Roberge 教授和加利福尼亚大学圣迭戈分校的 Paul Yu 教授提供了宝贵建议和帮助，Paul Yu 教授还在教授光电子学课程时使用了本书早期手稿。以下所列同事们在阅读相应章节时提出了建设性意见：Photonic Systems 公司的 Edward Ackerman（第五章和第七章）、Modetek 公司的 Gary Betts（第六章）、麻省理工学院的 Harry Lee（速率方程附录）和加利福尼亚大学圣塔芭芭拉分校的 Joachim Piprek（第二章）；此外，Photonic Systems 公司的 Joelle Prince 和 Harold Roussell 设计了书中相关实验并获取了重要数据，Edward Ackerman 通读了整个手稿并给出许多宝贵意见；麻省理工学院林肯实验室的 John Vivilecchia 绘制了书中相关图表。

对于上述同事们提供的宝贵建议和帮助深表感谢，最后还要感谢我的妻子 Carol 对我一如既往的耐心与支持。

很高兴能与剑桥大学出版社合作完成本书出版，感谢 Philip Meyler、Simon Capelin、Carol Miller 和 Margaret Patterson 等工作人员。

每次浏览手稿时，我都想修改书中部分内容。尽管很多专家学者在编写过程中提供了大量帮助，手稿内容依然不能够保证完全正确。如有错误之处，均是我个人责任，敬请读者批评指正。

目录

1 第一章 绪论

1.1 模拟光纤链路发展背景

迄今为止，光通信已经有一千多年的发展历史。自 19 世纪末贝尔发明光话机起，光通信技术得到了飞速发展，光纤由于灵活、传输损耗低等优势被广泛应用于现代通信行业中。光波在大气中传输 10 km 时损耗至少为 41 dB（Gowar，1983 年），即使在纯净空气中光波传输损耗通常也为 0.4~1 dB/km（Taylor 和 Yates，1957 年）；相比较而言，光纤传输损耗仅为 0.2 dB/km，1.55 μm 波长的光波在光纤中传输 10 km 时损耗约为 2 dB。

光纤通信链路虽然主要用于传输电信和数据网络中的数字信号，但是其也面临着飞速增长的模拟信号传输需求。光纤相较于射频电缆的优势日益凸显，在不同传输长度和工作频段条件下，常用射频电缆与光纤（工作于三个常见波段）的传输损耗如图 1.1 所示，可以看出，在相同频带内光纤传输损耗远低于射频电缆的传输损耗。

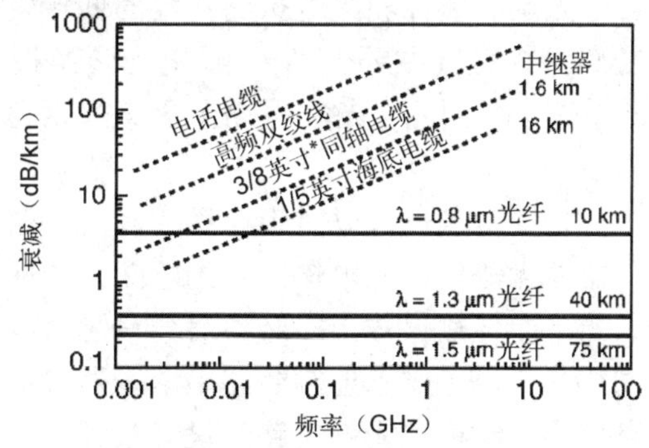

图 1.1 在不同传输长度和工作频段条件下，常用射频电缆与光纤（工作于三个常见波段）的传输损耗

* 注：1 英寸 = 2.54 厘米。

在模拟光纤通信系统中，模拟射频信号被调制到光载波上进行传输，典型模拟光纤链路的基本组成如图 1.2 所示，图中主要包括输入、传输和输出三个模块。输入模块由电光调制器件构成，主要分为直调激光器或外部调制器两种类型，用于将射频信号调制到光载波上，使得输入电流或电压信息转换成相应的光强信息；输出模块由光电二极管等光电探测器件构成，用于从光载波中解调出射频调制信号，将光强信息转换成电流信号；传输模块由低损耗光纤构成，用于输入与输出模块之间的耦合及传输。本书第二章将对模拟光纤链路基本组成元件进行具体分析。

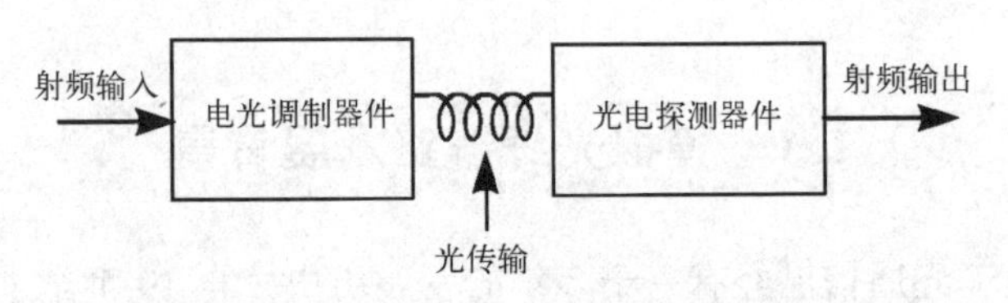

图 1.2　典型模拟光纤链路的基本组成

通常情况下，光电探测器件解调出的射频功率只有调制输入端射频功率的 0.1%，即模拟光纤链路存在 30 dB 射频传输损耗。本书将针对模拟光纤链路中射频功率损耗的产生原因、降低射频损耗技术，以及损耗对链路性能参数（噪声系数与非线性失真）的影响等问题进行详细分析。

当射频信号频率为 10 GHz 时，模拟光纤链路和同轴电缆的典型射频损耗与传输距离之间的关系曲线如图 1.3 所示。模拟光纤链路的射频损耗随着传输距离的增加而缓慢增加，然而同轴电缆的射频损耗将随着传输距离的增加而迅速增加。在短距离模拟光纤链路中，光纤传输损耗可以忽略不计，链路的射频损耗主要来自电光调制器件和光电探测器件的低转换效率。在长距离模拟光纤链路中，链路总损耗（主要包括光电/电光转换损耗和光纤传输损耗）小于同轴电缆传输损耗，因此，光电/电光转换效率对总体射频损耗影响较小。

与同轴电缆类似，光纤本身也可以实现信号的双向传输，但是在模拟光纤链路中，电光调制器件无法进行光电探测，光电探测器件也不能实现电光调制，因此，光纤只能单向传输信号，即射频信号只能由电光调制端口传输至光电探测端口。同样的，由于受到射频链路中电子器件的限制，同轴电缆也只能进行单向信号传输。在模拟光纤链路的设计过程中，光信号的单向传输能够有效提升链路性能。此外，改变光电探测器件的负载并不影响电光调制器件的正常工作，因此可以将模拟光纤链路中电光调制器件和光电探测器件视为相互独立的状态。

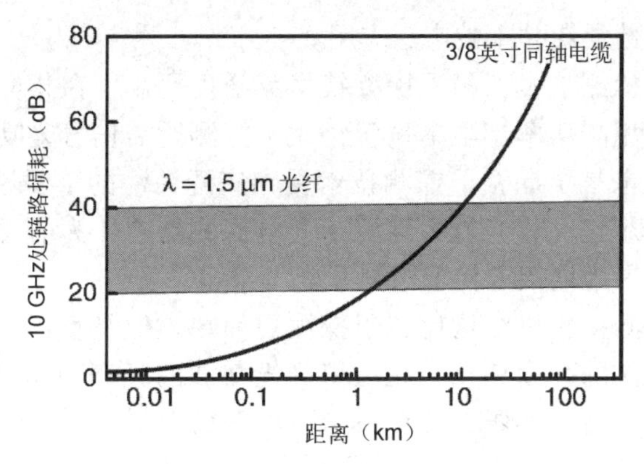

图 1.3　模拟光纤链路和同轴电缆的典型射频损耗与传输距离之间的关系曲线

模拟光纤链路系统的整体工作性能通常可以用传输损耗、工作带宽、噪声系数和动态范围四个指标来衡量。其中，电光调制器件对这些指标的影响最大，其次是光电探测器件，长距离光纤也会引入传输损耗进而影响链路噪声系数；此外，光纤色散还会间接影响模拟光纤链路工作带宽，而光纤中各种效应对链路动态范围的影响可以忽略不计。

本书不深入讨论器件的物理机理，而是重点关注各器件的系统参数对模拟光纤链路性能指标的影响，使读者们能够基于给定器件设计出满足各种应用需求的模拟光纤链路。假定光载波信号的幅度、频率和相位分别为 E_o、v 和 θ，沿着自由空间 z 方向传播的光平面波可以表示为

$$E(z,t)=E_o\exp\left[\mathrm{j}2\pi\left(\frac{zv}{c}-vt+\theta\right)\right] \tag{1.1}$$

模拟光纤链路可以在光域实现混频、本振信号产生等多种射频信号处理功能，并且已经实现了针对上述三个参量的光调制器件，包括幅度调制器、相位调制器和频率调制器。早期直接探测无线电技术只能解调出射频载波信号的幅度信息，无法得到其频率或相位信息（例如莫尔斯电码）。目前，几乎所有射频接收机均采用相干接收方式，可以同时解调出输入载波信号的幅度、频率和相位信息。

与射频接收技术类似，通过光电二极管检测光载波强度信息可以实现模拟光纤链路的强度调制-直接探测（Yu，1996 年），本书第二章将详细讨论该技术。对于频率或相位调制模拟光纤链路，则需要利用相干光接收机来解调，接收组件主要包括光学本振源、光学混频器（可以通过光电二极管实现）和光学滤波器。相干光接收机已经被广泛研究（Seeds，1996 年；Yamamoto 和 Kimura，1981 年），但是与直接探测方式相比，相干接收机结构复杂且性能提

升程度有限，因此早期并未被广泛应用。

相比于直接探测技术，相干探测技术灵敏度更高。在相同输出信噪比的条件下，如果使用高功率光学本振源，相干探测所需信号光功率水平小于直接探测方式，这也是早期相干探测技术受到广泛关注的重要原因。然而，后期光放大器的实用化（将光放大器置于光电探测器前作为前置光放大器）使得直接探测系统灵敏度接近相干探测系统。

尽管直接探测接收机结构比相干探测更简单，但是直接探测接收机只能解调恢复出光载波的强度信息，无法得到光载波的频率和相位信息。对平面光波进行强度调制后，其强度 $I(\mathrm{W/m^2})$ 可以表示为

$$I=\frac{1}{2}c\varepsilon_0 E_o^2 \tag{1.2}$$

上式也可以简化为光载波幅度的平方，其中幅度 E_o 为实数，ε_0 和 c 分别为真空中的介电常数和光速。由于强度调制属于平方律调制过程，调制产生的谐波分量会导致调制光谱比射频信号频谱宽很多，在图 1.4（b）所示的链路对应节点的光谱示意图中用省略号表示这些谐波分量。当调制指数较低时，这些谐波分量可以忽略不计，此时强度调制与幅度调制光谱带宽大致相同。

强度调制-直接检测技术是目前模拟光纤链路应用系统的普遍选择，也是本书的研究重点。光强度调制方式主要分为两类（Cox 等，1997）：直接调制和外部（间接）调制。在如图 1.4（a）所示的直接调制模拟光纤链路结构图中，射频信号通过改变激光器输出光强实现直接调制，因此调制信号频率必须处于激光器调制带宽内，目前只有半导体激光器能够满足实际调制带宽需求。模拟光纤链路还可以通过外部（间接）调制方式实现强度调制，如图 1.4（c）所示。对于外部调制模拟光纤链路，激光器输出恒定功率光载波，并通过外部调制器件实现光载波的强度调制，有效解决了直接调制模拟光纤链路中激光器调制带宽受限的问题。此外，上述两种模拟光纤链路均可以通过光电探测器实现光载波强度信息的直接探测解调。

理想电光调制和光电探测器件应该具有高转换效率、严格线性和无附加噪声等特性，并且工作特性不受调制信号频率和功率影响，然而实际电光/光电转换器件远无法达到理想情况。例如，如果没有经过合理的链路设计，射频信号经过模拟光纤链路后会出现严重失真，即链路中电光/光电转换过程存在较高非线性；不仅如此，模拟光纤链路还会引入额外附加噪声，降低模拟光纤链路的小信号传输能力；此外，实际电光调制器件还受限于最大输入射频功率，当调制信号功率超过特定值时，调制器将达到饱和状态。

上述问题将在本书后面章节中进行详细阐述，本书首先介绍实际模拟光纤链路的核心组件参数和各项性能指标，接着讨论相应链路的性能改善优化

技术。模拟光纤链路的各项性能指标并非相互独立，改善某个性能参数（如噪声）通常会导致另一性能参数恶化（如失真），因此需要综合权衡设计，以平衡优化模拟光纤链路的最佳性能。

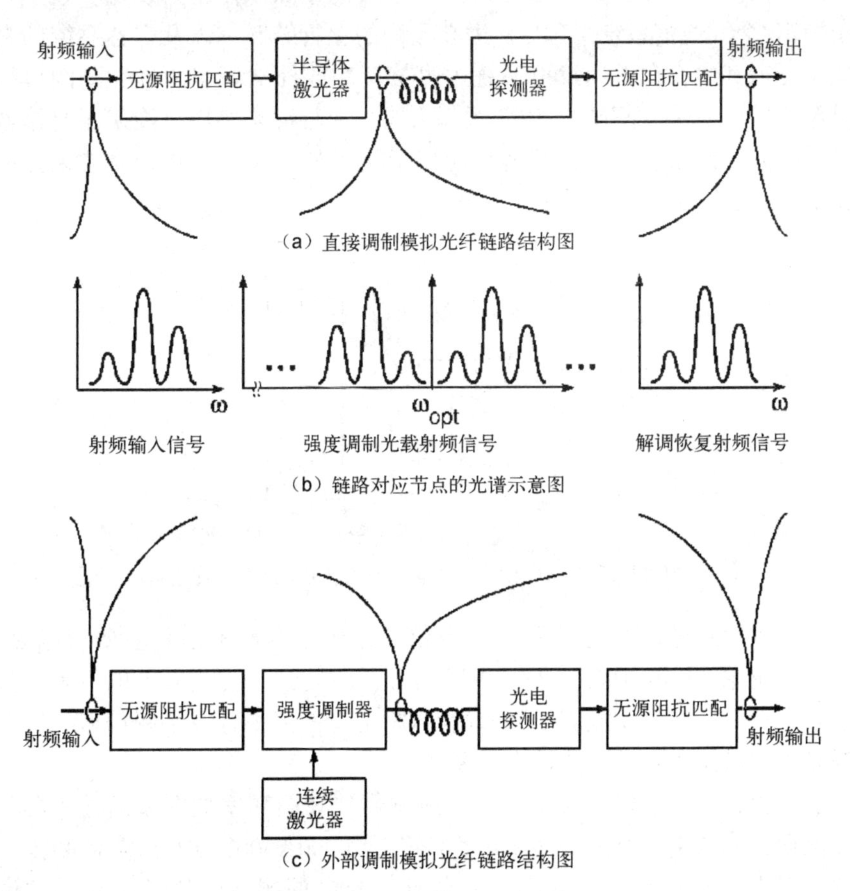

图 1.4　直接调制和外部调制模拟光纤链路结构图以及链路对应节点的光谱示意图

1.2　模拟光纤链路应用概述

由于不同应用场景要求采用不同功能的模拟光纤链路，因此，模拟光纤链路按功能类别或技术需求可以分为三种类型：发射式模拟光纤链路、分布式模拟光纤链路和接收式模拟光纤链路。

1.2.1 发射式模拟光纤链路

发射式模拟光纤链路旨在将射频信号从信号源传输至天线端，它主要应用于蜂窝/个人通信系统（PCS）远端天线的上行链路，以及雷达系统的发射功能单元。其中，在雷达发射系统中直接调制或外部调制两种类型的模拟光纤链路均可以使用，而蜂窝/PCS远端天线的上行链路应用只能采用直接调制类型模拟光纤链路。模拟光纤链路应用于相控阵列天线中真延时波束控制示例图如图1.5所示。

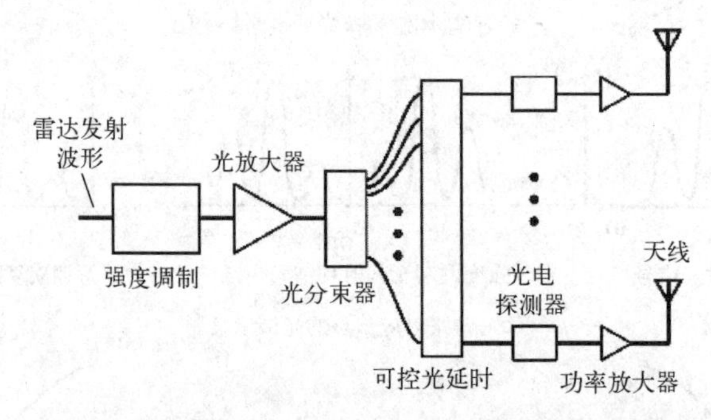

图1.5　模拟光纤链路应用于相控阵列天线中真延时波束控制示例图

由于发射式链路总是涉及高功率信号，所以噪声不是其主要考虑因素。在雷达系统中，链路通常只发射单频信号，因此，非线性失真也不是主要限制因素。然而，在多功能天线和蜂窝/PCS上行链路中存在多频信号，因此发射链路需要满足一定的非线性失真要求。

实际上，所有发射式模拟光纤链路都需要较高功率的射频信号来驱动天线。然而，如图1.3所示，即使对于特高频（300~3000 MHz）等低频段，模拟光纤链路也存在较大射频损耗；此外，光电探测器的热效应和线性度也限制了模拟光纤链路的最大输出射频功率（通常约为-10 dBm），因此为了使天线能够发射功率为1 W的射频信号，模拟光纤链路输出端与天线之间至少需要40 dB射频增益。如果模拟光纤链路存在30 dB射频损耗，为了得到-10 dBm输出射频功率，该链路输入射频功率至少需要达到20 dBm。由于电光调制器件的饱和输入功率通常低于20 dBm，光电探测器后端需要级联更高增益的功率放大器，因此对于实际发射式模拟光纤链路系统，需要降低链路中电光/光电转换损耗以提高链路输出功率。

天线辐射信号的中心频率可以覆盖10 MHz~100 GHz，实际发射链路工作带宽已经高达20 GHz，因此，发射式模拟光纤链路能够直接透明传输上述频段射频发射信号，不需要经过额外频率转换。

早在20世纪末，发射式模拟光纤链路所需高频组件就已经被实现，包括33 GHz宽带直接调制半导体激光器（Ralston等，1994年）、70 GHz宽带外部电光调制器（Noguchi等，1994年）以及500 GHz光电探测器（Chou和Liu，1992年）。然而上述器件存在转换效率较低的问题，需要借助额外射频放大器来提高链路增益。例如，如果模拟光纤链路使用1 mW激光器、70 GHz电光调制器和500 GHz光电探测器，该链路在70 GHz频率处的射频损耗约为60 dB。

1.2.2　分布式模拟光纤链路

分布式模拟光纤链路旨在将相同射频信号分配至多个站点，例如相控阵雷达系统中相位参考信号的分布传输。模拟光纤链路的第一个大规模商业应用是有线电视（CATV）信号的分布（Darcie和Bodeep，1990年；Olshansky等，1989年）。基于光纤的CATV分配系统示意图如图1.6所示，光纤低损耗特性有助于减少甚至消除同轴电缆分布链路中所需的多个中继放大器，通常主环和副环中分布式模拟光纤链路分别采用外部调制和直接调制方式。与发射式模拟光纤链路相同，分布式模拟光纤链路同样需要传输较高功率的射频信号，因此链路噪声不是其主要考虑因素。此外，在相控阵雷达等分布式模拟光纤链路系统中，传输的射频信号只存在单一频率分量，因此链路非线性失真问题也不是其主要考虑因素；对于其他分布式应用系统（如CATV系统），多个频率载波信号同时存在（CATV系统中多达80个），此时非线性失真是分布式模拟光纤链路的关键参数。此外，CATV分布系统的工作带宽很宽，在设计相应分布式模拟光纤链路时必须同时考虑窄带和宽带非线性失真，在本书第六章中将对此进行详细分析。

由于需要将光信号分配给多路光电探测器，因此分布式模拟光纤链路具有较高的光损耗。假设理想光分路器在分光过程中不引入额外损耗，那么100路光纤信号分配网络会存在20 dB分光损耗，而20 dB分光损耗将转换为40 dB射频损耗（参见本书第三章内容）。因此，尽管分配网络的总调制光功率水平很高，但是各路光电探测器的输出射频功率较低。

分配网络中光分路高损耗可以通过光放大器进行补偿，常见光放大器主要包括半导体光放大器（O'Mahony，1988年）和固体光放大器（Desurvire，1994年），其中半导体光放大器适用于光纤的任一工作波段窗口，而目前商用固体放大器仅有1.55 μm波段掺铒光纤放大器。以上两种光放大器的光学增益均可以达到30~40 dB，并且对双向传输光波都具有相同增益，因此，在光放大模拟光纤链路中需要尽量减少光学反射以避免杂散光的产生。

为了补偿分光损耗，可以在光分路器之前加入光放大器。然而由于受到光放大器的低饱和功率水平限制，通常将其置于光分路器之后，因此每路光分路器输出端口都需要级联一个光放大器。在一些分布式应用中，系统只需要级联一组光放大器；而在多级分路光纤网络中，每级分路都需要级联一组光放大器。由于光放大器在放大光信号时会引入宽带噪声，如果不进行滤波以降低噪声水平，后级链路光放大器将会继续放大宽带噪声直至达到饱和状态。

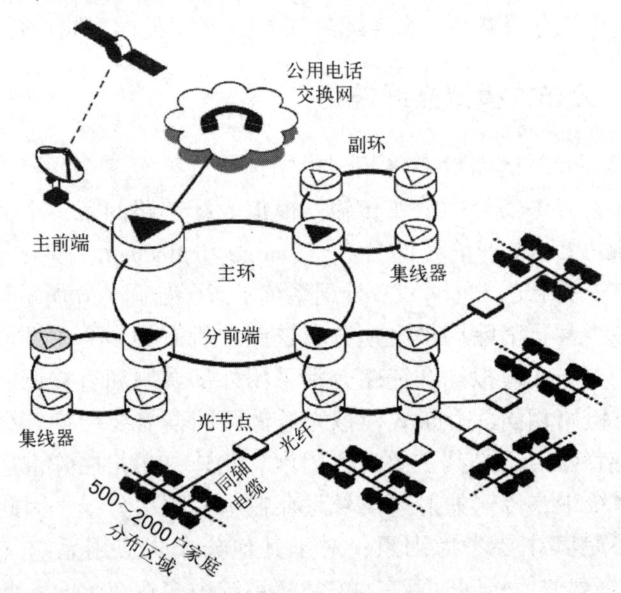

图 1.6　基于光纤的 CATV 分配系统示意图

1.2.3　接收式模拟光纤链路

接收式模拟光纤链路旨在将远端天线探测到的射频信号传送至本地射频接收机，包括蜂窝/PCS 系统中的下行链路和雷达系统中的接收链路（Bowers 等，1987 年），无线通信系统的接收式模拟光纤链路框架示意图如图 1.7 所示，图中展示了应用于蜂窝/PCS 系统中的直接调制接收式模拟光纤链路典型框架。

接收式模拟光纤链路主要用于传输天线接收到的小功率射频信号，因此低噪声是接收式模拟光纤链路的主要技术目标之一。由于低频（例如 100 MHz）光纤链路具有较低的噪声水平，而低频天空噪声较强，因此可以设计实现噪声足够低的外部调制接收式模拟光纤链路，与天线直接连接而无须前置射频预放。

当工作频率增大时，天空噪声将随之减小，而模拟光纤链路传输损耗增加会引起链路噪声增大，高频接收链路需要在天线和模拟光纤链路之间级联

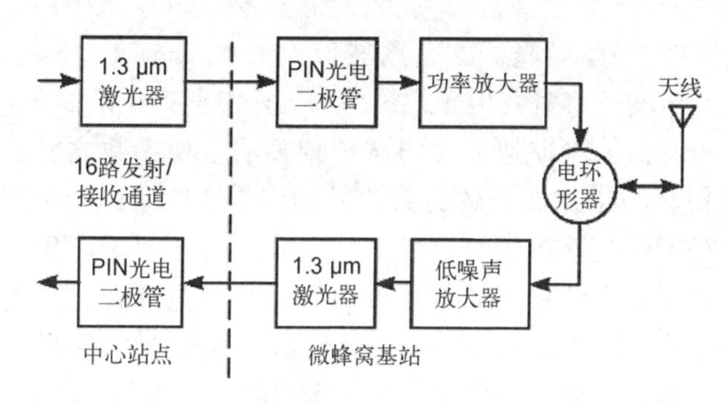

图 1.7　无线通信系统的接收式模拟光纤链路框架示意图

低噪声前置射频放大器。理论上，如果前置射频放大器的增益足够高，模拟光纤链路噪声可以降低至接近前置放大器的噪声水平，然而在实际应用中，需要综合考虑接收链路的其他性能指标（如非线性失真等），因此级联前置射频放大方法也受到限制。总之，接收前端应用的关键需求之一是开发设计噪声足够低的接收式模拟光纤链路，而实现低噪声链路本质上与降低链路射频损耗相关，本书第五章内容将对其进行详细讨论。

接收式模拟光纤链路的另一个关键技术指标是非线性失真，由于接收天线带宽有限，因此可以滤除宽带非线性失真，主要考虑窄带非线性失真。若要使系统失真水平低于电光/光电器件固有失真，需要通过线性化技术来抑制链路非线性失真（参见本书第六章内容）。目前宽带线性化技术（可以同时降低宽带和窄带非线性失真水平）会恶化模拟光纤链路噪声水平，虽然窄带线性化技术不会明显恶化噪声水平（Betts，1994 年），但是会提高链路宽带非线性失真水平。因此，同时实现低噪声、轻度窄带和宽带失真是宽带接收链路设计中需要解决的关键问题。

1.3　光　　纤

在模拟光纤链路中，光载波波长的选择主要取决于光电器件和光纤的工作频段。

光电器件大多由半导体材料制造，因此工作波长具有很大的灵活性。目前，光电探测器可以工作在近紫外至远红外波段，半导体激光器工作波段可以覆盖蓝光至近红外范围，常用的铌酸锂材料的电光调制器在半导体激光器输出波段范围内是透明的。然而，当波长大于 1 μm 时，铌酸锂材料的可用光功率受限于光折变效应；此外，虽然钛蓝宝石激光器输出光波长在 0.7~1 μm 范围内可调谐，但是通常用于外部调制的固体连续光激光器只能在特定波段工作，例如，掺钕 YAG 激光器的适用波长为 1.06 μm 或 1.319 μm。综上所述，光电器件工作波长将对模拟光纤链路的工作波段产生限制。

对于光纤而言，传输损耗是其与波长相关的主要参数之一。典型的二氧化硅光纤传输损耗与工作波长的关系曲线如图 1.8 所示，图中展示了一些常见光电器件材料工作波长范围。构成二氧化硅玻璃的原子产生的瑞利散射决定了光纤传输损耗最小值，具体数值取决于光纤的具体设计情况，下文将进行详细讨论。此外，图中还显示了由杂质吸收（主要是氢氧根离子）导致光纤传输损耗恶化的几个波段，目前光纤基本消除了 1.3~1.55 μm 波段范围内的氢氧根离子吸收峰。

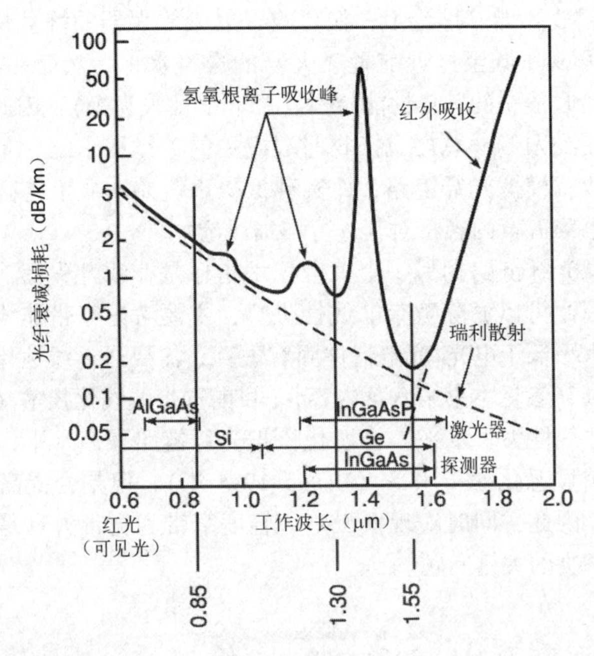

图 1.8　典型的二氧化硅光纤传输损耗与工作波长的关系曲线

光电器件和光纤共同决定了模拟光纤链路的三个主要工作波段，目前链路主要使用 1.3 μm 和 1.55 μm 附近波段。由图 1.8 可以看出，光纤在 1.55 μm 波长附近传输损耗最低，这也是长距离模拟光纤链路的最佳工作波段。此外，光纤在 1.3 μm 波长附近色散系数（即传播速度随光波长变化）为零，因此该波段也被广泛应用于高频或长距离模拟光纤链路中。普通单模光纤在 1.55 μm 波长处的色散系数一般为 17 ps/(nm · km)，可以通过特殊设计制备出 1.55 μm 波长处色散系数为零的单模光纤，即色散位移光纤，其传输损耗也较低。因此，在上述工作波段范围内，光纤为模拟光纤链路提供了近乎理想的传输介质。

由于首台实用二极管激光器波长在 0.85 μm 附近，因此第一条模拟光纤链路工作于 0.85 μm 波段，但是该波段光纤传输损耗和带宽性能不如长波段。尽管如此，0.85 μm 波段仍然值得关注，该波段为砷化镓电子器件和二极管激光器（0.85 μm 二极管激光器由砷化镓材料体系制备）的集成提供了广阔前景。

光纤通过将光束限制在纤芯中进行传输，纤芯折射率稍高于包层，从而通过纤内全反射将光波限制在光纤纤芯中。图 1.9 为三种典型光纤横截面（纤芯已经通光，且包层外径均为 125 μm），图中左侧为单模光纤，其纤芯直径通常为 5~8 μm，光波只能沿着纤芯进行直线传播，在纤芯与包层界面上没有任何反射。

图 1.9 中间所示为多模光纤，其纤芯直径较大，通常为 50~62 μm，允许多条光路沿光纤纤芯传播，包括直线路径与多种路径，并且纤芯-包层界面上存在多路反射。多模光纤通常支持数千种光学模式，与单模光纤相比，更大的纤芯直径使得光纤与器件的耦合效率更高。然而，不同路径的光学模式在光纤中的传输时间不同，这将导致模式色散，即不同模式的光传输速度不同。0.85 μm 波长处的多模光纤典型模式色散系数约为 90 ps/(nm · km)，是波长为 1.55 μm 处普通单模光纤色散系数的 5 倍以上。因此，对于高性能模拟光纤链路应用而言，除非另有说明，本书假定模拟光纤链路采用波长为 1.55 μm 的普通单模光纤。

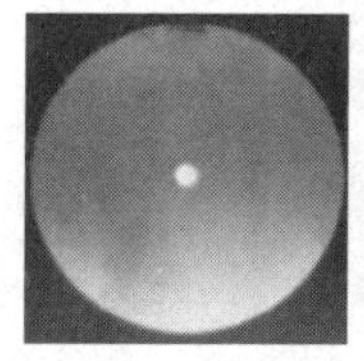

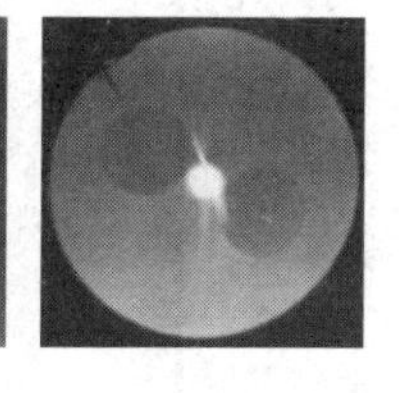

图 1.9 三种典型光纤横截面

激光器输出光通常为线偏振态，普通单模光纤并不能保持传输光偏振态不变。为了使外部电光调制器调制效率最大，调制器输入光应具有特定偏振态。虽然标准单模光纤理论上能够在不受干扰的情况下保持入射光偏振态不变，但是在实际应用中单模光纤的微小移动或弯曲都会改变光纤内部应力分布，从而导致传输光偏振态发生改变。因此，为了保证外部电光调制器件的较高调制效率，可以使用特殊保偏单模光纤来保证传输光偏振态不发生改变。

保偏光纤通常可以通过在光纤纤芯周围构建已知应力场得到，采用不同热膨胀系数的预制棒制作而成，如图 1.9 中最右侧图片所示。应力场使得两个偏振模式不同，如果光纤未受到足够克服内部应力场的外部机械应力，则其中一个偏振态入射光波将保持该偏振态。弯曲光纤是一种施加外部机械应力的简单方法，即使光纤损耗没有显著恶化，保偏光纤弯曲也会造成光纤保偏能力下降。

由于光纤纤芯直径较小以及光波限制作用较弱，光纤与电光/光电器件之间的耦合损耗也是造成链路转换损耗的一个重要因素。为了提高光纤与电光/光电器件之间的耦合效率，光纤纤芯直径应该尽可能大，较大的纤芯直径可以减小由于纤芯-包层界面处散射造成的损耗。目前主要通过降低纤芯与包层间相对折射率差来减小光束约束，可以降低纤芯与包层间散射损耗要求，同时增加纤芯中光场模式体积。

光纤包层中的光场以隐失波的形式传播，光纤弯曲会导致部分光辐射出纤芯造成传输损耗。光纤传输损耗与弯曲半径间的关系可以用来表征微弯灵敏度，图 1.10 给出了当三种典型光纤弯曲一圈时的传输损耗与弯曲半径间的关系。

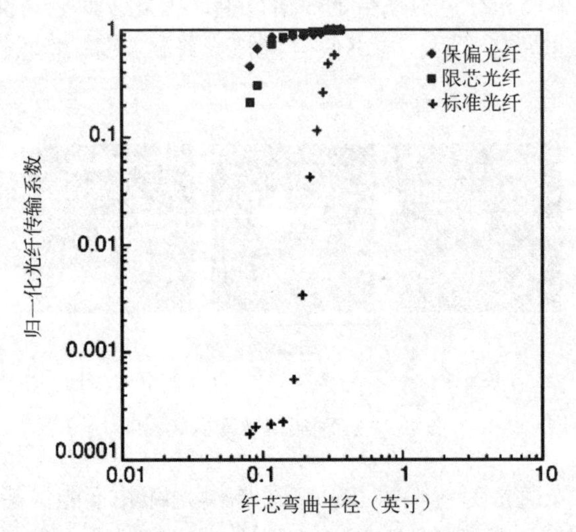

图 1.10　当三种典型光纤弯曲一圈时的传输损耗与弯曲半径间的关系

根据上述讨论结果，减小光纤纤芯与包层间相对折射率差值能够有效增大纤芯直径并降低光纤散射损耗，而增大纤芯与包层间的相对折射率差值能够获得更高的抗微弯损耗能力。例如，在 1.3 μm 波长处将光纤纤芯与包层间的相对折射率差值设计为 0.36%，纤芯直径约为 8 μm，光纤传播损耗为

0.35 dB/km，并且微弯灵敏度适中；如果光纤纤芯与包层具有1.5%的相对折射率差，则纤芯直径约为5 μm，微弯灵敏度更低，但是光纤传输损耗较高约为0.55 dB/km。

光纤与器件的耦合效率不仅取决于纤芯直径，还取决于电光/光电器件输入/输出光束的直径、形状和准直度。光纤纤芯与包层间的相对折射率相差越小，光纤将光波捕获到纤芯中所需准直度越高。标准光纤和限芯光纤的接收角度分别约为7°和12°，这些相对较低接收角度与半导体激光器并不匹配，半导体激光器输出光束通常为发散角为10°或30°的椭圆形状。

参考文献

[1] Betts, G. 1994. Linearized modulator for suboctave - bandpass optical analog links, *IEEE Trans. Microwave Theory Tech.*, 42, 2642-9.

[2] Bowers, J. E., Chipaloski, A. C., Boodaghians, S. and Carlin, J. W. 1987. Long distance fiber- optic transmission of C - band microwave signals to and from a satellite antenna, *J. Lightwave Technol.*, 5, 1733-41.

[3] Chou, S. and Liu, M. 1992. Nanoscale tera-hertz metal-semiconductor-metal photodetectors, *IEEE J. Quantum Electron.*, 28, 2358-68.

[4] Cox, C., III, Ackerman, E., Helkey, R. and Betts, G. E. 1997. Techniques and performance of intensity-modulation direct-detection analog optical links, *IEEE Trans. Microwave Theory Tech.*, 45, 1375-83.

[5] Darcie, T. E. and Bodeep, G. E. 1990. Lightwave subcarrier CATV transmission systems, *IEEE Trans. Microwave Theory Tech.*, 38, 524-33.

[6] Desurvire, E. 1994. *Erbium-Doped Fiber Amplifiers*, New York: Wiley.

[7] Gowar, J. 1983. *Optical Communication Systems I*, Englewood Cliffs, NJ: Prentice Hall, Section 16. 2. 1.

[8] Noguchi, K., Miyazawa, H. and Mitomi, O. 1994. 75 GHz broadband Ti: LiNbO3 optical modulator with ridge structure, *Electron. Lett.*, 30, 949-51.

[9] Olshansky, R., Lanzisera, V. A. and Hill, P. M. 1989. Subcarrier multiplexed lightwave systems for broad band distribution, *J. Lightwave Technol.*, 7, 1329-42.

[10] O' Mahony, M. 1988. Semiconductor laser optical amplifiers for use in future fiber systems, *J. Lightwave Technol.*, 6, 531-44.

[11] Ralston, J., Weisser, S., Eisele, K., Sah, R., Larkins, E., Rosenzweig, J., Fleissner, J. and Bender, K. 1994. Low-bias-current direct modulation up to 33GHz in InGaAs/GaAs/AlGaAs pseudomorphic MQW ridge - waveguide devices, *IEEE Photon. Technol. Lett.*, 6, 1076-9.

[12] Seeds, A. J. 1996. Optical transmission of microwaves. *In Review of Radio Science 1993-1996*, ed. W. Ross Stone, Oxford: Oxford University Press, Chapter 14.

[13] Taylor, J. H. and Yates, H. W. 1957. Atmospheric transmission in the infrared, *J. Opt. Soc. Am.*, 47, 223-6.

[14] Uitjens, A. G. W. and Kater, H. E. 1977. Receivers. *In Electronics Designers' Handbook*, 2nd edition, ed. L. J. Giacoletto, New York: McGraw-Hill Book Company, Section 23.

[15] Welstand, R. B., Pappert, S. A., Sun, C. K., Zhu, J. T., Liu, Y. Z. and Yu, P. K. L. 1996. Dual-function electroabsorption waveguide modulator/detector for optoelectronic transceiver applications, *IEEE Photon. Technol. Lett.*, 8, 1540-2.

[16] Yamamoto, Y. and Kimura, T. 1981. Coherent optical fiber transmission systems, *IEEE J. Quantum Electron.*, 17, 919-34.

[17] Yu, P. K. L. 1996. Optical receivers. *In The Electronics Handbook*, ed. J. C. Whitaker, Boca Raton, FL: CRC Press, Chapter 58.

2 第二章 模拟光纤链路组件与小信号模型

2.1 引　言

在强度调制-直接探测模拟光纤链路中，常用到电光/光电器件中射频信号与光学参量之间的小信号关系，本章将对模拟光纤链路中多个参量之间的小信号关系进行分析。

在模拟光纤链路的设计过程中，电光调制器与光电探测器的调制斜率效率和响应度可以用来评估相关组件的性能参数，本章后面内容将分别对直接调制（简称直调）和外部调制（简称外调）两种类型模拟光纤链路进行具体讨论。

此外，本章还将对模拟光纤链路中常用电光/光电器件进行分析研究，包括用于直接调制的半导体激光器（如法布里-珀罗半导体激光器和分布反馈式半导体激光器）、用于外部调制的马赫-曾德尔调制器，以及用于光电探测的光电二极管。

2.1.1 符号说明

本节对模拟光纤链路中核心组件的参数符号说明采用 IEEE 标准（参见 IEEE，1964 年）进行统一规范。以激光器驱动电流为例，其直流偏置分量由大写符号和大写下标表示为 I_{L}，其调制分量由小写符号和小写下标表示为 i_{ℓ}，激光器总驱动电流为直流偏置分量与调制分量之和，由小写符号和大写下标表示为 i_{L}，关系表达式如下：

$$i_{\mathrm{L}}=I_{\mathrm{L}}+i_{\ell} \tag{2.1}$$

上述变量均为时间函数，但在本书中除特殊说明外，将省略参数符号中的时间变量。此外，对数形式调制分量由大写符号和小写下标表示为 I_{ℓ}，即 $I_{\ell}=10\lg i_{\ell}$，I_{ℓ} 以 dB（分贝）为单位。

2.2 电光调制器件

2.2.1 直接电光调制

在直接调制模拟光纤链路中，调制信号直接影响激光器输出光强，因此在选择激光器时，应考虑其调制带宽、输出光波长和调制斜率效率。在实际应用中，半导体激光器因其大调制带宽和高调制斜率效率优势而被广泛使用。半导体激光器具有多种结构类型，包括平面内半导体激光器、垂直腔面发射半导体激光器和内置波长选择光栅的半导体激光器等。

本章节下文将重点讨论典型半导体激光器的理论模型，以及各参量对模拟光纤链路性能优化的影响。

2.2.1.1 法布里-珀罗半导体激光器

典型的法布里-珀罗半导体激光器主要由 P-N 结和两端具有反射端面的光波导构成，其结构示意图如图 2.1（a）所示，图 2.1（b）所示为其理论输出光谱，实际光谱通常并不严格对称或等间距。此类激光器的两个基本工作条件为受激辐射和与受激辐射波长相匹配的光学谐振腔。

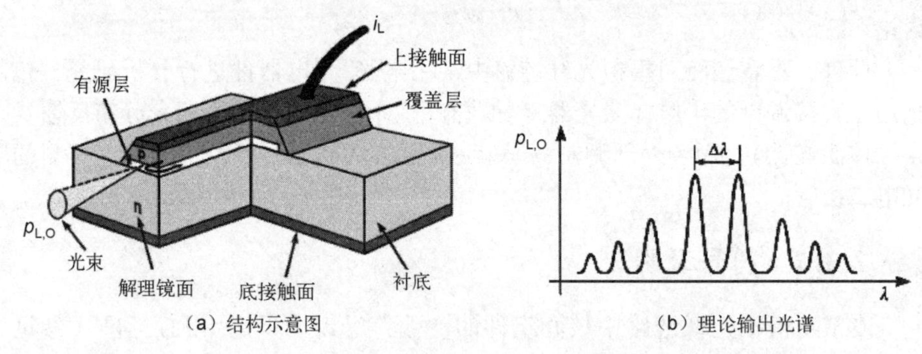

图 2.1 法布里-珀罗半导体激光器的结构示意图与理论输出光谱
（Cox，1996 年，图 57.1，CRC 出版社，经许可转载）

对 P-N 结施加正向偏压可以产生自发辐射（即电子和空穴随机复合所产生的辐射），这也是发光二极管的基本工作原理；此外，如本章 2.3 节所述，反向偏压二极管提供了自发吸收机制，这也是光电二极管的基本工作原理。目前最常用的发光半导体材料为砷化镓、磷化铟及其混合物（硅作为电子器件的主要材料，目前还不适用于光发射用途），半导体材料的带隙宽度决定了输出光波长，因此，所有自发辐射光子波长大致相同，由于自发辐射光子产生过程具有随机性，因此其相位不具有相关性。

激光器通过受激辐射实现光放大，与自发辐射不同，受激辐射过程会产生完全相同的光子，即由一个光子触发产生另一个与之完全相同的光子。受激辐射是正增益放大过程，而受激吸收是负增益损耗过程，并且受激辐射与受激吸收两个过程同时存在。

如果要使受激辐射过程占主导，需要对半导体 P-N 结施加直流偏置，以实现粒子数反转。当半导体激光器正常工作时，部分自发辐射引起受激辐射，而受激辐射将触发更多受激辐射过程，因此半导体二极管为激光器工作提供了必要条件之一。

此外，激光器工作的另一个必要条件是受激辐射波长需要与光学谐振腔的谐振波长相匹配。半导体激光器最常见的光学谐振腔由两部分反射镜组成，通常也称为法布里-珀罗谐振腔。

在法布里-珀罗谐振腔中，假设两端反射镜之间为真空环境，若波长为 λ_o 的光信号在腔中谐振，两端反射镜面来回多次反射后，反射光波与原入射光波将多次同相叠加。对于间距 l 的两端反射镜形成的法布里-珀罗谐振腔，其在自由空间内的驻波条件可以表示为

$$2l=m\lambda_o \tag{2.2}$$

通常半导体激光器的腔长 l 至少为受激辐射波长的 100 倍，因此 m 值为较大整数值，谐振腔内两个相邻纵模（m 和 $m+1$）之间的谐振波长间隔 $\Delta\lambda$ 可以近似表示为

$$\Delta\lambda \approx \frac{\lambda^2}{2l} \tag{2.3}$$

当谐振腔内半导体介质折射率为 n 时，相应谐振波长与自由空间谐振波长之间的关系为 $\lambda_o=n\lambda$（然而 1.3 μm 激光器通常指自由空间波长），因此将上述半导体法布里-珀罗谐振波长替换为式（2.3）中相应的自由空间谐振波长，可以得到半导体谐振腔内相邻纵模的波长间隔为

$$\Delta\lambda_o \approx \frac{\lambda_o^2}{2nl} \tag{2.4}$$

对于 1.3 μm 平面内法布里-珀罗半导体激光器，其谐振腔腔长通常为 300 μm，腔内介质折射率约为 3.1，则相应的纵模间距为 0.91 nm。其他类型激光器谐振腔腔长为厘米至米量级范围，其纵模间隔小于 10 pm，相比较而言，法布里-珀罗半导体激光器谐振腔的纵模间距要大得多。此外，相对于其他材料激光器，半导体激光器腔内光学增益更高，因此可以选取较短腔长，这也是半导体激光器调制频率响应较高的原因，本书第四章将对此进行详细讨论。然

而，即使较短腔长能够提高激光器模式间隔，由于半导体材料光学增益谱较宽，激光谐振腔内仍然存在多个纵模模式，典型的法布里-珀罗半导体激光器理论输出光谱如图 2.1（b）所示。

为了保证部分激光从平面内激光腔端面输出，至少 1 个（通常 2 个）谐振腔反射端面被设计为部分反射，利用单晶材料（如半导体材料）可以制作表面光滑且彼此平行的光学反射镜。由于半导体材料与空气界面之间介电常数的差异决定了反射镜的菲涅尔反射强度约为 65%，激光每次通过谐振腔体均会损失约 1/3 光功率，但是半导体激光器的腔内高增益特性使得激光器仍然可以正常工作。

此外，为了保证输出光功率与驱动电流之间的线性关系，以及稳定的空间光学模式，光波必须被水平和垂直地限制在两端反射镜间的单模波导中。对于早期半导体激光器，可以通过折射率足够高的光学增益区域进行增益引导，进而限制激光传输路径，尽管增益引导波导制造起来更简单，但是需要与激光器性能进行折中权衡考虑。目前，直接调制平面内半导体激光器一般通过设计半导体有源层的几何形状和折射率分布来限制激光传输路径，通常半导体有源层的宽度和厚度分别为 1~2 μm 和 0.2~0.5 μm，宽度与厚度不同会导致光束截面为椭圆形，进而导致半导体激光器椭圆截面输出与圆形模式光纤的耦合效率较低，然而典型光纤耦合输出光功率仍然能够达到 10~100 mW。

在模拟光纤链路的设计过程中通常需要考虑激光器的输出光功率 P 与驱动电流 I 之间的关系，半导体激光器的 P-I 曲线如图 2.2 所示，图中 I_T 和 I_L 分别为阈值电流和用于模拟调制的典型偏置电流。在本章附录 2.1 中笔者将使用速率方程对激光器 P-I 关系进行进一步理论推导，并得到激光器的阈值电流和调制斜率效率。

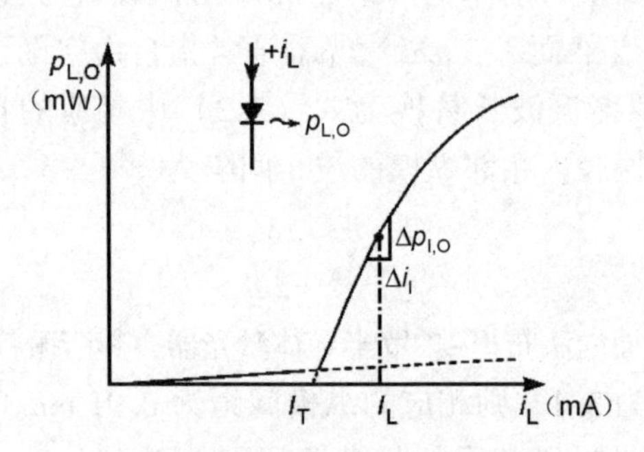

图 2.2　半导体激光器的 P-I 曲线

当激光器驱动电流从零逐渐增大时，初始阶段自发辐射占主导，输出光强缓慢增加。当驱动电流较小时，受激辐射概率较低，因此大部分光子被半导体材料吸收，这也可以理解为受激辐射带来的光学增益小于受激吸收引起的光学损耗。随着驱动电流进一步增大，自发辐射和受激辐射产生的光子数量不断增加。当受激辐射光子数等于受激吸收光子数时，所对应的驱动电流称为阈值电流；当驱动电流达到阈值电流时，谐振腔内光学增益补偿了所有腔内光学损耗，此时平面内激光器的输出光功率通常为 10~100 μW；当驱动电流大于阈值电流时，腔内光学增益大于腔内光学损耗，此时受激辐射将占主导，相比于低于阈值电流时，激光器输出光功率随着驱动电流增大，增大的速度至少提高 100 倍。

由图 2.2 可知，将激光器 P–I 曲线中受激辐射占主导的直线部分反向延伸与横轴相交处的交点即为阈值电流 I_{T}。阈值电流是表征激光器性能的重要指标，如果阈值电流较大，激光器正常工作所需驱动电流较大，也会导致激光器过热。目前，商用平面内激光器的阈值电流取决于激光器有源区域，通常为 5~50 mA，早在 1993 年已经有文献报道过激光器的阈值电流低至 0.1 mA（Yang 等，1995 年；Chen 等，1993 年），此外，激光器阈值电流也会随着环境温度升高而增大，因此需要对激光器进行温度控制。

调制斜率效率 s_ℓ 为激光器在模拟光纤链路模型中的重要参数，当激光器偏置电流为 I_{L} 时，其表达式为

$$s_\ell(i_{\mathrm{L}}=I_{\mathrm{L}})=\frac{\mathrm{d}p_\ell}{\mathrm{d}i_\ell} \tag{2.5}$$

调制斜率效率 s_ℓ 的单位为 W/A，由于调制斜率效率 s_ℓ 表示直接调制激光器的电光转换效率，因此调制斜率效率 s_ℓ 越高越好。半导体激光器的 P–I 曲线和相应的调制斜率效率可以通过实验直接测得，然而在模拟光纤链路设计过程中，实际调制斜率效率为光纤耦合效率与半导体激光器调制斜率效率的乘积。

理论上，法布里–珀罗半导体激光器中光学谐振腔两端均可输出激光，因此可以用两端总输出光功率与激光器驱动电流的比值求得调制斜率效率，将其称为法布里–珀罗半导体激光器的总调制斜率效率或双端调制斜率效率。然而，只有当两端输出光与单根光纤进行耦合时，才能利用双端调制斜率效率对模拟光纤链路进行分析，因此实际光纤链路通常利用单端调制斜率效率进行设计。单端调制斜率效率是指激光器其中一端输出光功率与激光器驱动电流之比，如果在激光器两端反射端面镀膜，使得一端输出光功率大于另一端，则单端调制斜率效率需要利用较大的输出光功率进行计算。本书下文提到的调制斜率效率均指单端调制斜率效率。

在考虑量子效率和偏置电流 I_{L} 的情况下，调制斜率效率可以表示为

$$s_\ell(I_{\mathrm{L}})=\frac{\eta_\ell hc}{q\lambda_{\mathrm{o}}} \tag{2.6}$$

式中，q 为电子电荷量；λ_o 为自由空间谐振波长；h 为普朗克常量；c 为光波在真空中的传播速度；η_ℓ 为外差分量子效率（即辐射光子数变化量与注入电子数变化量之比）。

对于单端输出激光器，每个电子最多只能激发出一个光子，因此式（2.6）中外差分量子效率 $\eta_\ell \leqslant 1$，调制斜率效率具有最大值。此外，调制斜率效率为输出光功率与驱动电流的比值，虽然驱动电流与光波长无关，但由于光功率与光波长有关，所以最终调制斜率效率与光波长有关。当外差分量子效率 η_ℓ 相同时，不同光波长对应不同调制斜率效率，例如，假设外差分量子效率 $\eta_\ell = 75\%$，当光波长 $\lambda_0 = 1.3\ \mu\text{m}$ 时，调制斜率效率 $s_\ell = 0.71\ \text{W/A}$，而当光波长 $\lambda_0 = 0.85\ \mu\text{m}$ 时，调制斜率效率 $s_\ell = 1.09\ \text{W/A}$。

根据式（2.6），图 2.3 绘制出了当外差分量子效率 $\eta_\ell = 1$ 时光纤耦合斜率效率最大值与工作波长之间的关系曲线，图中也对比了三种半导体激光器的光纤耦合斜率效率，包括平面内法布里–珀罗半导体激光器、分布反馈式半导体激光器和垂直腔面发射激光器，后面两种激光器将在本章 2.2.1.2 和 2.2.1.3 节中分别进行讨论。

由图 2.3 可知，实际光纤耦合激光器的调制斜率效率远低于最大理论值，主要原因是半导体激光器与光纤之间的耦合效率较低，而较低的耦合效率是由激光器波导与光纤纤芯在光模尺寸、几何形状和发散度上的差异所导致的，本章后面部分将介绍如何通过改善光束形状来提高激光器与光纤的耦合效率。

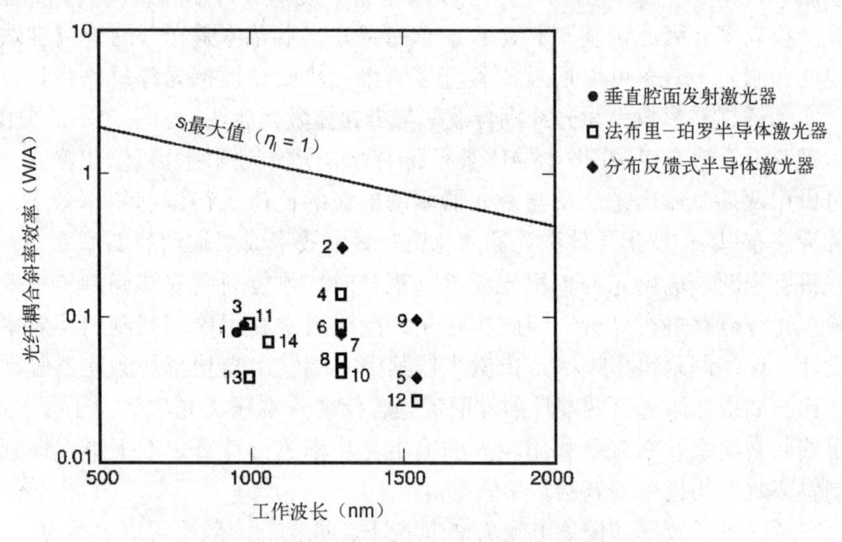

图 2.3　光纤耦合斜率效率最大值与工作波长之间的关系曲线以及三种半导体激光器的光纤耦合斜率效率

说明：下表中列出了图 2.3 中各点所对应文献的作者和年份信息，以及相关频率信息，具体请见本章参考文献。

序　号	作者和年份	频率（GHz）
1	M. Peters 等，1993 年	2.8
2	Fujitsu，1996 年	3
3	B. Moller 等，1994 年	10
4	T. Chen 等，1990 年	12
5	Y. Nakano 等，1993 年	12
6	W. Cheng 等，1990 年	13
7	T. Chen 等，1994 年	18
8	H. Lipsanen 等，1992 年	20
9	T. Chen 等，1995 年	20
10	R. Huang 等，1992 年	22
11	L. Lester 等，1991 年	28
12	Y. Matsui 等，1997 年	30
13	J. Ralston 等，1994 年	33
14	S. Weisser 等，1996 年	40

调制信号源的可用射频功率 $p_{s,a}$ 的定义为调制信号源与半导体激光器在阻抗匹配情况下的负载功率值。若将调制信号源视为源阻抗 R_S 的电压源，其可用射频功率可以表示为

$$p_{s,a}=\frac{v_s^2}{4R_S} \tag{2.7}$$

当调制频率较低时，可以忽略激光器电抗分量，只需要考虑电阻分量 R_L。由于平面内激光器电阻分量 R_L 通常小于调制信号源阻抗 R_S，因此在定义可用射频功率时，需要调制信号源与激光器之间满足阻抗匹配条件。

激光器输出端串联匹配电阻 R_{MATCH} 可以实现阻抗匹配，调制信号源阻值需要满足条件 $R_S=R_L+R_{MATCH}$。调制信号源的低频集总电路模型示意图如图 2.4 所示，图中包括理想的阻抗匹配电阻和半导体激光器。

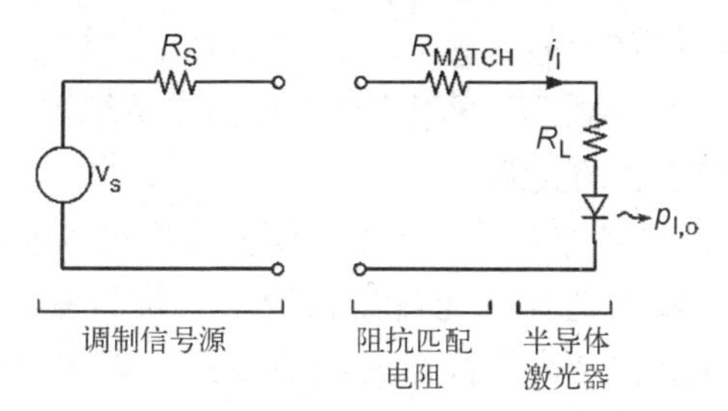

图 2.4　调制信号源的低频集总电路模型示意图

激光器输出光功率 $p_{\ell,o}$ 与偏置电流 i_ℓ 之间的关系式为

$$p_{\ell,o}=s_\ell i_\ell \tag{2.8}$$

上式假设调制斜率效率与偏置电流相互独立，激光器偏置电流 i_ℓ 取决于信号源电压与激光器 P-N 结压降的差值。当激光器偏置在阈值电流以上时，半导体激光器的 P-N 结两端压降与电阻 R_L 两端压降相比可以忽略不计（Agrawal 和 Dutta，1986 年），此时可以得到激光器偏置电流 i_ℓ 与信号源电压 v_s 之间的关系：

$$i_\ell=\frac{v_s}{R_S+R_L+R_{MATCH}} \tag{2.9}$$

将式（2.9）代入式（2.8）中可以得到：

$$p_{\ell,o}^2=\frac{s_\ell^2 v_s^2}{(R_S+R_L+R_{MATCH})^2} \tag{2.10}$$

将式（2.10）与式（2.7）结合可以得到：

$$\frac{p_{\ell,o}^2}{p_{s,a}}=\frac{s_\ell^2}{R_L+R_{MATCH}} \tag{2.11}$$

将上式中调制光功率的平方与可用射频功率的比值定义为增量调制效率。

增量调制效率包含调制光功率平方项，由于光电探测器的增量探测效率为 p_{load}/p_{od}^2，最终两式平方项可以相互抵消，因此至少一阶链路响应为线性。然而，由于电压（或电流）信号与光功率之间可以相互转换，所以在讨论光损耗对链路射频增益的影响时，上述关系将会产生影响。

从式（2.11）中可知，为了实现电光转换效率的最大化，可以不引入匹配电阻 R_{MACTH}，但这样会带来其他严重的影响，3.2.1 节中将对此进行详细讨论。

2.2.1.2　分布反馈式半导体激光器

由前面内容可知，法布里-珀罗半导体激光器的输出光谱包含多个波长分量，所有输出波长均满足式（2.2）并处于半导体增益区间内。然而，当法布里-珀罗半导体激光器被应用于长距离光纤传输或较大调制带宽系统时，波长色散效应将对系统性能产生较大影响。此外，对于波分复用应用，对多个相近波长光载波进行单独调制后在同根光纤中传输，系统需要比法布里-珀罗半导体激光器频谱纯度更高的光源。

理论上，法布里-珀罗半导体激光器的频谱纯度可以通过级联外部光滤波器进行提升，但是实际高选择性光滤波器通带很难与激光器波长保持相同，因此，通常使用腔内滤波器来提高激光腔的波长选择性，进而提高输出载波光谱纯度以保证激光器单纵模输出。

由于光栅具有很好的波长选择性，可以将光栅嵌入半导体激光器腔内，分布反馈式半导体激光器的结构示意图如图 2.5（a）所示，其中布拉格光栅位于顶部。光栅中各折射率变化处均存在反射，如图中有源层小箭头所示，每次反射分量都具有各自幅度和相位特性，在某个特定波长处（实际上是窄波长范围内）所有小反射分量同相并相干相长。如果激光器腔内反射主要来自具有波长选择功能的光栅，而不是激光器腔内端面的宽频段反射，最终激光器输出光谱特性由嵌入光栅决定，同时激光器腔内的端面反射可以通过涂覆增透膜进行抑制。由于激光器工作所需的光学反馈主要来自沿腔分布式光栅，因此该类激光器被称为分布反馈式半导体激光器，典型输出光谱如图 2.5（b）所示，在实际应用中，分布反馈式半导体激光器的输出主模功率比边模功率至少高 20 dB。

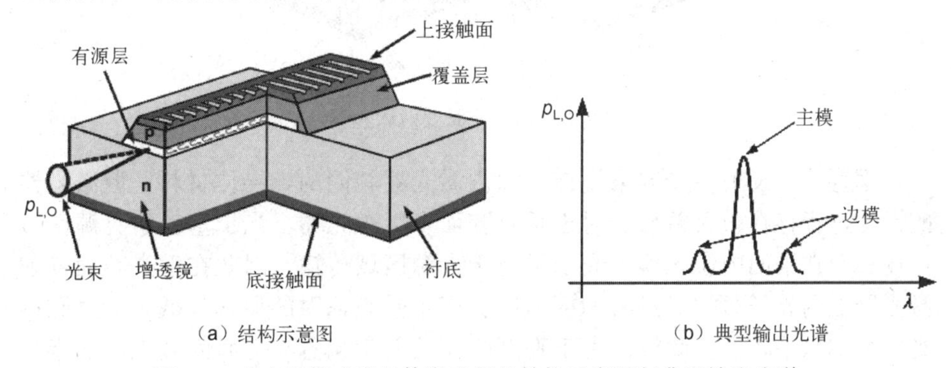

（a）结构示意图　　（b）典型输出光谱

图 2.5　分布反馈式半导体激光器的结构示意图与典型输出光谱

（Cox，1996 年，图 57.2，CRC 出版社，经许可转载）

由于分布反馈式半导体激光器的 P–I 曲线与法布里–珀罗半导体激光器类似，可以根据式（2.5）得到分布反馈式半导体激光器的增量调制效率。此外，分布反馈式半导体激光器的阻抗特性也与法布里–珀罗半导体激光器相同，式（2.9）也适用于分布反馈式半导体激光器。因此，分布反馈式半导体激光器的增量调制效率和小信号特性与法布里–珀罗半导体激光器无法区分，但是分布反馈式半导体激光器的线性度和噪声特性与法布里–珀罗半导体激光器不同。总之，分布反馈式半导体激光器输出特性不仅与其自身结构设计有关，也与具体链路系统设计相关，这些将在后面内容中进行详细讨论。

2.2.1.3　垂直腔面发射激光器

前文所述两种半导体激光器的光学谐振腔都位于半导体晶圆平面内，制作工艺相对简单，并且具有较低阈值和较高调制斜率效率。然而，上述平面内激光器在测试和应用时需要将单个激光器从晶圆上切割下来，并且二维激光器阵列的应用（例如光互连或信号处理）很难通过平面内激光器实现。

上述问题可以通过制造谐振腔垂直于晶圆表面的激光器来解决，即如图 2.6 所示的垂直腔面发射激光器。垂直腔面发射激光器本质上也属于法布里-珀罗半导体激光器，但是其激光器轴向垂直于晶圆表面，并且谐振腔腔长通常只有几微米，比传统平面内激光器短很多（传统平面内法布里-珀罗激光器腔长通常为几百微米）。

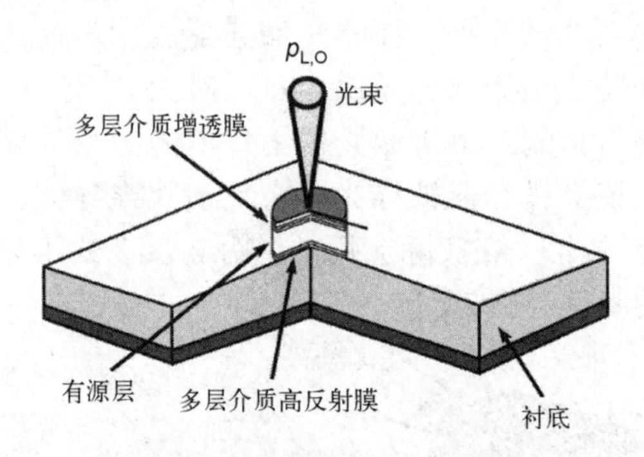

图 2.6　垂直腔面发射激光器

垂直腔面发射激光器采用与平面内激光器相同的半导体材料，但激光器的设计过程存在很大差异。对于垂直腔面发射激光器，光子垂直于有源区域传输，而在平面内激光器中光子平行于有源区域传输，因此在垂直腔面发射激光器腔内光子每次经过有源区域时，产生受激辐射的概率较低，谐振腔内光学增益水平较低。此外，由于垂直腔面发射激光器与平面内激光器的半导体材料相同，因此两类激光器腔内材料吸收损耗相同。为了保证激光器腔内增益大于损耗，可以通过提高谐振腔两端面反射率来降低损耗，例如相比通常平面内激光器 65%的端面反射率，垂直腔面发射激光器的端面反射率可以提高到大于 99.8%。

垂直腔两端高反射特性可以通过具有交替介电常数的多层薄膜实现，通过设计选择反射端面的厚度和介电常数，使其底部或背面具有高反射率，而顶部或正面具有低反射率。垂直腔内通过增益或折射率设计实现波束横向引导限制，并且由于腔体围绕垂直轴具有旋转对称性，所以垂直腔面发射激光器出射光束呈圆形，与平面内激光器出射椭圆形光束相比，圆形光束有助于提高垂直腔面发射激光器的光纤耦合效率。

由于垂直腔面发射激光器的腔体很短，腔内只有一个法布里-珀罗谐振模式处于半导体增益区间内，因此，垂直腔面发射激光器与分布反馈式半导体激光器类似，输出光谱只有一个波长分量。单模垂直腔面发射激光器的“高”光功率参考标准为 4.8 mW（Choquette 和 Hou，1997 年），然而，当垂直腔面发射激光器的多个横腔模式同时工作时，总输出光功率可达 100 mW 以上。除影响总输出功率之外，横腔模式还会影响垂直腔面发射激光器与光纤之间的耦合效率，虽然多横腔模可以获得更高的输出效率，但是光纤耦合效率对错位更敏感，并且输出光谱不再是单一频率。

与分布反馈半导体激光器结论相同，由于垂直腔面发射激光器的 $P-I$ 曲线与法布里-珀罗半导体激光器类似，并且两类激光器阻抗特性相同，因此式（2.5）和式（2.9）也同样适用于垂直腔面发射激光器。垂直腔面发射激光器的增量调制效率和小信号特性与法布里-珀罗半导体激光器也无法区分，但是垂直腔面发射激光器的线性度和噪声特性与法布里-珀罗半导体激光器可能不同，主要取决于其自身结构设计和具体应用设计。

2.2.2 外部电光调制

外部电光调制是指激光器输出恒定功率光载波，并通过外部器件对输出光载波实现强度调制的过程。由于本书主要关注模拟光纤链路核心组件的小信号模型，所以本节将对外部电光调制器件进行重点分析，只有连续激光器输出光功率对电光调制器件的调制斜率效率和增量调制效率产生影响。

与半导体激光器类似，外部电光调制器也包括多种实现方式：最常见的马赫-曾德尔调制器、备受关注的定向耦合调制器，以及电吸收调制器。接下来将重点讨论马赫-曾德尔调制器，并且通过相同的方法研究分析定向耦合调制器和电吸收调制器。

首先，电光调制材料的光学特性必须能够被电参量调控（例如对铌酸锂材料施加电场可以改变其光学折射率）；其次，电光调制材料的选择还需要考虑其光学损耗、最大光功率，以及热学和光学稳定性等。通常电光调制材料可以分为三类：无机物、半导体和电光聚合物，由于无机铌酸锂材料具有损耗低、稳定性高、可承受光功率高和电光调制灵敏度高等四方面综合优势，因此它也是目前最常用的电光调制材料，该材料价格相对低廉，在声表面波滤波器领域中也得到了广泛应用。

2.2.2.1 马赫-曾德尔调制器

早期铌酸锂“体”电光调制器只是简单地将电极置于铌酸锂晶体块上，通过外加电场改变其折射率，进而改变所传播光波的相位。后来电光调制器将光波限制在旁边嵌入电极的铌酸锂光波导中（Alferness，1982 年），能够获得更高的调制灵敏度（每伏特电压引起的光学相移），如果将该光学相位调制器嵌入马赫-曾德尔干涉仪结构中，可以将相位调制转换为强度调制。

典型的马赫-曾德尔调制器结构图如图 2.7 所示。图 2.7（a）所示为基于马赫曾德尔干涉仪的光强度调制器结构图，假设波导中传输单一光学模式，激光器输出的光波被均匀地分成两路，分别注入两路等长的马赫-曾德尔干涉臂中，最终在调制器输出端口合成后馈入输出光波导。

图 2.7（b）展示了两臂波前相差 0°和 180°的耦合合成输出细节。图 2.7（b）上半部分展示了当电光调制器电极上无施加电压时，在干涉臂中两路光波同相到达输出耦合节点，在此电压偏置条件下，马赫-曾德尔调制器输出光功率最大。当在调制器电极上施加电压时，外加电场（方向与两臂光波导垂直）将改变两臂波导折射率。由于电光效应相对于传播轴向而言与电场方向相关，因此，对中心电极施加电压将导致其中一臂折射率增大而另一臂折射率减小，当两路光波重新耦合合成时两臂光波间将引入相对相移。图 2.7（b）下半部分展示了两路异相光波耦合合成将激发输出波导中高阶模式，波导为单模导致高阶模式无法在波导中传播，高阶模式会散射到周围衬底上损耗掉，因此当调制器电极电压增大时，输出波导中的光强度将减小。

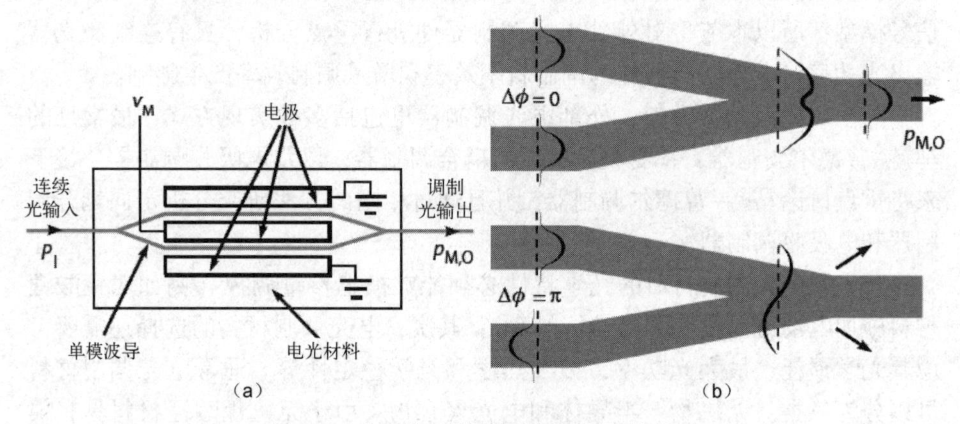

图 2.7　典型的马赫-曾德尔调制器结构图
（Cox，1996 年，图 57.14，CRC 出版社，经许可转载）

当外加电压足够高时，两臂光波在输出耦合处的相位刚好相差 180°，在理想情况下，此时输出波导中所有光波都以高阶模式传播而不存在基模，输出波导中光功率为零。进一步增加电极电压，两臂中光波相位将逐渐接近直至再次完全同相。

因此，马赫-曾德尔调制器的输出光功率 $p_{M,O}$ 随电极电压 v_M 呈周期性变化。当调制器输入光功率 P_I 恒定时，马赫-曾德尔调制器 $p_{M,O}/P_I$ 与 v_M/V_π 之间的光学传递函数曲线如图 2.8 所示，该传递函数为升余弦周期函数曲线。使调制器输出耦合节点处两路光波相位相差 π 的电极电压大小被称为半波电压（V_π）。

铌酸锂电光调制器通常存在 3~5 dB 的插入损耗，聚合物和半导体电光调制器的插入损耗通常为 10~12 dB。对于铌酸锂电光调制器来说，插入损耗主要来源于光纤-波导耦合（损耗通常为 2~4 dB）；对于其他材料的电光调制器，插入损耗主要来源于光波导的传输损耗。本书将上述损耗归为一项，统一用 T_{FF} 来表示，由图 2.8 可以看出，该马赫-曾德尔调制器的典型插入损耗 T_{FF} 为 0.5（即 3 dB）。

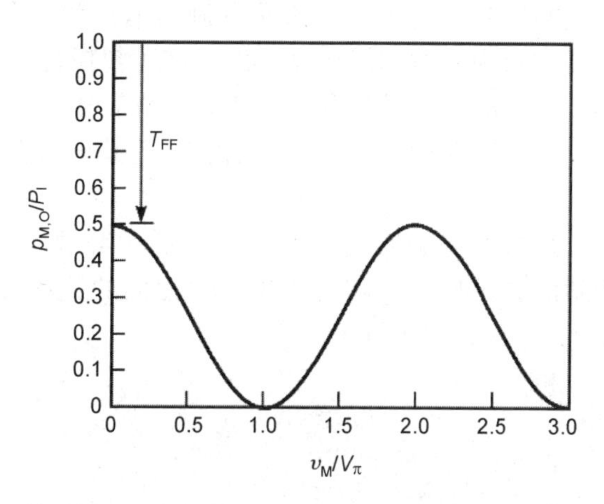

图 2.8　马赫-曾德尔调制器 $p_{M,O}/P_I$ 与 v_M/V_π 之间的光学传递函数曲线

通过图 2.8 可以得到马赫-曾德尔调制器的传递函数

$$p_{M,O}=\frac{T_{FF}P_I}{2}\left[1+\cos\left(\frac{\pi v_M}{V_\pi}\right)\right] \tag{2.12}$$

其中，T_{FF} 为当调制器输出最大光功率时的 $p_{M,O}/P_I$ 值。如图 2.8 所示，当 $v_M=2kV_\pi$（k 为整数）时，可以测得 T_{FF} 值。对电光调制器电极施加额外调制电压 v_m，总瞬时电极电压可以表示为 $v_M=V_M+v_m$，将 v_M 代入式（2.12）中可以得到：

$$p_{M,O}=\frac{T_{FF}P_I}{2}\left[1+\cos\left(\frac{\pi V_M}{V_\pi}\right)\cos\left(\frac{\pi v_m}{V_\pi}\right)-\sin\left(\frac{\pi V_M}{V_\pi}\right)\sin\left(\frac{\pi v_m}{V_\pi}\right)\right] \tag{2.13}$$

由式（2.13）可知，直流偏置项为 $p_{M,O}=T_{FF}P_I/2$，第二项和第三项均为调制信号项 $p_{m,o}$。

为了进一步推导调制信号项 $p_{m,o}$ 的表达式，需要选择特定直流偏置电压。若要使增量调制效率最大，假定式（2.12）中 $v_M=V_M$，对 V_M 求微分可以得到偏置电压值为 $V_M=(2k+1)V_\pi/2$，选择 $V_M=V_\pi/2$ 代入式（2.13）中。对于小信号调制，即 $v_m\ll V_M$，将 $\sin(\pi v_m/V_\pi)\cong\pi v_m/V_\pi$ 也代入式（2.13）中，可以得到马赫-曾德尔强度调制器的输出光功率与小信号调制电压之间的关系：

$$p_{m,o} \cong \frac{T_{FF}P_I}{2}\left(-\frac{\pi v_m}{V_\pi}\right) \tag{2.14}$$

当工作频率较低时（通常小于1 GHz），可以将马赫-曾德尔调制器的电极视为电容 C_M。此外，本节假定电光调制器件的特性与工作频率无关，因此马赫-曾德尔调制器阻抗为电阻 R_M，表示调制器电极和电介质的射频损耗，可以将该射频损耗构建为并联电阻模型。由于该射频损耗值较低，调制器电阻 R_M 大于信号源电阻 R_S，为了实现调制器电阻与信号源电阻相匹配，将特定匹配电阻 R_{MATCH} 与调制器电阻 R_M 并联，并使并联总电阻阻值与信号源电阻阻值相等。

马赫-曾德尔调制器与调制信号源之间的低频等效阻抗匹配电路图如图2.9所示，调制信号源电压 v_s 和调制电压 v_m 之间的关系为 $v_m=v_s/2$，将此关系代入式（2.7）中可以得到可用射频功率为

$$p_{s,a}=\frac{v_s^2}{4R_S}=\frac{v_m^2}{R_S} \tag{2.15}$$

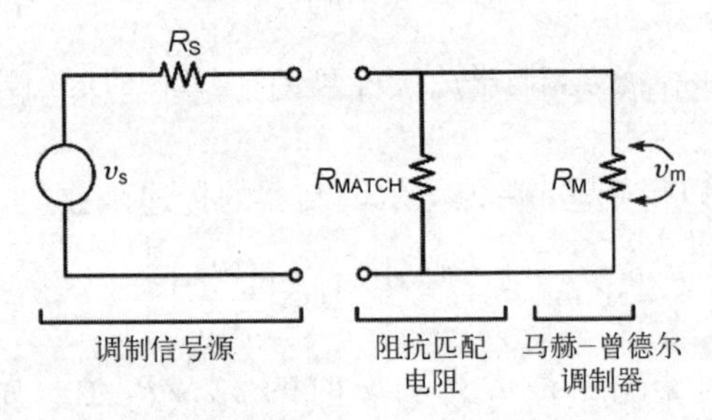

图2.9　马赫-曾德尔调制器与调制信号源之间的低频等效阻抗匹配电路图

将式（2.14）的平方代入式（2.15）中，消除中间变量 v_m，可以得到具有并联匹配电阻的马赫-曾德尔调制器的低频增量调制效率表达式：

$$\frac{p_{m,o}^2}{p_{s,a}}=\left(\frac{T_{FF}P_I\pi}{2V_\pi}\right)^2 R_S \tag{2.16}$$

将式（2.16）变形，使其与式（2.11）形式相同，即

$$\frac{p_{m,o}^2}{p_{s,a}}=\left(\frac{T_{FF}P_I\pi R_S}{2V_\pi}\right)^2 \frac{1}{R_S} \tag{2.17}$$

包含 R_S 平方项的单位为（W/A）^{2}，这也是调制斜率效率平方的单位，因此可以将马赫-曾德尔调制器的调制斜率效率 s_{mz} 表示为

$$s_{mz}\left(V_M=\frac{V_\pi}{2}\right)=\frac{T_{FF}P_I\pi R_S}{2V_\pi} \tag{2.18}$$

上式表明调制斜率效率与偏置电压有关，即上式只在特定偏置电压的情况下有效。理论上，马赫-曾德尔调制器的调制斜率效率可以无限大，但在实际应用中会受限于电光调制器件的各个参数。

由式（2.18）可知，虽然直接调制的调制斜率效率与平均光功率无明显关系，但是外部调制的调制斜率效率与平均光功率呈线性关系。激光器与外部电光调制器的组合类似于双极晶体管，其中双极晶体管的跨导增益与集电极直流电流呈线性关系（Gray 和 Searle，1969 年）。

调制斜率效率 s_{mz} 与光波长之间关系有两种表现形式（Ackerman，1997 年）。对于不同工作波长下的固定外部电光调制器，通过调制斜率效率 s_{mz} 与半波电压 V_π 之间的关系，可以得到调制斜率效率与工作波长的相关表达形式；对于给定调制器电极长度，光波相移与波长成反比，因此对于固定电光调制器，其调制斜率效率 s_{mz} 与 λ^{-1} 呈线性关系。

此外，对于两个不同工作波段的电光调制器（针对工作波段已经优化设计），可以得到调制斜率效率 s_{mz} 与工作波长的另一种关系形式。工作波长越短，对应单模光波导越小，调制电极间隙越窄，从而增大了铌酸锂光波导的调制电场，该效应与工作波长也成反比关系。因此，对于不同电光调制器（针对工作波段已经优化设计），上述两种波长依赖性均存在，最终调制斜率效率 s_{mz} 与 λ^{-2} 呈线性关系。

在图 2.10 中，以 P_I/V_π 值为参数绘制出了典型外部电光调制器的光纤耦合斜率效率与工作波长之间的关系曲线。商用铌酸锂马赫-曾德尔调制器的半波电压 V_π 通常为 2～15 V，早在 1988 年已经有文献报道了半波电压最低能够达到 0.35 V（Betts，1988 年）。此外，早期电光调制器（工作波长为0.85 μm）的输入光功率水平较低（通常小于 1 mW），后期电光调制器的输入光功率能够超过 100 mW（工作波长为 1.3 μm），早在 1996 年就有文献报道了调制器的最高输入光功率为 400 mW（Cox，1996 年）。由式（2.18）可知，P_I/V_π 值是调制斜率效率的重要影响因素。图 2.10 所示为以 P_I/V_π 值为参数（介于 0.001～1 W/V 间），典型外部调制器的光纤耦合斜率效率与工作波长间的关系曲线和几种调制器的实测数据。

比较图 2.3 和图 2.10 可知，与直接调制半导体激光器相比，通过马赫-曾德尔调制器对高功率激光器进行外部调制能够获得更高的调制斜率效率。

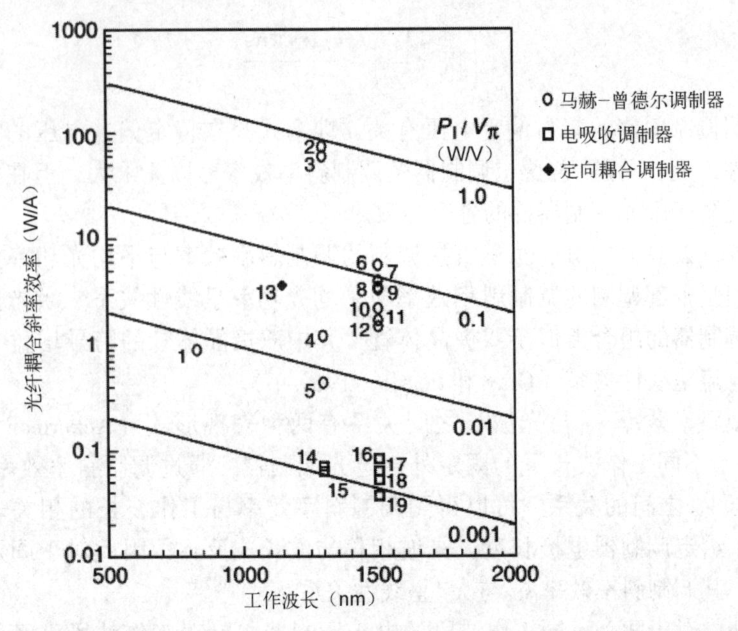

图 2.10　以 P_1/V_π 值为参数（介于 0.001～1 W/V 间），典型外部调制器的光纤耦合斜率效率与工作波长间的关系曲线和几种调制器的实测数据

注：下表中列出了图 2.10 中各点所对应文献的作者和年份信息，以及相关频率信息，具体请见本章参考文献。

序号	作者和年份	频率（GHz）	序号	作者和年份	频率（GHz）
1	C. Gee 等，1993 年	17	11	K. Noguchi 等，1991 年	20
2	C. Cox 等，1996 年	0.15	12	K. Noguchi 等，1994 年	50
3	G. Betts 等，1989 年	0.15	13	O. Mikami 等，1978 年	1
4	R. Jungerman 和 D. Dolfi，1992 年	32	14	C. Rolland 等，1991 年	11
5	A. Wey 等，1987 年	18	15	Y. Liu 等，1994 年	20
6	K. Kawano 等，1991 年	5	16	T. Ido 等，1994 年	2
7	R. Madabhushi，1996 年	18	17	I. Kotaka 等，1991 年	16.2
8	K. Noguchi 等，1993 年	12	18	T. Ido 等，1995 年	未报道
9	K. Kawano 等，1989 年	14	19	F. Devaux 等，1994 年	36
10	M. Rangaraj，1992 年	5			

2.2.2.2　定向耦合调制器

定向耦合调制器（Papuchon，1977 年）主要基于定向耦合器，在标准的无源定向耦合器中，两路波导互相平行并且彼此足够靠近，以至于可以发生隐失波耦合，通过设置合适的耦合区域长度，使得期望功率从其中一路波导耦合至另一路波导。

基于无源耦合器的定向耦合调制器需要将电极平行置于波导上，并利用电光材料（如铌酸锂等）制作整个耦合结构。定向耦合调制器的结构图及光学传递函数 $P_{D,O}/P_I$ 与 v_M/V_S 参量之间的关系曲线如图 2.11 所示，其中，图 2.11（a）为定向耦合调制器的结构图；图 2.11（b）所示为当 $T_{FF}=0.5$ 时，定向耦合调制器的光学传递函数 $P_{D,O}/P_I$ 与 v_M/V_S 参量之间的关系曲线。当电极无调制电压时，输入波导光功率全部耦合至另一输出波导；随着电极电压增大，外加电场使波导折射率发生改变，进而改变有效耦合长度，此时只有部分光功率从输入波导耦合至输出波导；如果电极电压足够大，在理想情况下，输入波导光功率将全部耦合至输出波导。对于定向耦合调制器，从全耦合到零耦合状态所需调控的电压大小被称为开关电压 V_S。

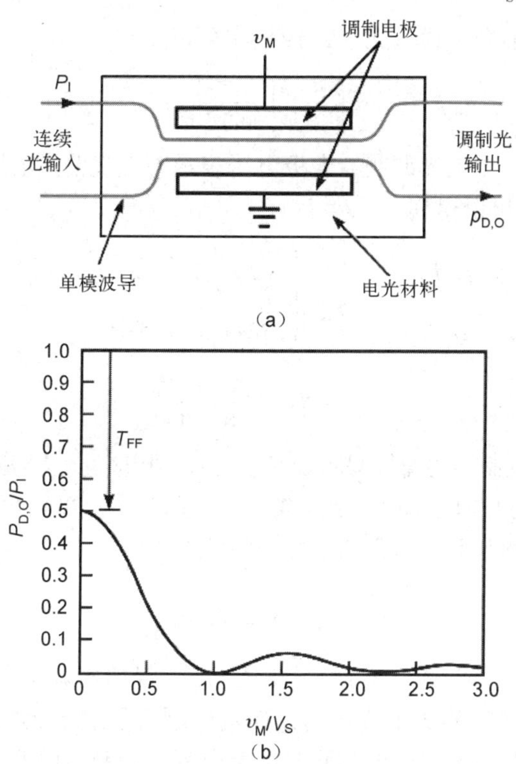

图 2.11　定向耦合调制器的结构图及光学传递函数 $P_{D,O}/P_I$ 与 v_M/V_S 参量之间的关系曲线（Cox，1996 年，图 57.16，CRC 出版社，经许可转载）

定向耦合调制器的电极电压 v_M 与输出光功率 $p_{D,O}$ 之间的传递函数可以表示为（Halemane 和 Korotky，1990 年）

$$p_{\mathrm{D,O}}=T_{\mathrm{FF}}P_{\mathrm{I}}\frac{\sin^2\left[\frac{\pi}{2}\sqrt{1+3\left(\frac{v_{\mathrm{M}}}{V_{\mathrm{S}}}\right)^2}\right]}{1+3\left(\frac{v_{\mathrm{M}}}{V_{\mathrm{S}}}\right)^2} \tag{2.19}$$

其中 P_{I} 为输入波导的平均光功率，定向耦合调制器的开关电压与马赫-曾德尔调制器的半波电压具有类似的作用，但是由式（2.19）或图 2.11（b）可知，定向耦合调制器的传递函数与马赫-曾德尔调制器不同，不具有周期特性。

为了计算定向耦合调制器的增量调制效率，$\sin^2()$ 函数可以用幂级数形式进行展开（Gradshteyn 和 Ryzhik，1965 年），

$$\sin^2 x=\sum_{1}^{\infty}(-1)^{k+1}\frac{2^{2k-1}x^{2k}}{(2k)!} \tag{2.20}$$

将式（2.20）中前两项代入式（2.19）中可以得到

$$p_{\mathrm{D,O}}\cong T_{\mathrm{FF}}P_{\mathrm{I}}\left(\frac{\pi}{2}\right)^2\left[1-\frac{\pi^2}{12}\left(1+3\left(\frac{v_{\mathrm{M}}}{V_{\mathrm{S}}}\right)^2\right)\right] \tag{2.21}$$

将式（2.21）中电光调制器电极电压表示为直流偏置电压 V_{M} 与小信号调制电压 v_{m} 之和，可以得到

$$p_{\mathrm{D,O}}=T_{\mathrm{FF}}P_{\mathrm{I}}\left(\frac{\pi}{2}\right)^2\left[1-\frac{\pi^2}{12}\left(1+\frac{3}{V_{\mathrm{S}}^2}(V_{\mathrm{M}}^2+2V_{\mathrm{M}}v_{\mathrm{M}}+v_{\mathrm{M}}^2)\right)\right] \tag{2.22}$$

只保留基频项并假定 $v_{\mathrm{M}}\ll V_{\mathrm{M}}$，上式简化后能够得到

$$p_{\mathrm{d,o}}=T_{\mathrm{FF}}P_{\mathrm{I}}\frac{\pi^4}{8}\frac{V_{\mathrm{M}}v_{\mathrm{m}}}{V_{\mathrm{S}}^2} \tag{2.23}$$

在定向耦合调制器的增量调制效率最大时，相应的电极偏置电压满足 $V_{\mathrm{M}}\cong 0.43V_{\mathrm{S}}$（Bridges 和 Schaffner，1995 年），根据式（2.23）可以估算出此时小信号调制电压与调制器输出光功率之间的关系为

$$p_{\mathrm{d,o,max}}=5.24T_{\mathrm{FF}}P_{\mathrm{I}}\frac{v_{\mathrm{m}}}{V_{\mathrm{S}}} \tag{2.24}$$

比较式（2.24）与式（2.14），由于马赫-曾德尔调制器的共用电极被设计（中心电极驱动）构成推挽结构，而定向耦合调制器无共用电极只能实现单臂驱动，当调制器电极长度相同时，定向耦合调制器的开关电压为马赫-曾德尔调制器半波电压的 2 倍，因此，定向耦合调制器的增量调制效率比马赫-曾德尔调制器的高约 1.6 倍。

定向耦合调制器的低频集总等效电路模型也类似于马赫-曾德尔调制器，结合式（2.24）与式（2.15），可以得到定向耦合调制器的低频增量调制效率

表达式：

$$\frac{p_{d,o}^{2}}{p_{s,a}}=\left(\frac{5.24T_{FF}P_{I}}{V_{S}}\right)^{2}R_{S} \tag{2.25}$$

结合式（2.25）与式（2.17），可以得到定向耦合调制器的调制斜率效率s_{dc}表达式：

$$s_{dc}(V_{M}\cong 0.43V_{S})=\frac{5.24T_{FF}P_{I}R_{S}}{V_{S}} \tag{2.26}$$

实际上，相比马赫-曾德尔调制器，定向耦合调制器在电极长度较长时的制作要求更严格，其稍高的调制斜率效率优势受到电极制作劣势的影响。当调制器电极长度增加时，马赫-曾德尔调制器的两臂波导间隔不受影响，而定向耦合调制器需要重新计算波导耦合间距。因此，定向耦合调制器更适用于紧凑型 2×2 光开关等应用中，而马赫-曾德尔调制器更利于最大化调制斜率效率（通过增长电极长度实现）。

2.2.2.3 电吸收调制器

虽然部分半导体材料具有线性电光效应，但常见电吸收调制器通常利用半导体材料的电吸收效应。电吸收调制器主要由三层半导体结构组成，包括两端掺杂层（P 层和 N 层）以及中间未掺杂本征层（I 层），该 PIN 结的吸收特性会随着波长的变化而发生突变，突变波长被称为带隙。

半导体带隙处的吸收变化通常可以用阶跃函数进行描述，当波长大于带隙时吸收系数为零，而当波长小于带隙时吸收系数为无穷大。实际上，半导体带隙处的吸收系数斜率有限（Knupfer，1993 年），图 2.12 所示为以偏置电压为参数，砷化镓材料 PIN 结的吸收系数与光波长之间的关系曲线，当 PIN 结无外加电压时，光波长改变 40 nm 将导致吸收系数变化超过 4 个数量级。

当 PIN 结偏置电压从零增大时，吸收系数与光波长的函数曲线形状将会随之改变，人们通常称之为“带隙位移”。然而，实际上半导体带隙为固定波长，“带隙位移”应该理解为半导体吸收系数相对于固定带隙波长的指数“拖尾”现象。“拖尾”现象随着偏置电压的增大而更加明显，这种与偏置电压相关的半导体吸收函数变化现象也被称为 Franz-Keldysh 效应，在量子阱结构中类似效应被称为量子限制斯塔克效应（QCSE）。

当利用 Franz-Keldysh 效应或 QCSE 进行电光调制时，需要选择合适的光载波波长，使得半导体材料在不施加电场时对该波长透明。随着施加电场的增强，半导体材料对该波长载波的吸收逐渐增强，因此，与前面所述电光调制器不同，电吸收调制器对输入光载波的波长稳定性要求较高。

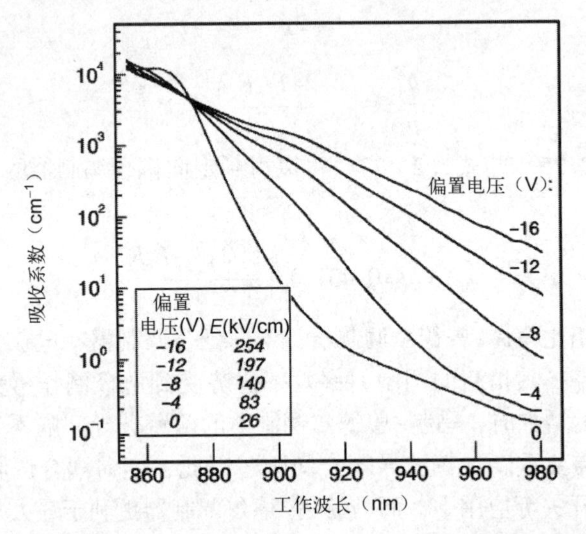

图 2.12　以偏置电压为参数，砷化镓材料 PIN 结的吸收系数与工作波长之间的关系曲线（Knupfer 等，1993 年，IEEE，经许可转载）

电吸收调制器有多种结构类型，其中一种常见结构与图 2.1（a）中法布里-珀罗半导体激光器相同，两者之间的主要区别在于电吸收调制器的末端面采用抗反射涂层来减小光纤耦合损耗，此外，电吸收调制器的 P-N 结为反向偏置（相对于激光器的正向偏置），并且半导体掺杂设计增加了吸收系数的电场（即电压）相关性。与基于铌酸锂材料的电光调制器不同，半导体电吸收调制器可以与连续光半导体激光器一起实现单片集成，不仅简化了光纤耦合过程，同时降低了光纤耦合损耗。

电吸收调制器的调制斜率效率和增量调制效率均与偏置电压相关，将与偏置电压相关的吸收系数定义为 $\Delta\alpha(v_M)$，电吸收调制器的输出光功率 $p_{A,O}$ 可以表示为（Welstand，1997 年）

$$p_{A,O}=T_{FF}P_I e^{-\Gamma L\Delta\alpha(v_M)} \tag{2.27}$$

其中 Γ 为光场限制因子，即光功率在波导吸收层中所占百分比，L 为光波导长度，$\Delta\alpha(v_M)$ 为归一化吸收系数，且 $\Delta\alpha(0)=0\,|_{v_M=0}$，本章附录 2.2 将分析电吸收调制器的吸收系数与偏置电压之间的函数关系表达式。

将电吸收调制器外加电压表示为直流偏置与调制电压之和，即 $v_M=V_M+v_m$，将其带入式（2.27）中可以得到

$$p_{A,O}=T_{FF}P_I e^{-\Gamma L\Delta\alpha(V_M)-\Gamma L\Delta\alpha(v_m)} \tag{2.28}$$

其中，指数部分第一项表示与直流偏置电压相关的吸收因子，通过 T_N 表示该项：

$$T_N=e^{-\Gamma L\Delta\alpha(V_M)} \tag{2.29}$$

当调制信号为小信号时，将近似值 $e^{-\Gamma L\Delta\alpha(v_m)} \cong 1-\Gamma L\Delta\alpha(v_m)$ 代入式（2.28）中，可以得到小信号调制光功率的表达式：

$$p_{a,o}=\frac{\mathrm{d}p_{A,O}}{\mathrm{d}v_m}\bigg|_{V_M}=-T_{FF}P_I T_N \Gamma L\left(\frac{\mathrm{d}\Delta\alpha(v_m)}{\mathrm{d}v_m}\bigg|_{V_M}\right)v_m \tag{2.30}$$

为了与前两种电光调制器进行类比，此处引入与半波电压（V_π）类似的电压参量 V_α，该电压参量可以表示为

$$V_\alpha=\frac{-1}{\Gamma L\left(\frac{\mathrm{d}\Delta\alpha(v_m)}{\mathrm{d}v_m}\bigg|_{V_M}\right)} \tag{2.31}$$

将式（2.31）代入式（2.30）中，可以得到电吸收调制器的调制电压与调制光功率之间的关系表达式：

$$P_{a,o}\cong T_{FF}P_I T_N\frac{v_m}{V_\alpha} \tag{2.32}$$

将匹配电阻与电吸收调制器电阻并联，可以得到与前两种电光调制器相同的电吸收调制器等效电路，如图 2.9 所示。电吸收调制器的增量调制效率为

$$\frac{p_{a,o}^2}{p_{s,a}}=\left(\frac{T_{FF}P_I T_N}{V_\alpha}\right)^2 R_S=\frac{s_{ea}^2}{R_S} \tag{2.33}$$

其中电吸收调制器的调制斜率效率 s_{ea} 的表达式为

$$s_{ea}(V_M)=\frac{T_{FF}P_I T_N(V_M)R_S}{V_\alpha(V_M)} \tag{2.34}$$

在计算电吸收调制器的调制斜率效率时，需要选定特定偏置电压点 V_M，同时通过式（2.29）和式（2.31）可以分别得到相应的 T_N 和 V_α 值。

电吸收调制器的调制斜率效率［式（2.34）］的函数表达形式与马赫-曾德尔调制器［式（2.18）］和定向耦合调制器［式（2.26）］相同，电吸收调制器的调制斜率效率在理论上可以无限大，然而在实际应用中，当电吸收调制器输入光功率较高时，未调制光功率将被吸收掉，而不会像马赫-曾德尔调制器一样散射到衬底中或像定向耦合调制器一样耦合至另一波导中。因此，电吸收调制器的最大输入光功率约为 40 mW，比铌酸锂马赫-曾德尔调制器的最大输入光功率水平低一个数量级以上。

与前两种电光调制器不同，电吸收调制器要求激光器波长处于其吸收边缘约 40 nm 范围内，如果使用半导体激光器，很容易通过控制半导体激光器的温度来实现波长对准。此外，由于电吸收调制器由半导体材料制造而成，电吸收调制器可以与半导体激光器集成在同一衬底上，此时二者温度接近，容易控制，因此半导体激光器和电吸收调制器的单片集成有助于减小两者之

间的工作波长差异。

2.3 光电探测器件

无论是直接调制还是外部调制模拟光纤链路，本章前面内容介绍的电光调制器件输出均为强度调制光载波信号，为了从光载波中解调恢复出调制信号，需要使用能够有效吸收光波并将光生载流子传输至外部电路的半导体光电探测器件。光电探测器件具有多种结构类型（Yu，1997 年），下面将重点介绍通信应用系统中最常见的 PIN 光电二极管。

PIN 光电二极管的基本结构如图 2.13 所示，本征层（I 层）是半导体材料中发生光子吸收的未掺杂层。当光子能量小于能级间最小能量差时，不会发生光子吸收。因此，对于能量小于带隙能量的光子，半导体材料是透明的，理论上，能量大于带隙能量的所有光子都会被吸收，然而实际上，由于设计限制（如 I 层厚度）使得半导体材料最大吸收量小于 100%。

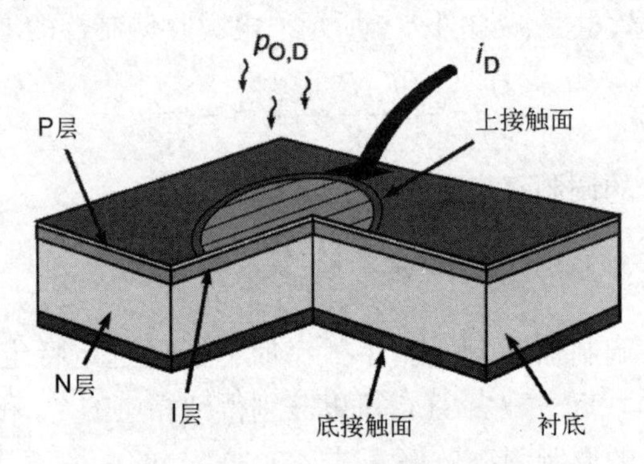

图 2.13　PIN 光电二极管的基本结构

通常，硅材料的带隙能量对应 1.1 μm 附近的波长，所以这种材料适用于制作工作在 0.85 μm 波段的光电探测器；锗和复合半导体铟镓砷化合物的带隙能量对应于 1.6 μm 附近波长，这两种材料适用于制作工作在 1.3 μm 和 1.55 μm 等长波段的光电探测器。由于锗材料暗电流通常较高，因此无法广泛应用于光电探测器中。

半导体材料在吸收一个光子后会产生一对电荷相反的光生载流子，在没有外加电场的情况下，这些光生载流子将在本征层（I 层）内漂移，最终发生非辐射复合，即不产生光子的复合。为了收集这些光生载流子，可以通过在本征层（I 层）两侧放置相反掺杂层来建立电场。在 PIN 光电二极管中，掺杂层（N 层和 P 层）中分别存在过量的电子和空穴载流子，上述过剩载流子密度产生的电场驱使光生载流子移出 I 层，最终通过在 P 层与 N 层上设置接触点，将光生载流子传送至外部电路。

由于掺杂对带隙能量只存在二阶效应，因此光子也会被 P 层和 N 层吸收，但是这些掺杂层中不存在电场，只有漂移或扩散至 I 层中的光生载流子才能形成光电流，其余载流子将无辐射重新复合。在常见的 PIN 结中，入射光波需要经过 P 层或 N 层才能到达 I 层。因此，顶部掺杂层的厚度应减小，而过薄的掺杂层会对该层串联电阻产生不利影响，在设计光电探测器时需要对此进行权衡考虑。

从射频电路的角度看，上述光电探测器结构属于二极管，当对其施加正向偏置电压时会得到比光生电流大得多的输出电流。当偏置电压为零时，PIN 光电二极管无电流产生。通常，光电二极管不能在无偏置电压状态下工作，由于本征层（I 层）不会完全耗尽光生载流子，进而导致非线性失真以及频率响应降低，因此，PIN 光电二极管通常工作在几伏反向偏压下，反向偏置 PIN 光电二极管的光生电流与入射光功率之间的响应曲线如图 2.14 所示，曲线斜率为光电二极管的响应度（单位为 A/W）。

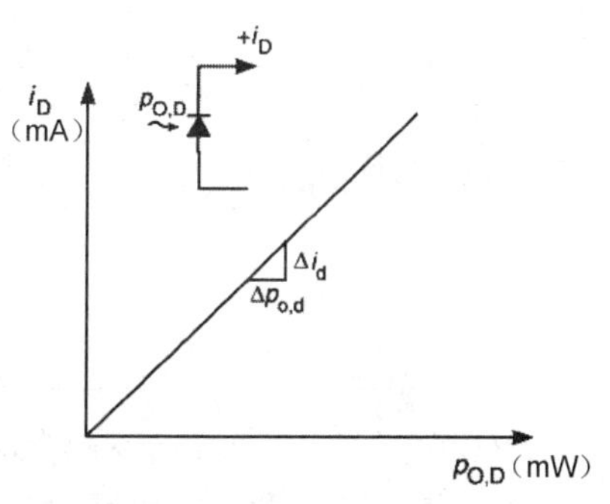

图 2.14　反向偏置 PIN 光电二极管的光生电流与入射光功率之间的响应曲线

光电二极管的响应度 r_D 可以通过外量子效率 η_D、电子电荷量以及光子能量表示，外量子效率 η_D 的定义为光生电子数量与入射光子数量之比，包括光电转换过程中全部相关损耗，例如光电二极管的表面反射和各种电光损耗等。光电二极管响应度的表达式为

$$r_D = \eta_D \frac{q}{h\upsilon} = \frac{\eta_D q \lambda_0}{hc} \tag{2.35}$$

光电二极管响应度 r_D 的最右侧表达式与光波长相关，适用于结合调制斜率效率和光电探测响应度的模拟光纤链路增益方程。在一定入射光功率范围内，光电二极管总响应度 r_D 与小信号响应度 r_d 相等。

当外量子效率 $\eta_D = 1$ 时，光电二极管响应度 r_D 值最大，此时，每个入射光子都能被转换为传输至外部电路的载流子。光电二极管的响应度与光波长相关，光电二极管最大响应度与工作波长之间的关系曲线如图 2.15 所示，图中还给出了几种光纤耦合光电二极管响应度的报道值，相应的工作带宽将在本书第四章进行讨论。由图 2.15 可知，相对于半导体激光器而言，光电探测器的响应度更接近其理论最大值。低频光电二极管的响应度 r_d 较高，主要原因在于在光纤耦合时入射光会直接进入光电探测器 I 层，其直径通常大于光纤纤芯直径；当工作频率较高时，光电二极管吸收区采用波导结构，其光纤耦合效率与激光器相同。

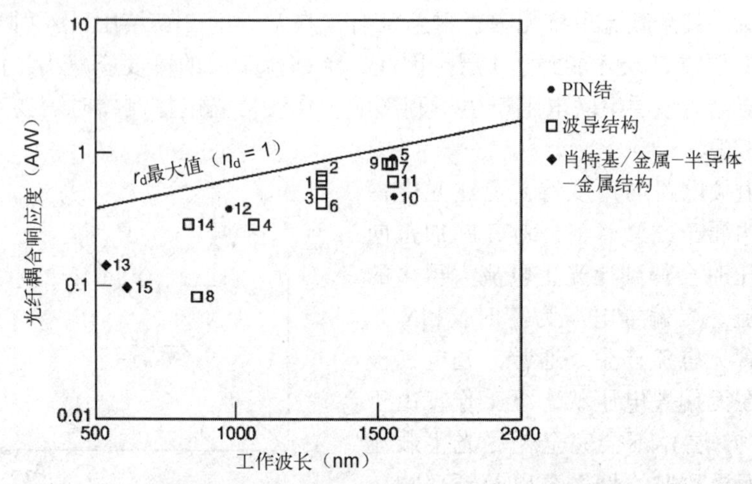

图 2.15　光电二极管最大响应度与工作波长之间的关系曲线（符号表示研究和商用光纤耦合光电二极管的报道值）

注：下表中列出了图 2.15 中点所对应文献的作者和年份信息，以及相关频率信息，具体请见本章参考文献。

序号	作者和年份	频率 (GHz)	序号	作者和年份	频率 (GHz)
1	J. Bowers 和 C. Burrus，1987 年	12	9	K. Kato 等，1992 年	50
2	Ortel 公司，1995	15	10	D. Wake 等，1991 年	50
3	A. Williams 等，1993 年	20	11	K. Kato 等，1994 年	75
4	J. Bowers 和 C. Burrus，1986 年	28	12	Y. Wey 等，1993 年	110
5	M. Makiuchi 等，1991 年	31	13	E. Ozbay 等，1991 年	150
6	J. Bowers 和 C. Burrus，1987 年	36	14	K. Giboney 等，1995 年	172
7	K. Kato 等，1991 年	40	15	Y. Chen 等，1991 年	375
8	L. Lin 等，1996 年	49			

PIN 光电二极管的增量探测效率可以通过其小信号等效电路模型进行推导，由于光电转换过程对光电二极管偏置电压的依赖性较弱，因此可以通过理想电流源来表示光电转换过程，入射光功率 $p_{o,d}$ 与探测电流 i_d 之间的转换系数被称为响应度，因此探测电流可以表示为

$$i_d = r_d p_{o,d} \tag{2.36}$$

在低频工作情况下，光电二极管结电容可以忽略；当探测光功率较低时，光电二极管串联电阻压降也可以忽略。因此，光电二极管探测器的小信号低频电路模型如图 2.16 所示，光电二极管负载可以简化为纯电阻 R_{LOAD}，负载输出射频功率 p_{load} 可以表示为

$$p_{load}=i_d^2 R_{LOAD} \tag{2.37}$$

结合式（2.36）与式（2.37），可以得到在低频工作时光电二极管增量探测效率的表达式：

$$\frac{p_{load}}{p_{o,d}^2}=r_d^2 R_{LOAD} \tag{2.38}$$

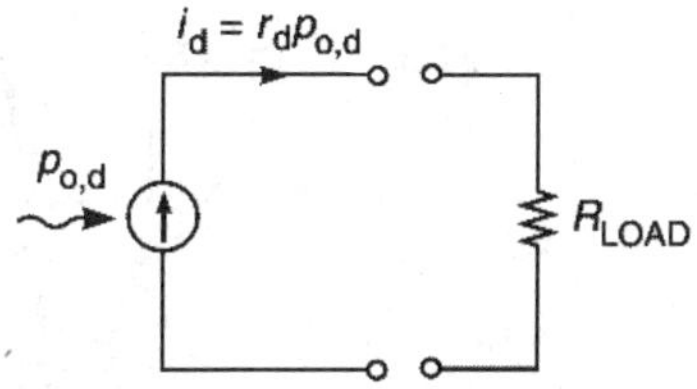

图 2.16　光电二极管探测器的小信号低频电路模型（包含输出负载 R_{LOAD}）

附录 2.1　半导体激光器稳态（直流）速率方程模型

为了将外部激光参量（如激光阈值和输出光功率）与腔内激光参数联系起来，通常将半导体激光器视为一对耦合储能器，分别用于储存有源区的电子和光子。两个储能器之间的相互作用可以通过一对耦合微分方程进行描述，其中一个微分方程表示载流子注入和复合速率，另一个表示激光腔模式中光子的产生和湮灭速率，上述方程被称为激光器速率方程。本附录将重点研究激光器速率方程及其稳态解，并基于稳态解（Lee，1998 年；Coldren 和 Corzine，1995 年）对激光器 P–I 关系曲线进行讨论。

假设激光腔内只存在单个纵向和横向光学模式，激光器速率方程分析适用于本章 2.2.1 节中分布反馈式半导体激光器与垂直腔面发射激光器等。当激光器输出多个纵模时，在一定程度上激光器速率方程仍然适用，例如，在法布里–珀罗激光器中，速率方程可以用来模拟分析激光器的总输出行为，即所有激光器模式功率总和，但是在分析单个模式时存在限制。

在进行激光器速率方程模型的推导前，首先讨论如图 A2.1.1 所示速率方程稳态解的特点。图 A2.1.1（a）绘制了激光器载流子和光子密度与偏置电流之间的关系曲线，在工作阈值以下，激光器光子密度约为接近零的常数，

然而实际上如果转换到对数坐标，可以看出激光器光子密度随着驱动电流缓慢增加；在工作阈值以上，激光器光子密度随着驱动电流线性增加（忽略其他模式的自发辐射）。

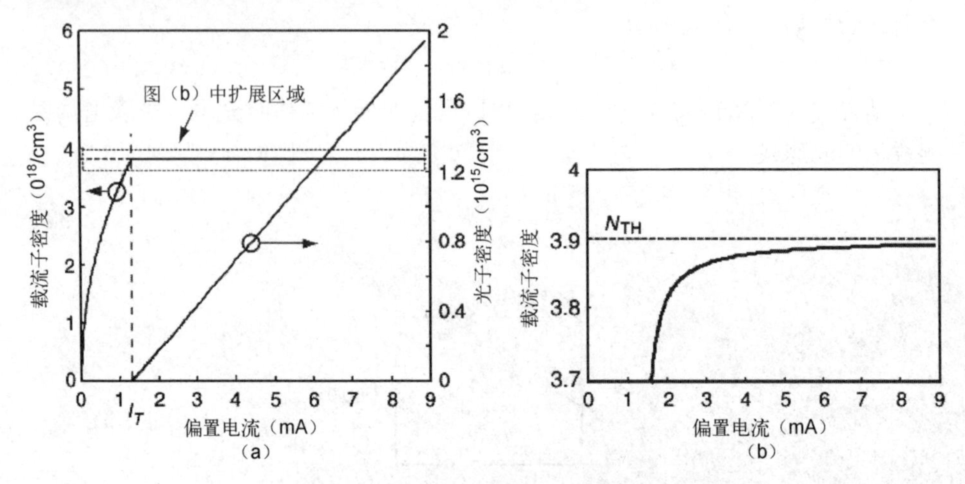

图 A2. 1. 1　速率方程稳态解的特点
（Lee，1998 年，经许可转载）

图 A2. 1. 1（b）绘制了在阈值电流附近区域激光器载流子密度与偏置电流之间的关系，该变量曲线图与相应光子密度变量图互补。在工作阈值以下，激光器载流子密度随着偏置电流的增大而增大；达到工作阈值后，激光器载流子密度为与偏置电流无关的常数；与图 A2. 1. 1 相同激光器的腔内增益、自发辐射光子密度与偏置电流之间的关系如图 A2. 1. 2 所示，由于激光器腔内增益、自发

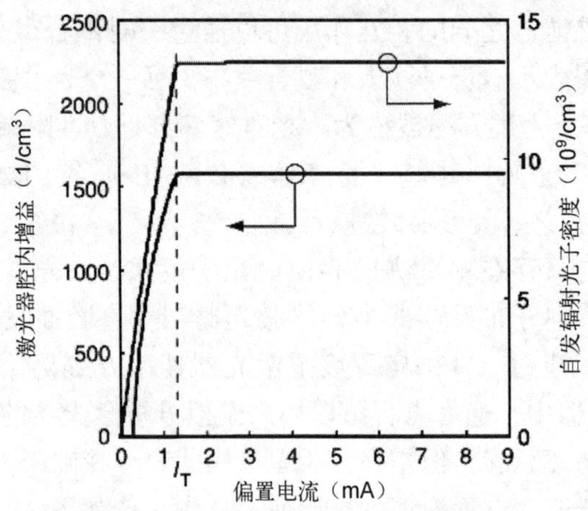

图 A2. 1. 2　与图 A2. 1. 1 相同激光器的腔内增益、自发辐射光子密度与偏置电流之间的关系
（Lee，1998 年，经许可转载）

辐射变量都与载流子密度有关，因此达到工作阈值后相应变量值也保持不变。

图 A2.1.1 与图 A2.1.2 中纵坐标光子密度相对刻度值不同，激光器自发辐射光子数量（图 A2.1.2）与辐射光子总量（图 A2.1.1）之比约为 10^{-5}，图 A2.1.1 中光子密度变量主要由受激辐射引起。

驱动电流提供的注入载流子之间的竞争过程，使得激光器速率方程稳态解具有上述特点。在低驱动电流情况下，激光器内往返光子的损耗大于增益，因此无法吸收注入载流子和产生受激辐射光子。注入有源区载流子库的载流子通过自发辐射和非辐射复合过程被消耗掉。有源区载流子库和腔内光学增益随着驱动电流的增大而增加，当光学增益等于损耗时，腔内光子密度（与光学增益呈指数关系）迅速增长，受激辐射过程会吸收所有多余的注入载流子。当驱动电流达到阈值时（本书第四章附录 4.1 将详细讨论激光器达到受激辐射阈值的动态过程），进入有源区域的电子会通过受激辐射转换为光子，因此输出光功率随着驱动电流的增大而急剧线性增长。

载流子密度基本保持不变，当载流子密度小幅增加时，光子密度会以指数形式（取决于腔内净增益）迅速增加。因此，当激光器驱动电流增大时，载流子密度小幅增加，而光子密度大幅增加，进而维持激光器稳定工作状态。由图 A2.1.1 可知，实际载流子密度的最大值逐渐接近 N_{TH}。

通过测量载流子密度随时间变化速率 $\mathrm{d}n_{\mathrm{U}}/\mathrm{d}t$ 推导激光器速率方程，载流子密度随时间变化速率 $\mathrm{d}n_{\mathrm{U}}/\mathrm{d}t$ 可以表示为电子注入速率 $r_{\mathrm{U-GEN}}$ 与激光腔内有源层载流子复合速率 $r_{\mathrm{U-REC}}$ 之间的差值，

$$\frac{\mathrm{d}n_{\mathrm{U}}}{\mathrm{d}t}=r_{\mathrm{U-GEN}}-r_{\mathrm{U-REC}} \tag{A2.1.1}$$

载流子注入有源区的速率仅取决于激光器总驱动电流 i_{L}、流经有源区电流比例 η_{i} 与该区域体积 V_{E} 的比值（忽略泄漏电流），

$$r_{\mathrm{U-GEN}}=\frac{\eta_{\mathrm{i}}i_{\mathrm{L}}}{qV_{\mathrm{E}}} \tag{A2.1.2}$$

载流子库的多种损耗机制可以分为辐射型和非辐射型两类，然而，目前载流子复合速率通常通过受激辐射产生速率 r_{ST} 进行简单表示，而并不进行分解。

在无受激辐射情况下的载流子复合项可以分为单分子复合系数、双分子复合系数和俄歇复合系数。单分子复合系数与 n_{U} 成正比，表示通过缺陷态引起的非辐射复合；双分子复合系数与 n_{U}^2 成正比，表示产生自发辐射 r_{SP} 的电子-空穴复合；俄歇复合系数与 n_{U}^3 成正比，表示电子间和空穴间碰撞产生的非辐射复合。

因此，非辐射复合与自发辐射项可以表示为

$$r_{\mathrm{U\text{-}REC\text{-}NR}}=An_{\mathrm{U}}+Bn_{\mathrm{U}}^2+Cn_{\mathrm{U}}^3=(A+Cn_{\mathrm{U}}^2)n_{\mathrm{U}}+Bn_{\mathrm{U}}^2 \tag{A2.1.3}$$

其中二次项仅代表自发辐射率 r_{SP}。

对于任意指定载流子密度，可以通过特征寿命 $\tau_{\mathrm{U}}(n_{\mathrm{U}})$ 与式（A2.1.3）中括号项关联起来，当忽略俄歇复合时，特征寿命与载流子密度无关。总载流子复合速率可以表示为非辐射复合、自发辐射与受激辐射过程的速率之和：

$$r_{\mathrm{U\text{-}REC}}=\frac{n_{\mathrm{U}}}{\tau_{\mathrm{U}}}+r_{\mathrm{SP}}+r_{\mathrm{ST}} \tag{A2.1.4}$$

将式（A2.1.2）和式（A2.1.4）代入式（A2.1.1）中，可以得到载流子速率方程表达式：

$$\frac{\mathrm{d}n_{\mathrm{U}}}{\mathrm{d}t}=\frac{\eta_{\mathrm{i}}i_{\mathrm{L}}}{qV_{\mathrm{E}}}-\frac{n_{\mathrm{U}}}{\tau_{\mathrm{U}}}-r_{\mathrm{SP}}-r_{\mathrm{ST}} \tag{A2.1.5}$$

同理，可以构建激光腔内光子数量随时间变化的速率方程 $\mathrm{d}n_{\mathrm{P}}/\mathrm{d}t$，该方程为光子产生速率 $r_{\mathrm{P\text{-}GEN}}$ 与光子损耗速率 $r_{\mathrm{P\text{-}REC}}$ 的差值函数，即

$$\frac{\mathrm{d}n_{\mathrm{P}}}{\mathrm{d}t}=r_{\mathrm{P\text{-}GEN}}-r_{\mathrm{P\text{-}REC}} \tag{A2.1.6}$$

光子是通过自发和受激复合过程产生的，因此，光子产生速率大致可以表示为 $r_{\mathrm{P\text{-}GEN}}=r_{\mathrm{SP}}+r_{\mathrm{ST}}$。然而，弱光约束意味着光子体积 V_{P} 通常大于电子体积 V_{E}，由于本书主要关注光子密度而非光子数量，光子密度与光子体积 V_{P} 成反比，因此，需要定义一个限制因子即电子与光子体积之比 Γ，$\Gamma=V_{\mathrm{E}}/V_{\mathrm{P}}\leqslant 1$，并将所有耦合到载流子速率方程的项乘以该限制因子。

此外，由于自发辐射为全向的，而受激辐射受限于激光谐振腔，因此还需要定义 β_{SP} 来表示激光模式中的自发辐射部分。此时，光子产生速率 $r_{\mathrm{P\text{-}GEN}}$ 可以完整表示为

$$r_{\mathrm{P\text{-}GEN}}=\Gamma(\beta_{\mathrm{SP}}r_{\mathrm{SP}}+r_{\mathrm{ST}}) \tag{A2.1.7}$$

光子损耗主要来自吸收、散射和发射等机制，可以用光子寿命 τ_{P} 来统一表征这些过程。因此，光子损耗速率 $r_{\mathrm{P\text{-}REC}}$ 的表达式可以简化为

$$r_{\mathrm{P\text{-}REC}}=\frac{n_{\mathrm{P}}}{\tau_{\mathrm{P}}} \tag{A2.1.8}$$

当然，激光腔内光子可以通过受激吸收产生载流子，而受激吸收并没有给出单独速率表达式，原因在于式（A2.1.7）中受激辐射速率是实际受激辐射与受激吸收速率之间的差值。

将式（A2.1.7）和式（A2.1.8）代入式（A2.1.6）中可以得到光子速率方程的表达式：

$$\frac{\mathrm{d}n_{\mathrm{P}}}{\mathrm{d}t}=\Gamma(\beta_{\mathrm{SP}}r_{\mathrm{SP}}+r_{\mathrm{ST}})-\frac{n_{\mathrm{P}}}{\tau_{\mathrm{P}}} \tag{A2.1.9}$$

如前面所述，通过求解式（A2.1.5）和式（A2.1.9），可以从基本材料和设计参数角度（如载流子密度、腔镜反射率等）来表示一些激光器特性(如激光阈值、P-I 曲线等)，然而由于这组初始速率方程变量并没有明确表示载流子数量与光子数量之间的依赖关系，所以事实并非如此。

由于受激辐射概率主要取决于光子数量，因此需要根据单位时间内产生的受激光子数量来表示受激辐射速率 r_{ST}：

$$r_{ST}=\frac{\Delta n_P}{\Delta t} \tag{A2.1.10}$$

此外，由于受激辐射激发与入射光子完全相同的光子，并且光子产生数量 Δn_P 随着激光器腔长 Δz 的增加而增加，也视为该长度激光腔内光学增益，可以得到

$$n_P+\Delta n_P=n_P e^{g\Delta z} \tag{A2.1.11}$$

当 $\Delta z\to 0$ 时有 $\exp(g\Delta z)\to 1+g\Delta z$，并且光子传输距离 Δz 所需时间 Δt 与光子群速度 ν_g 的关系可以简单表示为 $\Delta z=\nu_g\Delta t$。将上述关系代入式（A2.1.11）中可以求解出单位时间内受激辐射光子数量的变化，进而得到式（A2.1.10）中寻找的表达式

$$r_{ST}=\frac{\Delta n_P}{\Delta t}=n_P g\nu_g \tag{A2.1.12}$$

激光腔内光学增益取决于载流子密度，可以用对数函数形式表示为

$$g(n_U,N_P)=\frac{g_o}{1+\varepsilon N_P}\ln\left(\frac{n_U+N_S}{N_T+N_S}\right) \tag{A2.1.13}$$

式中，N_T 为特定载流子密度值，在满足该载流子密度情况下，受激辐射与受激吸收完全平衡，并且材料增益为1；N_S 为拟合参数，在 $n_U=0$ 时可以建立增益（吸收）模型；g_o 也是拟合参数，用于表示从材料中获得的增益量；ε 为增益压缩因子，表示由于光子存在而导致增益降低的情况。式（A2.1.13）可以准确表示半导体中增益模型，但是相对复杂，因此可以忽略增益压缩因子并用线性函数来近似表示对数形式，即

$$g\cong a(n_U-N_T) \tag{A2.1.13a}$$

式中，$a=\mathrm{d}g/\mathrm{d}n_U$ 为差分增益，由此可以得到以下速率方程：

$$\frac{\mathrm{d}n_U}{\mathrm{d}t}=\frac{\eta_i i_L}{qV_E}-\frac{n_U}{\tau_U}-r_{SP}-\nu_g g(N_U,N_P)n_P \tag{A2.1.14a}$$

$$\frac{\mathrm{d}n_P}{\mathrm{d}t}=\Gamma\nu_g g(N_U,N_P)n_P+\Gamma\beta_{SP}r_{SP}-\frac{n_P}{\tau_P} \tag{A2.1.14b}$$

式（A2.1.14a）和式（A2.1.14b）的解为稳态解与动态解之和，

$$n_{U}=N_{U}+n_{u} \tag{A2. 1. 15b}$$

$$n_{P}=N_{P}+n_{p} \tag{A2. 1. 15b}$$

本附录仅支持第二章中对激光器静态或直流响应的讨论，只考虑激光器速率方程的稳态解情况，动态解情况将在本书第四章附录中进行讨论。根据速率方程的稳态解可以推导出激光器的 $P-I$ 曲线表达式，能够有效解决以 N_{P} 和 I_{L} 为因变量、以 N_{U} 为自变量的求解问题。为了求得稳态解，将式（A2. 1. 14a）和式（A2. 1. 14b）中时间导数设为零，可以得到

$$N_{P}(N_{U})=\frac{\Gamma\beta_{SP}r_{SP}(N_{U})}{1/\tau_{P}-\Gamma\nu_{g}g(N_{U})} \tag{A2. 1. 16a}$$

$$I_{L}(N_{U})=\frac{qV_{E}}{\eta_{i}}\left(r_{SP}+\frac{N_{U}}{\tau_{U}}+\nu_{g}g(N_{U})N_{P}(N_{U})\right) \tag{A2. 1. 16b}$$

这些方程揭示了本章前面所述物理过程，光子密度方程（A2. 1. 16a）中分母包含载流子密度钳位值，而实际光子密度无法达到无穷大（违反热力学第二定律）。因此，阈值增益可以定义为

$$g_{TH}=\frac{1}{\Gamma\tau_{P}\nu_{g}} \tag{A2. 1. 17}$$

通过增益与载流子密度之间关系可以得到阈值载流子密度 N_{TH}，并且根据式（A2. 1. 16a）可以明显看出载流子密度逐渐逼近 N_{TH}。由于激光器模式中总存在一部分自发辐射光子，N_{U} 无法等于阈值载流子密度 N_{TH}，因此腔内增益不需要完全等于光子损耗就可以得到单位净增益。

利用式（A2. 1. 16a）可以将式（A2. 1. 16b）改写为

$$I_{L}=\frac{qV_{E}}{\eta_{i}}\left(r_{SP}+\frac{N_{TH}}{\tau_{U}}+\nu_{g}g_{TH}N_{P}\right) \tag{A2. 1. 18}$$

将 I_{L} 和 N_{P} 分别作为自变量和因变量，在阈值电流处光子密度为零，此时阈值电流可以定义为

$$I_{T}=\frac{qV_{E}}{\eta_{i}}\left(r_{SP}+\frac{N_{TH}}{\tau_{U}}\right) \tag{A2. 1. 19}$$

因此根据上述定义，式（A2. 1. 16a）可以改写为

$$N_{P}=\frac{\eta_{i}}{qV_{E}\nu_{g}g_{TH}}(I-I_{T})=\frac{\tau_{P}\eta_{i}}{qV_{P}}(I-I_{T}) \tag{A2. 1. 20}$$

上式揭示了光子密度与高于阈值部分驱动电流之间的线性关系，由图 A2. 1. 1 可以直接看出。

输出光功率以 J/s 为单位，并且与光子密度之间的关系式如下：

$$P_0\left[\frac{\mathrm{J}}{\mathrm{s}}\right]=\left\{N_{\mathrm{P}}\left[\frac{\text{photons}}{\mathrm{cm}^3}\right]\right\}\left\{h\nu\left[\frac{\mathrm{J}}{\text{photon}}\right]\right\}\{V_{\mathrm{P}}[\mathrm{cm}^3]\}\left\{\nu_{\mathrm{g}}\alpha_{\mathrm{m}}\left[\frac{1}{\mathrm{s}}\right]\right\}F \tag{A2.1.21}$$

等式右边前三项为激光腔内能量，第四项为光子能量离开激光谐振腔速率，系数 F 表示离开测量面的光功率比例，对于两端反射率相同的激光腔体有 $F=1/2$。

将式（A2.1.20）中第二个等式代入式（A2.1.21）中可以得到

$$P_0=h\upsilon\nu_{\mathrm{g}}\alpha_{\mathrm{m}}F\left(\frac{\tau_{\mathrm{P}}\eta_{\mathrm{i}}}{q}\right)(I-I_{\mathrm{T}}) \tag{A2.1.22}$$

假定激光腔内材料散射损耗与镜面损耗分别为 $\alpha_{\mathrm{i}}(1/\mathrm{cm})$ 和 $\alpha_{\mathrm{m}}(1/\mathrm{cm})$，则腔内总光学损耗为 $(\alpha_{\mathrm{i}}+\alpha_{\mathrm{m}})(1/\mathrm{cm})$，当通过群速度转换为损耗速率时，可以将其视为光子寿命。因此光子寿命与激光腔内光学损耗相关，可以表示为

$$\tau_{\mathrm{P}}=\frac{1}{\nu_{\mathrm{g}}(\alpha_{\mathrm{i}}+\alpha_{\mathrm{m}})} \tag{A2.1.23}$$

将式（A2.1.23）代入式（A2.1.22）中，可以得到输出光功率与偏置电流之间的函数关系表达式为

$$P_0=\eta_{\mathrm{i}}\frac{h\upsilon}{q}\frac{\alpha_{\mathrm{m}}}{\alpha_{\mathrm{i}}+\alpha_{\mathrm{m}}}(I-I_{\mathrm{T}}) \tag{A2.1.24}$$

式中，$\alpha_{\mathrm{m}}/(\alpha_{\mathrm{i}}+\alpha_{\mathrm{m}})$ 为外量子效率，通常用 η_{d} 进行表示，即逸出反射端面的光子数量比例。

镜面损耗与腔体两端端面反射率 R_1 和 R_2 有关，也可以视为整个腔体内分布端面的离散镜面损耗之和。由于这是同一个过程的两种不同理解角度，因此镜面损耗可以通过腔内分布往返损耗与离散往返损耗相等的关系得到，镜面损耗 α_{m} 通过两端镜面反射率 R_1 和 R_2 表示为

$$\mathrm{e}^{\alpha_{\mathrm{m}}2L}=\frac{1}{R_1R_2}\Rightarrow\alpha_{\mathrm{m}}=\frac{1}{2L}\ln\left(\frac{1}{R_1R_2}\right) \tag{A2.1.25}$$

当镜面反射率较高时，光子将被长久限制在腔内往返传输，腔内内部散射导致损耗概率更大，此时镜面损耗 α_{m} 较小且外量子效率较低。

附录 2.2　电吸收调制器吸收系数方程

入射光波的吸收系数与入射光子频率 ω、材料带隙频率 ω_{g} 和外加电场引

起的频移 ω_E 之间存在如下复杂函数关系（Welstand，1997 年）：

$$\alpha(v_M) \propto \left(\frac{\omega-\omega_g}{\omega_E}|\mathrm{Ai}(\beta)|^2+\sqrt{\omega_E}\,|\mathrm{Ai}'(\beta)|^2\right) \tag{A2.2.1}$$

式中，Ai(x)为艾里函数（Abramowitz 和 Stegun，1964 年），此外，

$$\beta=\hbar\,\frac{\omega_g-\omega}{\omega_E} \tag{A2.2.2}$$

并且

$$\omega_E=\sqrt[3]{\frac{e^2\boldsymbol{E}^2}{2\mu\hbar}} \tag{A2.2.3}$$

吸收区域电场 $\boldsymbol{E}$ 可以近似为外加调制电压 ν_M 与本征层宽度 d 的比值：

$$\boldsymbol{E}\cong\frac{\nu_M}{d} \tag{A2.2.4}$$

参考文献

[1] Abramowitz, M. and Stegun, I. A. 1964. *Handbook of Mathematical Functions*, New York: Dover Publications, Section 10.4, p. 446.

[2] Ackerman, E. I. 1997. Personal communication.

[3] Agrawal, G. P. and Dutta, N. K. 1986. *Long-Wavelength Semiconductor Lasers*, New York: Van Nostrand Reinhold.

[4] Alferness, R. C. 1982. Waveguideelectrooptic modulators, *IEEE Trans. Microwave Theory Tech.*, 30, 1121-37.

[5] Betts, G. E., Johnson, L. M. and Cox, C. H. III 1988. High-sensitivity bandpass RF modulator in LiNbO3, *Proc. SPIE*, 993, 110-16.

[6] Bridges, W. B. andSchaffner, J. H. 1995. Distortion in linearized electrooptic modulators, *IEEE Trans. Microwave Theory Tech.*, 43, 2184-97.

[7] Chen, T. R., Eng, L. E., Zhao, B., Zhuanag, Y. H. and Yariv, A. 1993. Strained single quantum well InGaAs lasers with a threshold current of 0.25 mA, *Appl. Phys. Lett.*, 63, 2621-3.

[8] Choquette, K. and Hou, H. 1997. Vertical-cavity surface emitting lasers: moving from research to manufacturing, *Proc. IEEE*, 85, 1730-9.

[9] Coldren, L. A. and Corzine, S. W. 1995. *Diode Lasers and Photonic Integrated Circuits*, New York: John Wiley & Sons.

[10] Cox, C. H., III, 1996. Optical transmitters. In *The Electronics Handbook*, J. C. Whitaker, ed., BocaRaton, FL: CRC Press, Chapter 57.

[11] Cox, C. H., III, Ackerman, E. I. and Betts, G. E. 1996. Relationship between gain and

noise figure of an optical analog link, *IEEE MTT-S Symp. Dig.*, 1551-4.

[12] Gradshteyn I. S. and Ryzhik I. M. 1965. *Tables of Integrals, Series and Products*, 4th edition, New York: Academic Press, equation 1.412.1.

[13] Graham, C. H., Bartlett, N. R., Brown, J. L., Hsia, Y., Mueller, C. G. and Riggs, L. A. 1965. *Vision and Visual Perception*, New York: John Wiley & Sons, 351-3.

[14] Gray, P. E. and Searle, C. L. 1969. *Electronic Principles: Physics, Models and Circuits*, New York: John Wiley & Sons, Section 11.4.1.

[15] Halemane, T. R. and Korotky, S. K. 1990. Distortion characteristics of optical directional coupler modulators, *IEEE Trans. Microwave Theory Tech.*, 38, 669-73.

[16] IEEE 1964. IEEE standard letter symbols for semiconductor devices, *IEEE Trans. Electron Devices*, 11, no. 8.

[17] Knupfer, B., Kiesel, P., Kneissl, M., Dankowski, S., Linder, N., Weimann, G. and Dohler, G. H. 1993. Polarization-insensitive high-contrast GaAs/AlGaAs waveguide modulator based on the Franz-Keldysh effect, *IEEE Photon. Technol. Lett.*, 5, 1386-8.

[18] Lee, H. 1998. Personal communication.

[19] Martin, W. E. 1975. A new waveguide switch/modulator for integrated optics, *Appl. Phys. Lett.*, 26, 562-3.

[20] Papuchon, M., Roy, A. M. and Ostrowsky, B. 1977. Electrically active optical bifurcation: BOA, *Appl. Phys. Lett.*, 31, 266-7.

[21] Thompson, G. H. B. 1980. *Physics of Semiconductor Laser Devices*, New York: John Wiley & Sons.

[22] Welstand, R. 1997. High linearity modulation and detection in semiconductor electroabsorption waveguides, Ph. D. dissertation, University of California, San Diego, Chapter 3, pp. 62-4.

[23] Yang, G. M., MacDougal, M. H. and Dapkus, P. D. 1995. Ultralow threshold current vertical-cavity surface-emitting lasers obtained with selective oxidation, *Electron. Lett.*, 31, 886-8.

[24] Yu, P. K. L. 1997. Optical receivers. *In The Electronics Handbook*, Florida: CRC Press, Chapter 58.

图 2.3 参考文献：激光器效率与波长和频率（图 4.2）之间关系

[1] M. Peters, M. Majewski and L. Coldren, Intensity modulation bandwidth limitations of vertical-cavity surface-emitting laser diodes, Proc. *IEEE LEOS Summer Topical Meeting (LEOS-STM' 93)*, March 1993, pp. 111-13.

[2] Fujitsu, Fujitsu Laser Model FLD3F7CX, 1996.

[3] B. Moller, E. Zeeb, T. Hackbarth and K. Ebeling, High speed performance of 2-D vertical-cavity laser diode arrays, *IEEE Photon. Technol. Lett.*, 6 (1994), 1056-8.

[4] T. Chen, Y. Zhuang, A. Yariv, H. Blauvelt and N. Bar-Chaim. Combined high power and high frequency operation of InGaAsP/InP lasers at 1.3_m, *Electron. Lett.*, 26 (1990), 985-7.

[5] Y. Nakano, M. Majewski, L. Coldren, H. Cao, K. Tada and H. Hosomatsu. Intrinsic modulation response of a gain-coupled MQW DFB laser with an absorptive grating, *Proc. Integrated Photonics Research Conf.*, March 1993, pp. 23-6.

[6] W. Cheng, K. Buehring, R. Huang, A. Appelbaum, D. Renner and C. Su. The effect of active layer doping on static and dynamic performance of 1.3_m InGaAsP lasers with semi-insulating current blocking layers, *Proc. SPIE*, 1219 (1990).

[7] T. Chen, P. Chen, J. Ungar and N. Bar-Chaim. High speed complex-coupled DFB laser at 1.3_m, *Electron. Lett.*, 30 (1994), 1055-7.

[8] H. Lipsanen, D. Coblentz, R. Logan, R. Yadvish, P. Moreton and H. Temkin. High-speed InGaAsP/InP multiple-quantum-well laser, *IEEE Photon. Technol. Lett.*, 4 (1992), 673-5.

[9] T. Chen, J. Ungar, X. Yeh and N. Bar-Chaim. Very large bandwidth strained MQW DFB laser at 1.3_m, *IEEE Photon. Technol. Lett.*, 7 (1995), 458-60.

[10] R. Huang, D. Wolf, W. Cheng, C. Jiang, R. Agarwal, D. Renner, A. Mar and J. Bowers. High-speed, low-threshold InGaAsP semi-insulating buried crescent lasers with 22 GHz bandwidth, *IEEE Photon. Technol. Lett.*, 4 (1992), 293-5.

[11] L. Lester, S. O' Keefe, W. Schaff and L. Eastman. Multiquantum well strained layer lasers with improved low frequency response and very low damping, *Electron. Lett.*, 28 (1991), 383-5.

[12] Y. Matsui, H. Murai, S. Arahira, S. Kutsuzawa and Y. Ogawa. 30-GHz bandwidth 1.55_m strain-compensated InGaAlAs-InGaAsP MQW laser, *IEEE Photon. Technol. Lett.*, 9 (1997), 25-7.

[13] J. Ralston, S. Weisser, K. Eisele, R. Sah, E. Larkins, J. Rosenzweig, J. Fleissner and K. Bender. Low-bias-current direct modulation up to 33 GHz in InGaAs/GaAs/AlGaAs pseudomorphic MQW ridge-waveguide devices, *IEEE Photon. Technol. Lett.*, 6 (1994), 1076-9.

[14] S. Weisser, E. Larkis, K. Czotscher, W. Benz, J. Daleiden, I. Esquivias, J. Fleissner, J. Ralston, B. Romero, R. Sah, A. Schonfelder and J. Rosenzweig. Damping-limited modulation bandwid ths up to 40 GHz in undoped short-cavity multiple-quantum-well lasers, *IEEE Photon. Technol. Lett.*, 8 (1996), 608-10.

图 2.10 参考文献：调制器效率与波长和频率（图 4.6）之间关系

[1] C. Gee, G. Thurmond and H. Yen. 17-GHz bandwidth electro-optic modulator, *Appl. Phys. Lett.*, 43 (1993), 998-1000.

[2] C. Cox, E. Ackerman and G. Betts. Relationship between gain and noise figure of an optical analog link, *IEEE MTT-S Digest* (1996), 1551-4.

[3] G. Betts, L. Johnson and C. Cox. High-sensitivity lumped-element bandpass modulators in LiNbO3, *IEEE J. Lightwave Technol.* (1989), 2078-83.

[4] R. Jungerman and D. Dolfi. Lithium niobate traveling-wave optical modulators to 50 GHz,

Proc. *IEEE LEOS Summer Topical Meeting* (*LEOS-STM' 92*), August (1992), 27-8.

[5] A. Wey, J. Bristow, S. Sriram and D. Ott. Electrode optimization of high speed Mach-Zender interferometer, *Proc. SPIE*, 835 (1987), 238-45.

[6] K. Kawano, T. Kitoh, H. Jumonji, T. Nozawa, M Yanagibashi and T. Suzuki. Spectral-domain analysis of coplanar waveguide traveling-wave electrodes and their applications to Ti: LiNbO3 Mach - Zehnder optical modulators, *IEEE Trans. Microwave Theory Tech.*, 39 (1991), 1595-601.

[7] R. Madabhushi. Wide-band Ti: LiNbO3 optical modulator with low driving voltage, *Proc. Optical Fiber Communications Conf.* (OFC' 96), 206-7.

[8] K. Noguchi, O. Mitomi, K. Kawano and M. Yanagibashi. Highly efficient 40 - GHz bandwidth Ti: LiNbO3 optical modulator employing ridge structure, *IEEE Photon. Technol. Lett.*, 5 (1993), 52-4.

[9] K. Kawano, T. Kitoh, H. Jumonji, T. Nozawa and M. Yanagibashi. New travelling-wave electrode Mach-Zehnder optical modulator with 20 GHz bandwidth and 4. 7 V driving voltage at 1. 52_m wavelength, *Electron. Lett.*, 25 (1989), 1382-3.

[10] M. Rangaraj, T. Hosoi and M. Kondo. A wide-band Ti: LiNbO3 optical modulator with a conventional coplanar waveguide type electrode, *IEEE Photon. Technol. Lett.*, 4 (1992), 1020-2.

[11] K. Noguchi, K. Kawano, T. Nozawa and T. Suzuki. A Ti: LiNbO3 optical intensity modulator with more than 20 GHz bandwidth and 5. 2 V driving voltage, *IEEE Photon. Technol. Lett.*, 3 (1991), 333-5.

[12] K. Noguchi, H. Miyazawa and O. Mitomi. 75 GHz broadband Ti: LiNbO3 optical modulator with ridge structure, *Electron. Lett.*, 30 (1994), 949-51.

[13] O. Mikami, J. Noda and M. Fukuma (NTT, Musashino, Japan) . Directional coupler type light modulator using LiNbO3 waveguides, *Trans. IECE Japan*, E-61 (1978), 144-7.

[14] C. Rolland, G. Mak, K. Prosyk, C. Maritan and N. Puetz. High speed and low loss, bulk electroabsorption waveguide modulators at 1. 3_m, *IEEE Photon. Technol. Lett.*, 3 (1991), 894-6.

[15] Y. Liu, J. Chen, S. Pappert, R. Orazi, A. Williams, A. Kellner, X. Jiang and P. Yu. Semiconductor electroabsorption waveguide modulator for shipboard analog link applications, *Proc. SPIE*, 2155 (1994), 98-106.

[16] T. Ido, H. Sano, D. J. Moss, S. Tanaka and A. Takai. Strained InGaAs/InAlAs MQW electroabsorption modulators with large bandwidth and low driving voltage, *IEEE Photon. Technol. Lett.*, 6 (1994), 1207-9.

[17] I. Kotaka, K. Wakita, K. Kawano, M. Asai and M. Naganuma. High speed and low-driving voltage InGaAs/InAlAsmultiquantum well optical modulators, *Electron. Lett.*, 27 (1991), 2162-3.

[18] T. Ido, H. Sano, M. Suzuki, S Tanaka and H. Inoue. High-speed MQWelectroabsorption optical modulators integrated with low-loss waveguides, *IEEE Photon. Technol. Lett.*, 7 (1995), 170-2.

[19] F. Devaux, P. Bordes, A. Ougazzaden, M. Carre and F. Huet. Experimental optimization of MQW electroabsorption modulators with up to 40 GHz bandwidths, *Electron. Lett.*, 30 (1994), 1347-8.

图 2.15 参考文献：探测器效率与波长和频率（图 4.8）之间关系

[1] J. Bowers and C. Burrus. Ultrawide-band long-wavelength p-i-n photodetectors, J. *Lightwave Technol.*, 15 (1987), 1339-50.

[2] Ortel Corporation. Microwave FP Laser Transmitters, 1530B, *Microwaves on Fibers Catalog*, 1995.

[3] A. Williams, A. Kellner and P. Yu. High frequency saturation measurements of an InGaAs/InP waveguide photodetector, *Electron. Lett.*, 29 (1993), 1298-9.

[4] J. Bowers and C. Burrus. Heterojunction waveguide photodetectors, *Proc. SPIE*, 716 (1986), 109-13.

[5] M. Makiuchi, H. Hamaguchi, T. Mikawa and O. Wada. Easily manufactured high-speed back-illuminated GaInAs/InP p-i-n photodiode, *IEEE Photon. Technol. Lett.*, 3 (1991), 530-1.

[6] J. Bowers and C. Burrus. Ultrawide-band long-wavelength p-i-n photodetectors, *J. Lightwave Technol.*, 15 (1987), 1339-50.

[7] K. Kato, S. Hata, A. Kozen, J. Yoshida and K. Kawano. High-efficiency waveguide InGaAs pin photodiode with bandwidth of over 40 GHz, *IEEE Photon. Technol. Lett.*, 3 (1991), 473-5.

[8] L. Lin, M. Wu, T. Itoh, T. Vang, R. Muller, D. Sivco and A. Cho. Velocity-matched distributed photodetectors with high-saturation power and large bandwidth, *IEEE Photon. Technol. Lett.*, 8 (1996), 1376-8.

[9] K. Kato, S. Hata, K. Kawano, H. Yoshida and A. Kozen. A high-efficiency 50 GHz InGaAs multimode waveguide photodetector, *IEEE J. Quantum Electron.*, 28 (1992), 2728-35.

[10] D. Wake, T. Spooner, S. Perrin and I. Henning. 50 GHz InGaAs edge-coupled pin photodetector, *Electron. Lett.*, 27 (1991), 1073-5.

[11] K. Kato, A. Kozen, Y. Maramoto, T. Nagatsuma and M. Yaita. 110-GHz, 50%-efficiency mushroom-mesa waveguide p-i-n photodiode for a 1.55-_ m wavelength, *IEEE Photon. Technol. Lett.*, 6 (1994), 719-21.

[12] Y. Wey, K. Giboney, J. Bowers, M. Rodwell, P. Silvestre, P. Thiagarajan and G. Robinson. 108-GHz GaInAs/InP p-i-n photodiodes with integrated bias tees and matched resistors, *IEEE Photon. Technol. Lett.*, 5 (1993), 1310-12.

[13] E. Ozbay, K. Li and D. Bloom. 2.0 ps, 150 GHz GaAs monolithic photodiode and all-electronic sampler, *IEEE Photon. Technol. Lett.*, 3 (1991), 570-2.

[14] K. Giboney, R. Nagarajan, T. Reynolds, S. Allen, R. Mirin, M. Rodwell and J. Bowers. Travelling-wave photodetectors with 172-GHz bandwidth-efficiency product, *IEEE Photon. Technol. Lett.*, 7 (1995), 412-14.

[15] Y. Chen, S. Williamson, T. Brock, R. Smith and A. Calawa. 375-GHz-bandwidth photoconductive detector, *Appl. Phys. Lett.*, 59 (1991), 1984-6.

3 第三章 低频短距离模拟光纤链路模型

3.1 引　言

本书第二章介绍了构成模拟光纤链路的关键器件，主要包括激光器、外部调制器和光电探测器等。为了表征模拟光纤链路的性能，本章将讨论电光调制器和光电探测器的指标参数与模拟光纤链路增益之间的关系，后续章节将分析模拟光纤链路的频率响应、噪声系数和动态范围等指标。

模拟光纤链路通常可以定义为在利用光载波来传输射频信号的过程中所需器件的组合。由于在定义可用功率时要求模拟光纤链路满足阻抗匹配条件，本章对模拟光纤链路的定义进行了扩展，除上述关键器件之外，链路还包含用于实现调制器与信号源、光电探测器与负载之间阻抗匹配的无源电子元件，基本模拟光纤链路如图 3.1 所示。

虽然后续将要讨论的模拟光纤链路增益模型适用于任意工作频段，但考虑到集总电阻、电容和电感元件的有限工作频率，本章主要关注相对较低的工作频段。此外，本书只讨论光纤长度较短的链路情况，而忽略长距离光纤可能带来的一系列问题。

本章主要讨论在小信号输入时的模拟光纤链路响应，当输入信号功率超过一定范围时，使用小信号近似条件来分析模拟光纤链路便不再准确，大信号输入时模拟光纤链路的固有增益模型将在本章最后一节中进行讨论。

模拟光纤链路增益模型通常包含幅频特性和相频特性，本章只考虑模拟光纤链路增益的幅频特性，相频特性将在下一章中进行讨论。此外，本章中讨论的模拟光纤链路增益模型将忽略电光调制器和光电探测器之间的光纤插入损耗和相移。

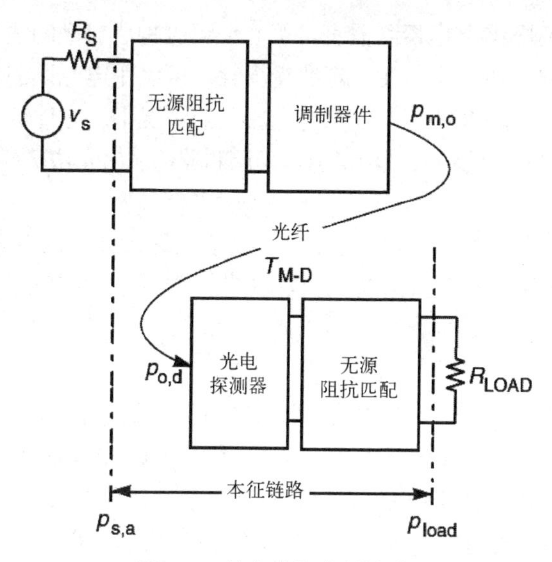

图 3. 1　基本模拟光纤链路

3. 2　小信号固有增益

增益是模拟光纤链路的基本性能指标，它不仅决定了模拟光纤链路的基本特性，而且与链路其他指标息息相关。在微波工程领域，增益有多种定义方式（Linvill 和 Gibbons，1961 年；Pettai，1984 年），其中转换功率增益（后文简称增益）g_t 最适用于模拟光纤链路，其具体定义为馈入匹配负载功率 P_{load} 与信号源输出功率 $P_{s,a}$ 的比值：

$$g_t \equiv \frac{P_{load}}{P_{s,a}} \tag{3.1}$$

当模拟光纤链路增益小于 1 时，链路存在损耗。在实际应用中，通常将增益表示为对数形式，即

$$G_t = 10\lg(g_t) \tag{3.2}$$

其中 g_t 和 G_t 分别表示线性单位和对数单位下的模拟光纤链路增益值。无损耗模拟光纤链路（$g_t=1$）的增益为 0 dB，即 $G_t=0$。

由于本章重点分析电光调制器和光电探测器的指标参数对模拟光纤链路增益性能的影响，所以只讨论无级联射频放大器情况下的模拟光纤链路转换功率增益，即光纤链路固有增益 g_i，并且在对模拟光纤链路固有增益的讨论中考虑无源阻抗匹配因素，级联射频放大模拟光纤链路系统将在本书第七章中进行详细讨论。

虽然电光调制器与光电探测器直接级联便可以构成典型的短距离模拟光纤链路，但是该传输链路中总会存在一定的光损耗，可以用电光调制器和光电探测器之间的光传输系数 $T_{\text{M-D}}$ 来表示。在没有光放大的情况下，光传输系数 $T_{\text{M-D}}$ 通常小于1，并且光电探测器的输入光功率与电光调制器的输出光功率存在如下关系：

$$p_{\text{o,d}}=T_{\text{M-D}}p_{\text{m,o}} \tag{3.3}$$

根据式（3.3）和第二章中的分析，模拟光纤链路的固有增益可以表示为电光调制器增量调制效率和光电探测器增量探测效率的乘积：

$$g_{\text{i}}=\left(\frac{p_{\text{m,o}}^{2}}{p_{\text{s,a}}}\right)T_{\text{M-D}}^{2}\left(\frac{p_{\text{load}}}{p_{\text{d,o}}^{2}}\right) \tag{3.4}$$

由式（3.4）可知，增量调制效率和增量探测效率表达式中的平方项并不会导致模拟光纤链路中输入信号和输出信号之间的非线性传递关系。虽然电光调制器构建了输入射频功率与光包络功率之间的平方正比关系，但是光电探测器同时构建了光包络功率与输出射频功率之间的平方反比关系，最终模拟光纤链路的电域传递函数仍然表现为一阶线性特性。由电光调制器非线性传递函数导致的非线性失真问题与式（3.4）中的二次项无关，本书第六章将对非线性失真问题进行具体分析。式（3.4）可以转换为如下对数形式：

$$G_{\text{i}}=10\lg\left(\frac{p_{\text{m,o}}^{2}}{p_{\text{s,a}}}\right)+20\lg(T_{\text{M-D}})+10\lg\left(\frac{p_{\text{load}}}{p_{\text{d,o}}^{2}}\right) \tag{3.5}$$

式（3.5）表明，由于式（3.4）中光传输系数项的平方特性，在光纤链路传输过程中，1 dB 的光功率损耗将导致光纤链路的固有增益降低 2 dB。例如，在有线电视传输链路中，理想的 1∶16 分光器引入约 12 dB 的光功率传输损耗，光纤链路固有增益则相应降低 24 dB。在本章后续内容中，均假定模拟光纤链路中光传输系数 $T_{\text{M-D}}=1$。

3.2.1 直接调制模拟光纤链路

正如第二章中所讨论的，直接调制模拟光纤链路主要由半导体激光器、光电探测器以及相应的阻抗匹配电路构成（本书中提及的光电探测器均为 PIN 光电二极管），图 3.2 为由阻抗匹配半导体激光器和光电探测器构成的直接调制链路示意图。

式（3.4）中等式右侧的第一项和第三项在第二章中都有具体表达式，分别为式（2.11）和式（2.38），代入式（3.4）中可得

$$g_{\text{i}}=\left(\frac{s_{\ell}^{2}}{R_{\text{L}}+R_{\text{MATCH}}}\right)(r_{\text{d}}^{2}R_{\text{LOAD}}) \tag{3.6}$$

在实际情况中，通常有 $R_{\text{L}}+R_{\text{MATCH}}=R_{\text{LOAD}}$，因此可将模拟光纤链路的固有增益

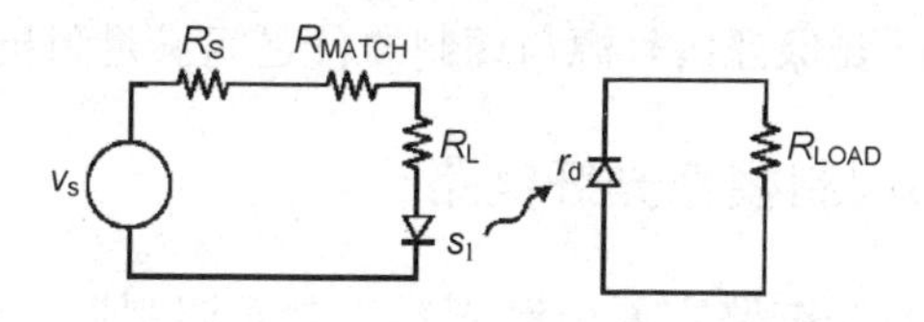

图 3.2　由阻抗匹配半导体激光器和光电探测器构成的直接调制链路示意图

表达式（3.6）简化为调制斜率效率与探测响应度乘积的平方，即

$$g_{\mathrm{i}}=s_{\ell}^{2}r_{\mathrm{d}}^{2} \tag{3.7}$$

由于半导体激光器经调制后的光功率大小与调制驱动电流成正比，并且光电探测器输出光电流大小与输入光功率成正比，所以调制斜率效率与探测响应度在模拟光纤链路功率增益表达式中表现为二次平方项。

本节将参考图 2.3 和图 2.15 中半导体激光器调制斜率效率和光电探测器响应度的数值，计算目前可实现的直接调制模拟光纤链路的固有增益范围。例如，当光载波波长为 1.3 μm 时，光纤耦合半导体激光器的调制斜率效率范围为 0.035~0.32 W/A，而光电探测器的响应度范围为 0.5~0.8 A/W，根据式（3.5）可以计算出相应直接调制模拟光纤链路的固有增益范围为−35~−12 dB。

直接调制模拟光纤链路的固有损耗可以通过商用射频放大器进行补偿，如果仅仅为了补偿模拟光纤链路的损耗，则使用前置或后置射频放大器的补偿效果相同，但前置或后置射频放大器对模拟光纤链路其他性能参数（如噪声系数）的影响不同，需要更全面地权衡考虑，相关内容将在本书 7.3 节中深入讨论。

直接调制模拟光纤链路的固有损耗还可以通过实现激光器及光电探测器的阻抗匹配进行改善，但这种方法会减小模拟光纤链路的工作带宽，本书第四章中将具体讨论这种方法对模拟光纤链路各项参数的影响。从本质上而言，提高光纤耦合器件的调制斜率效率，尤其是半导体激光器的调制斜率效率（Cox 等，1998 年），是改善直接调制模拟光纤链路损耗最有效的方法。

另外，直接调制模拟光纤链路的固有增益可以通过不同阻抗匹配方法提高。例如，采用无耗变压器替代有耗阻抗匹配电阻 R_{MATCH}，能够减少直接调制模拟光纤链路的固有损耗，但该方法同样会影响链路工作带宽，在本书第四章中分析模拟光纤链路频率响应时将具体讨论。

如果不采用任何形式的阻抗匹配，仅通过设置 $R_{\mathrm{MATCH}}=0$ 也可以提高直接调制模拟光纤链路的固有增益。当负载阻抗 R_{L} 等于零时，激光器的调制驱动电流增大一倍，链路固有增益增加 6 dB。然而该方法会增加反射回信号源的射频功率，如果调制信号源在阻抗不匹配的条件下能够正常工作，则这种方法可行，或者也可以直接采用内部阻抗为 R_{L} 的调制信号源来实现阻抗匹配。在模拟光纤链路的设计过程中，噪声和非线性失真也是必须考虑的重要性能参数，因此，通常需要保证信号源与调制器件之间满足阻抗匹配条件。

3.2.2 外部调制模拟光纤链路

外部调制模拟光纤链路主要由激光器、电光调制器、光电探测器，以及阻抗匹配所需的集总元件构成。由马赫-曾德尔调制器和 PIN 光电二极管构成的外部调制模拟光纤链路示意图如图 3.3 所示，这是目前典型的外部调制模拟光纤链路，马赫-曾德尔调制器和 PIN 光电二极管分别作为光纤链路中的电光调制器和光电探测器。

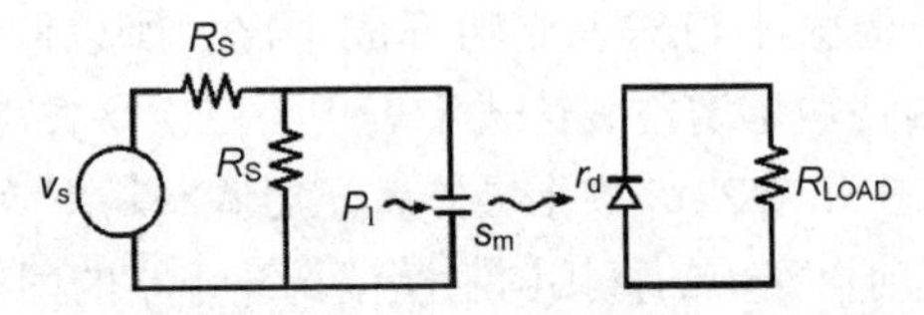

图 3.3 由马赫-曾德尔调制器和 PIN 光电二极管构成的外部调制模拟光纤链路示意图

将第二章中马赫-曾德尔调制器的增量调制效率和光电探测器（光电二极管）的增量探测效率表达式（2.17）和式（2.38）分别代入式（3.4）中，可以得到外部调制模拟光纤链路的固有增益表达式：

$$g_i = \left(\frac{s_m^2}{R_S}\right)(r_d^2 R_{LOAD}) \tag{3.8}$$

假定信号源阻抗和负载阻抗数值相等，则外部调制模拟光纤链路的固有增益只取决于电光调制器调制斜率效率与光电探测器响应度乘积的平方，

$$g_i = s_m^2 r_d^2 \tag{3.9}$$

因此，无论是直接调制还是外部调制（包括马赫-曾德尔调制器、定向耦合调制器或电吸收调制器），模拟光纤链路固有增益的表达式形式相同，并且都取决于调制器件的调制斜率效率和光电探测器的响应度。

根据第二章内容可知，与传统直接调制激光器的调制斜率效率类似，在阻抗匹配情况下，外部调制的调制斜率效率并非只能小于 1，即使采用 PIN 光电二极管作为光电探测器，任何类型的外部调制模拟光纤链路的固有增益都可能大于 1。

外部调制模拟光纤链路的固有增益范围可以通过图 2.10 和图 2.15 中所示的调制斜率效率和响应度数值进行计算，为了与直接调制模拟光纤链路进行比较，同样假设光载波波长为 1.3 μm，调制斜率效率范围为 0.06~70 W/A，相应的固有增益范围为-30~+35 dB。因此，不同于直接调制，外部调制模拟光纤链路可以通过提高调制斜率效率来降低链路损耗，甚至获得较大净增益。

此外，可以借鉴直接调制模拟光纤链路中的方法来提高外部调制模拟光纤链路的固有增益，例如采用前置或后置射频放大器。

3.3　固有增益拓展

上一节主要讨论了模拟光纤链路固有增益与调制斜率效率和光电探测响应度之间的关系，由式（3.7）和式（3.9）可知，直接调制和外部调制模拟光纤链路的固有增益函数具有相同的表达形式，式（3.7）和式（3.9）忽略了一些重要影响因素，如平均光功率和光载波波长，这些因素会对调制斜率效率和光电探测响应度产生直接影响，进而对模拟光纤链路固有增益造成间接影响。本节将具体讨论模拟光纤链路固有增益与光功率和波长之间的关系。

3.3.1　平均光功率

直接调制和外部调制模拟光纤链路的固有增益之间存在一定差异，其中一个重要原因在于平均光功率对这两类光纤链路固有增益的影响不同。为了阐明平均光功率与直接调制和外部调制模拟光纤链路固有增益之间的关系，本节将绘制两种光纤链路固有增益与平均光功率之间的关系曲线图。典型模拟光纤链路由 PIN 光电二极管和阻抗匹配的激光器或外部电光调制器构成，由式（2.36）可知，在一定光功率范围内，光电探测器响应度与光功率大小无关，光纤链路固有增益主要受到与光功率相关的调制器件调制斜率效率的影响。

对于直接调制模拟光纤链路，可以根据图 2.3 和图 2.15 设置半导体激光器调制斜率效率和光电探测器响应度的典型值，具体参数和数值如表 3.1 所示。将这些典型值分别代入式（3.7）计算光纤链路的固有增益值，结果如图 3.4 所示，图 3.4 展示了模拟光纤链路固有增益与平均探测光电流（代表光功率）之间的关系。(图中三角形和正方形符号分别代表采用 FP（法布里-珀罗）激光器和 DFB（分布反馈式）激光器的直接调制模拟光纤链路固有增益的实验测量值。)

表 3.1　设置半导体激光器
调制器斜率效率和光电探测器响应度的典型值

	参　数	数　值
直接调制	$s_{1\text{-FP}}$	0.05 W/A
	$s_{1\text{-DFB}}$	0.3 W/A
	r_d	1.0 A/W
外部调制	s_{mz}	2.4 W/A，当 $I_D = 15.5$ mA 时
	r_d	0.85 A/W

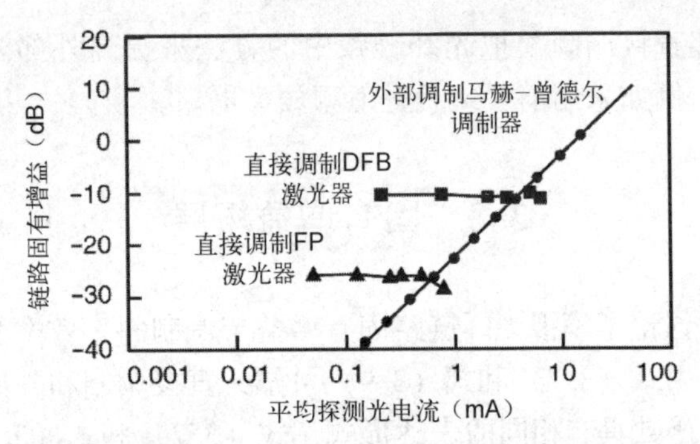

图 3.4　模拟光纤链路固有增益与平均探测光电流（代表光功率）之间的关系

由式（2.5）可知，当激光器偏置电流大于阈值电流并小于特定高偏置电流值（调制斜率效率开始减小）时，调制斜率效率 s_ℓ 与平均光功率大小无关，因此，直接调制模拟光纤链路固有增益也与平均光功率大小无关。根据图 3.4 中基于 FP 激光器直接调制模拟光纤链路的实验测试数据可知，在实际情况中，当平均光功率较高（即偏置电流较大）时，直调链路固有增益随着调制斜率效率的减小而降低。

将马赫-曾德尔调制器的调制斜率效率表达式（2.18）代入式（3.9），可以得到外部调制模拟光纤链路的固有增益与平均光功率之间的关系为

$$g_{\text{mzpd}} = \left(\frac{T_{\text{FF}} P_{\text{I}} \pi R_{\text{S}}}{2 V_{\pi}}\right)^2 r_{\text{d}}^2 \tag{3.10}$$

如式（3.10）所示，外部调制模拟光纤链路的固有增益与平均光功率的平方成正比。将表 3.1 中所列典型值代入式（3.10），固有增益的理论计算值如图 3.4 所示，图中实验结果与理论分析一致，外部调制模拟光纤链路的固有增益随着平均光功率值的平方而增加。因此，在平均光功率足够高的情况下，光纤链路固有增益（即净功率增益）可以大于 1。

为什么由无源器件构成的光纤链路能够实现正增益？根据式（3.1）可知，增益的定义为输出信号功率与输入信号功率之比。在光纤链路输入端，调制器阻抗仅由衬底参数和电极的几何形状决定，而与通过调制器波导的平均光功率大小无关。因此，调制器输出的光包络功率取决于调制信号源的功率，与输入调制器的平均光功率无关。然而在光纤链路输出端，馈入光电探测器负载的射频功率主要取决于入射到探测器上光功率的大小，当光电探测器没有输入光信号时，则没有射频功率传输至负载。因此，当光纤链路输入端的射频信号源功率保持恒定时，光电探测器检测到的射频信号输出功率将随着调制器输出平均光功率增大呈二次方规律增加，最终光电探测器的射频输出信号功率超过电光调制器的射频输入信号功率，光纤链路即可实现射频

信号正增益放大。

外部调制模拟光纤链路实现正增益与晶体管放大器的工作原理类似。图 3.5（a）为基于场效应晶体管（FET）的微波放大器示意图，FET 栅极输入阻抗由电容决定，类似于调制器的集总电极元件。因此，栅极电流可以忽略不计，栅极电压能够控制较大的源极-漏极电流，源极输出信号功率高于栅极输入信号功率，最终实现晶体管对射频输入信号的功率放大。图 3.5（b）所示为外部调制模拟光纤链路示意图，其中，马赫-曾德尔调制器代替了场效应晶体管，光功率代替了晶体管的漏极-源极电压。

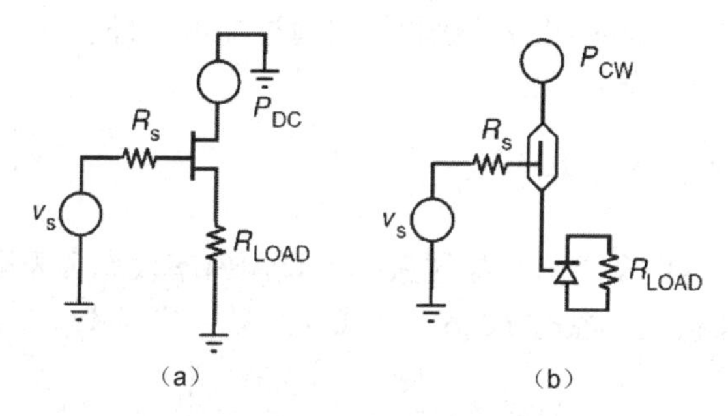

图 3.5　基于 FET 的微波放大器示意图与外部调制模拟光纤链路示意图

当直接调制与外部调制模拟光纤链路的固有增益相同时，平均光功率的大小并不一定相同，这主要取决于链路其他参数值的设定。平均光功率还可以度量两种调制方式之间的相互关系，当光纤链路固有增益的关系式（3.7）与式（3.10）相等时，可以得到交叉功率 P_C 的表达式：

$$P_C = \frac{2s_\ell V_\pi}{T_{FF}\pi R_S} \tag{3.11}$$

交叉功率 P_C 的值越大则直接调制效果越好，即在较大的平均光功率范围内，直接调制模拟光纤链路的固有增益均高于外部调制模拟光纤链路。反之，交叉功率 P_C 的值越小，则外部调制效果越好。

光纤链路固有增益的平均光功率相关性也可以用于解释模拟光纤链路发展早期的争议：基于相同半导体激光器的直接调制和外部调制模拟光纤链路，哪种类型链路效果更好。早期普遍认为直接调制链路效果更好，因为外部调制器总会不可避免地引入额外光插入损耗，使得外部调制方式的链路固有增益更低。正如式（3.7）和式（3.10）所示，如果平均光功率水平较低，即使电光调制器不引入额外光损耗，直接调制链路的增益仍然高于外部调制方式的增益。然而，当平均光功率水平较高时，尽管电光调制器会引入额外光损耗，外部调制链路仍具有比直接调制链路更高的固有增益。由于早期半导体激光器输出光功率通常小于 1 mW，因此工程师们普遍认为直接调制相比外部调制方式具有更好的性能。近年来，半导体激光器和固体激光器的输出光功率不断提高，因此外部调制链路不再与直接调制链路使用相同类型的激光器。正如本书后面章节中将要讨论的，激光器选择的灵活性给外部调制模拟光纤链路带来的发展绝不仅仅局限于链路增益的改善。

理论上，模拟光纤链路可以获得与射频放大器相当的固有增益水平，从而替代传统微波放大器件。然而在实际工程应用中，模拟光纤链路受限于功率放大效率，即实现与射频放大器相当增益性能时所需的功耗水平。模拟光纤链路与射频放大器固有增益的比较需要通过 1 dB 压缩功率的指标进行衡量，在本章 3.4 节中将具体讨论。

3.3.2　激光器波长

在本书第二章中介绍的半导体激光器调制斜率效率和光电探测器响应度都与光载波波长相关，将式（2.6）与式（2.35）代入式（3.7）可以得到

$$g_{\mathrm{i}}=\left(\frac{\eta_{\ell}hc}{qn_{\mathrm{m}}\lambda_0}\right)^2\left(\frac{\eta_{\mathrm{d}}qn_{\mathrm{d}}\lambda_0}{hc}\right)^2 \tag{3.12}$$

假设半导体激光器和光电探测器的制备材料具有相同折射率，那么式（3.12）可以简化为

$$g_i=\eta_{\ell}^2\eta_{\mathrm{d}}^2\leqslant 1 \tag{3.13}$$

因此，在直接调制情况下，光纤链路固有增益与激光器波长无关。

相比于式（3.7），通过式（3.13）分析直接调制模拟光纤链路固有增益的影响因素更为直观。由于 PIN 光电二极管的微分外量子效率 $\eta_{\mathrm{d}}\leqslant 1$，为了使光纤链路固有增益大于 1，半导体激光器的微分外量子效率需要满足 $\eta_{\ell}>1/\eta_{\mathrm{d}}$。传统半导体激光器无法满足上述条件，而特殊半导体激光器能够实现 $\eta_{\ell}>1$，如增益杠杆激光器（Vahala 等，1989 年）和级联激光器（Cox 等，1998 年）。

实际上，使用传统单管半导体激光器也可以使光纤链路的固有增益大于 1，此时光电探测器需要满足微分外量子效率 $\eta_{\mathrm{d}}>1$，例如，雪崩光电探测器只要满足 $\eta_{\mathrm{d}}>1/\eta_{\ell}$ 即可使光纤链路的固有增益大于 1。从改善光纤链路固有增益的角度，提高半导体激光器和光电探测器微分外量子效率的效果相同。在本书第五章讨论模拟光纤链路的噪声来源时，发现提高激光器的调制斜率效率和光电探测器的响应度将对光纤链路产生不同影响。

为了讨论外部调制模拟光纤链路固有增益的波长相关性，将光电探测器响应度的表达式（2.35）代入式（3.10），可以得到

$$g_{mzpd}=\left(\frac{T_{FF}P_I\pi R_S}{2V_\pi}\right)^2\left(\frac{\eta_d q\lambda_0}{hc}\right)^2 \tag{3.14}$$

由于电光调制器调制斜率效率和光电探测器响应度的表达形式不同，难以从式（3.14）中直接看出内在规律，因此将调制器输入光功率 P_I 表示为单光子能量乘以每秒光子数 p，即

$$P_I=\left(\frac{hc}{\lambda_0}\right)p \tag{3.15}$$

将式（3.15）代入式（3.14）并简化得到

$$g_{mzpd}=\left(\frac{T_{FF}p\pi R_S}{2V_\pi}\right)^2(\eta_d q)^2 \tag{3.16}$$

根据式（3.16）可以看出，与直接调制模拟光纤链路类似，外部调制模拟光纤链路的固有增益与波长无关。然而，根据第二章中式（2.18）可知，当同种制备材料与设计方式的电光调制器工作在不同波长时，有 $V_\pi\propto\lambda^2$。将此关系代入式（3.16），可以得到 $g_{mzpd}\propto 1/\lambda^4$。因此，外部调制模拟光纤链路的固有增益与波长的四次方成反比，即使较小的波长变化也会对外部调制模拟光纤链路的增益产生明显影响。例如，激光器波长从 1.55 μm 减小至 1.3 μm，在其他光纤链路参数保持不变的情况下，外部调制模拟光纤链路固有增益将增加 3 dB；将波长从 1.3 μm 继续减小至 0.85 μm，外部调制模拟光纤链路固有增益将进一步增加 7 dB。此外，波长对外部调制模拟光纤链路固有增益的影响还受到一些实际因素影响（如与波长相关的铌酸锂材料光折变损伤），并且上述关系并不适用于所有类型的外部电光调制器件。

3.3.3　调制斜率效率与探测响应度

根据直接调制和外部调制模拟光纤链路的固有增益表达式（3.7）和式（3.9），电光调制斜率效率与光电探测响应度在两个表达式中的函数形式相同，这意味着调制器斜率效率和探测器响应度对光纤链路固有增益的作用效果一样。例如，将电光调制器斜率效率或光电探测器响应度提高 $\sqrt{2}$ 倍，或将电光调制器斜率效率与光电探测器响应度的乘积提高 $\sqrt{2}$ 倍，均可将光纤链路的固有增益提升 3 dB。

为了更加直观地分析，图 3.6 绘制了光纤链路固有增益关于电光调制器斜率效率和光电探测器响应度的等值线，光纤链路固有增益等值线斜率为 1，这反映了电光调制器斜率效率和光电探测器响应度对光纤链路固有增益的影响相同，这一结论为本书第五章中讨论光纤链路噪声系数的改善奠定了基础。

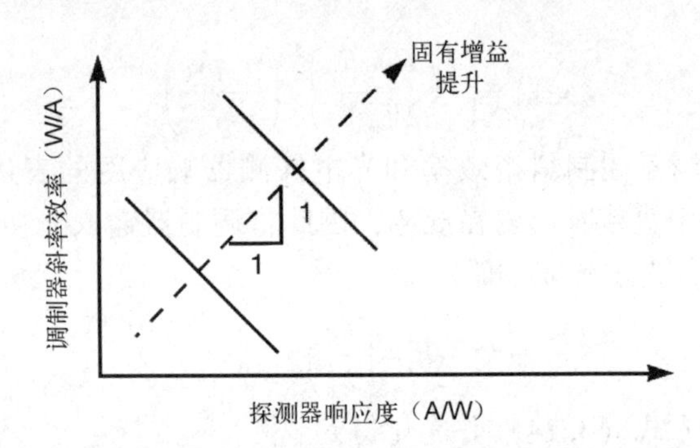

图 3.6　光纤链路固有增益关于电光调制器斜率效率和光电探测器响应度的等值线

3.4　大信号固有增益

在本章前文讨论小信号输入时，模拟光纤链路固有增益与输入信号功率的大小无关，增加输入信号功率并不会改变光纤链路固有增益值。固有增益为 G_t 的光纤链路输出信号功率与输入信号功率之间的关系曲线如图 3.7 所示，图中直线部分表示模拟光纤链路的小信号固有增益与输入信号功率大小无关，随着输入信号功率的增大，光纤链路固有增益逐渐减小，小信号固有增益减小的状态称为增益压缩。输入信号功率的增大将导致光纤链路固有增益进一步减小，直至输出信号功率达到饱和状态，不再随着输入信号功率的增大而变化，图 3.7 中水平部分表示光纤链路输出信号功率已经达到饱和状态。

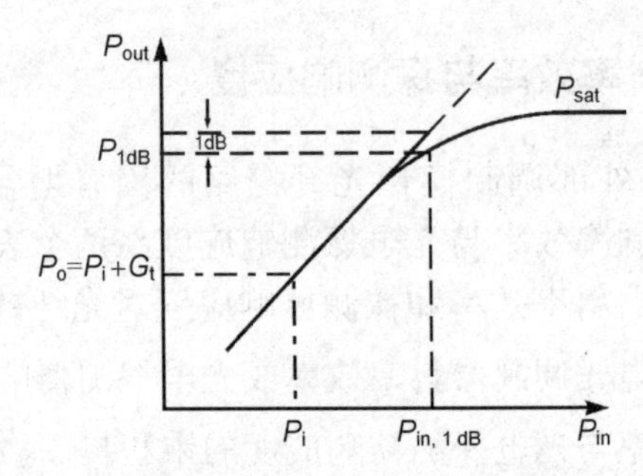

图 3.7　固有增益为 G_t 的光纤链路输出信号功率与输入信号功率之间的关系曲线

当模拟光纤链路处于增益压缩状态时，本章前面所讨论的小信号固有增益模型便不再适用，本节主要讨论增益压缩效应。

模拟光纤链路增益压缩效应可以通过两种通用模型进行解释：第一种模

型与模拟光纤链路中电光调制器或光电探测器等器件传递函数无关，适用于所有类型光纤链路，但是无法根据特定应用场景选择合适器件参数；第二种模型可以通过降低调制斜率效率与器件参数的相关性来解决第一种模型存在的问题，但是由于增益压缩特性通常取决于特定器件，该模型需要根据特定器件的具体特性专门构建。

无论采用哪一种模型，通常采用 1 dB 压缩增益来表征模拟光纤链路增益压缩程度：

$$G_{1\text{-dB}}=G_{\mathrm{i}}-1 \tag{3.17}$$

根据上式可知，模拟光纤链路 1 dB 压缩增益比小信号固有增益小 1 dB。

包括模拟光纤链路在内，所有射频器件的输入信号功率 P_{in} 与 1 dB 压缩增益 $G_{1\text{-dB}}$ 密切相关，模拟光纤链路 1 dB 压缩点对应的射频信号输出功率 $P_{1\text{-dB}}$ 与 1 dB 压缩增益 $G_{1\text{-dB}}$ 之间的关系如下：

$$P_{1\text{-dB}}-P_{\mathrm{in}}=G_{1\text{-dB}} \tag{3.18}$$

其中，射频功率的单位统一为 dBm，链路增益的单位为 dB。

本章 3.2 节中介绍的内容可以用来处理模拟光纤链路大信号固有增益的情况，任何模拟光纤链路的固有增益都可以表示为调制器件斜率效率与光电探测器响应度乘积的平方，那么当调制信号输入功率为多少时，调制斜率效率和响应度乘积的平方值比链路小信号固有增益小 1 dB？由于任何模拟光纤链路都具有相同的数学模型，以直接调制模拟光纤链路为例，直接对式（3.7）两边同时取对数可得

$$G_{\mathrm{i}}=20\lg s_{\ell}+20\lg r_{\mathrm{d}} \tag{3.19}$$

在实际光纤链路中，链路增益压缩效应总是由电光调制器件引起的，可以从式（3.19）等号右边的第一项中减去链路整体 1 dB 增益压缩量。因此，对数形式的 1 dB 压缩调制斜率效率可以表示为

$$S_{\ell\text{-1 dB}}=20\lg s_{\ell}-1 \tag{3.20}$$

线性表达式为

$$s_{\ell\text{-1 dB}}=10^{(20\lg s_{\ell}-1)/20} \tag{3.21}$$

根据式（3.21），对于调制斜率效率为 0.2 W/A 的半导体激光器，当其调制斜率效率下降至 0.178 W/A 时，模拟光纤链路便会出现 1 dB 增益压缩现象。

如上所述，第一种增益压缩模型适用于根据光纤链路指标要求设计选择合适器件的情况。然而在实际链路设计过程中，可选器件常常无法满足光纤链路的特定指标要求。在这种情况下，需要根据第二种增益压缩模型调整器件调制斜率效率来满足光纤链路的指标要求。

第二种增益压缩模型适用于任何类型的模拟光纤链路，但是在重新设计选择链路器件的情况下缺乏通用性，本节将以基于马赫-曾德尔调制器的外部调制光纤链路为例进行分析。

本书第二章中讨论的小信号近似模型下的调制斜率效率并不适用于射频输入信号功率较大的情况，大信号输入模型的分析需要基于马赫-曾德尔调制器的传递函数：

$$p_{\mathrm{M,O}}=\frac{T_{\mathrm{FF}}P_{\mathrm{I}}}{2}\left(1+\cos\left(\frac{\pi v_{\mathrm{M}}}{V_{\pi}}\right)\right) \tag{3.22}$$

由于任何输入信号波形都可以分解为不同频率正弦波之和，并且正弦波易于分析和处理，因此，此处以输入信号为正弦波为例。假设马赫-曾德尔调制器工作在正交偏置点 $V_{\pi}/2$ 处，输入信号为 $v_{\mathrm{M}}=(V_{\pi}/2+v_{\mathrm{m}})\sin(\omega t)$，将其代入式（3.22）可得

$$p_{\mathrm{M,O}}=\frac{T_{\mathrm{FF}}P_{\mathrm{I}}}{2}\left(1+\cos\left(\frac{\pi}{2}+\frac{\pi v_{\mathrm{m}}\sin(\omega t)}{V_{\pi}}\right)\right) \tag{3.23}$$

正如 Kolner 和 Dolfi 在 1987 年发表的马赫-曾德尔调制器大信号固有增益的分析方法中所述，利用第一类贝塞尔函数 $\mathrm{J_n}(x)$ 对包含 $\cos(\sin(x))$ 项的方程进行扩展分析，将式（3.23）用贝塞尔函数展开：

$$p_{\mathrm{M,O}}=\frac{T_{\mathrm{FF}}P_{\mathrm{I}}}{2}(1+2\mathrm{J}_1(\phi_{\mathrm{m}})\sin(\omega t)+\cdots) \tag{3.24}$$

式中，调制器调制深度 $\phi_{\mathrm{m}}=\pi v_{\mathrm{m}}/V_{\pi}$，等式右侧前两项分别表示直流项和基频项。

马赫-曾德尔调制器的大信号传递函数表达式根据式（3.24）中基频系数可以得到：

$$p_{\mathrm{m,o}}=T_{\mathrm{FF}}P_{\mathrm{I}}\mathrm{J}_1(\phi_{\mathrm{m}}) \tag{3.25}$$

与小信号增益模型类似，假定马赫-曾德尔调制器与信号源阻抗匹配，大信号调制斜率效率为式（3.25）的平方值与信号源输出功率的比值：

$$\frac{p_{\mathrm{m,o}}^2}{p_{\mathrm{s,a}}}=\frac{(T_{\mathrm{FF}}P_{\mathrm{I}})^2\mathrm{J}_1^2(\phi_{\mathrm{m}})}{\dfrac{v_{\mathrm{s}}^2}{4R_{\mathrm{S}}}} \tag{3.26}$$

由于式（3.26）中大信号和小信号调制斜率效率之间的关系并不明确，所以通过式（3.26）计算 1 dB 压缩输入功率并不准确。

在调制器与信号源阻抗匹配的情况下，有 $v_{\mathrm{m}}=v_{\mathrm{s}}/2$。因此，可以用 ϕ_{m} 和 V_{π} 表示 v_{s}：$v_{\mathrm{s}}=2V_{\pi}\phi_{\mathrm{m}}/\pi$，代入式（3.26），可以得到马赫-曾德尔调制器大信号调制斜率效率的另一种表达形式：

$$\frac{p_{\mathrm{m,o}}^2}{p_{\mathrm{s,a}}}=\left(\frac{T_{\mathrm{FF}}P_{\mathrm{I}}\pi R_{\mathrm{S}}}{2V_{\pi}}\right)^2\frac{1}{R_{\mathrm{S}}}\left(\frac{2\mathrm{J}_1(\phi_{\mathrm{m}})}{\phi_{\mathrm{m}}}\right)^2 \tag{3.27}$$

式（3.27）中第一项是式（2.18）表达的马赫-曾德尔调制器的小信号调制斜率效率，其与式（3.27）中第二项的乘积是式（2.17）表达的小信号增量调制效率，因此式（3.27）大信号增量调制效率还可以表示为

$$\frac{p_{m,o}^2}{p_{s,a}}=\frac{s_{mz}^2}{R_S}\left(\frac{2J_1(\phi_m)}{\phi_m}\right)^2 \tag{3.28}$$

如果可以证明当$0<\phi_m<\infty$时，式（3.28）中括号内数值小于等于1，则大信号调制效率表达式（3.28）明确表征了增益压缩效应。

当$\phi_m=0$时，式（3.28）中括号项分子和分母均为零，括号内数值不确定。在这种情况下，可以使用洛必达法则（Thomas，1968年），当$\phi_m\to 0$时，分子和分母的导数之比存在，则

$$\lim_{x\to 0}\frac{f(x)}{g(x)}=\lim_{x\to 0}\frac{f'(x)}{g'(x)} \tag{3.29}$$

将式（3.29）应用于式（3.28），当$\phi_m\to 0$时，将式（3.28）中括号项乘以ϕ_m，使用贝塞尔函数的导数（Wylie，1966年）：$d(\phi_m J_1(\phi_m))/d\phi_m=\phi_m J_0(\phi_m)$，且$J_0(0)=1$，因此，式（3.28）中括号项的数值为

$$\lim_{\phi_m\to 0}\left(\frac{2\phi_m J_1(\phi_m)}{\phi_m^2}\right)=\lim_{\phi_m\to 0}\left(\frac{\dfrac{d(2\phi_m J_1(\phi_m))}{d\phi_m}}{\dfrac{d(\phi_m^2)}{d\phi_m}}\right)=\lim_{\phi_m\to 0}\left(\frac{2\phi_m J_0(\phi_m)}{2\phi_m}\right)=1 \tag{3.30}$$

当$\phi_m\to 0$时，式（3.28）无限趋近于式（2.17），即在小信号输入时，大信号调制效率表达式（3.28）将转换为小信号调制效率表达式。

例如，当$\phi_m<0.06$时，式（3.28）中贝塞尔函数项对小信号调制效率[式（3.28）中第一项]的贡献小于1%，相应的$v_m\cong 0.02V_\pi$，换言之，只要调制信号电压达到电光调制器半波电压的2%，就可以出现可测量的增益压缩现象。因此，当马赫-曾德尔调制器的调制信号电压低于该数值时，若同时考虑非线性失真的影响，模拟光纤链路的最大调制深度会进一步减小。与模拟光纤链路不同，数字光纤通信链路的调制深度通常接近100%。

当式（3.28）中贝塞尔函数项的值等于1 dB时，可以通过式（3.28）计算1 dB增益压缩输入信号功率值，

$$\frac{2J_1(\phi_m)}{\phi_m}=10^{-\frac{1}{20}} \tag{3.31}$$

式（3.31）是基于光纤链路1 dB增益压缩的峰值输入电压构建的（Kolner和Dolfi，1987年），

$$v_{1\text{-dB}}=\frac{V_\pi}{\pi} \tag{3.32}$$

将峰值电压转换为均方根电压，可以得到光纤链路 1 dB 增益压缩点对应的马赫-曾德尔调制器输入信号功率表达式：

$$p_{1\text{-dB},\text{MZ}}=\frac{V_{\pi}^{2}}{2\pi^{2}R_{\text{S}}} \tag{3.33}$$

例如，与 50 Ω 射频信号源阻抗匹配的马赫-曾德尔调制器半波电压为 $V_{\pi}=5\ \text{V}$，那么 $p_{1\text{-dB},\text{MZ}}=25.3\ \text{mW}$ 或 14 dBm。如果将增益压缩 1%作为小信号调制效率和大信号调制效率之间的分界线，那么输入信号功率在 91 μW 或者约 −10 dBm 以下时，可以认为是小信号输入的情况。

在得到上述器件传递函数解析表达式的情况下，第二种增益压缩效应分析模型便可以应用于模拟光纤链路中其他电光调制或光电探测器件。例如，对于直接调制半导体激光器，可以通过半导体激光器的增益压缩因子展开讨论（Coldren 和 Corzine，1995 年）。

模拟光纤链路 1 dB 增益压缩模型建立后，便可以对 3.3.1 节中增益效率概念进行量化，将放大元件的增益效率 E 定义为 1 dB 压缩射频输入功率与产生该射频功率值的直流驱动功率 P_{DC} 之比，

$$E=\frac{p_{1\text{-dB}}}{P_{\text{DC}}} \tag{3.34}$$

表 3.2 所示为外部调制模拟光纤链路与射频放大器的增益效率比较，可以看出，具有相同高增益值的外部调制模拟光纤链路相比于传统射频放大器的效率要低得多。此外，式（3.10）反映了模拟光纤链路效率较低的原因，目前模拟光纤链路的高增益值主要通过增加平均光功率实现。然而，正如式（3.10）所表明的，外部调制模拟光纤链路的固有增益由平均光功率与调制器灵敏度共同决定，任何一个因素在提高模拟光纤链路增益方面都有效果，但提高调制器灵敏度比增加平均光功率的效果更加显著。

表 3.2　外部调制模拟光纤链路与射频放大器的增益效率比较

组成元件	增益（dB）	$P_{1\text{-dB}}$（mW）	P_{DC}（mW）	E（%）
外部调制模拟光纤链路（$V_{\pi}=0.5\ \text{V}$；$P_{1}=400\ \text{mW}$）	15	0.25	50000	0.0005
射频放大器	15	25	200	0.13

附录 3.1　外部调制光纤链路与 Manley-Rowe 方程

传统放大器增益主要通过小信号来改变连接在直流（即零频率）电源上

的电阻来实现，另外还可以通过参量放大过程（基于非线性电抗元件和射频功率源）获得。常见参量放大器将高功率泵浦射频信号源与待放大输入信号同时注入变容二极管中，变容二极管为二端口元件，可以通过反向偏压对其电容进行调制，进而将部分泵浦射频源功率转换至差频（泵浦信号频率与待放大信号频率差值）信号上，并且最终实现信号放大。此外，参量放大过程还可以通过基于非线性磁性材料的磁放大器实现。

为了理解参量放大器特性，Manley 和 Rowe 提出了一种简化放大理论，并由 Penfield 加以推广，相关工作的重要结论是最大参量放大功率增益由泵浦信号与待放大信号频率的比值决定。

因此，当国际上报道第一个正增益外部调制光纤链路时，一些研究人员并不惊讶，并将外部调制光纤链路视为一种新型参量放大器。事实上，外部调制光纤链路与参量放大器确实有着惊人的相似之处：两者均包含调制器，并且使用载波作为泵浦源。假设光载波频率为 231 THz，最大射频信号频率为 10 GHz，将 Manley-Rowe 公式用于外部调制光纤链路中，最大链路增益能够达到 43 dB。

上述分析是否正确呢？答案是对错参半。确实存在参量调制增益，但是无法从链路角度获得该参量调制增益。主要原因在于：对于外部调制光纤链路，参量调制增益伴随着相同的参量解调损耗，光电探测器最终解调恢复出光载波上加载的调制射频信号。

因此，为了实现链路参量调制增益，在应用 Manley-Rowe 模型时需要利用光学非线性，而外部调制光纤链路显然无法满足该条件。

参考文献

[1] Coldren, L. A. and Corzine, S. W. 1995. *Diode Lasers and Photonic Integrated Circuits*, New York: John Wiley & Sons, 195-6.

[2] Cox, C. H., III, Roussell, H. V., Ram, R. J. and Helkey, R. J. 1998. Broadband, directly modulated analog fiber link with positive intrinsic gain and reduced noise figure, *Proc. Int. Topical Meeting on Microwave Photonics* 1998, IEEE, 157-60.

[3] Gonzalez, G. 1984. *Microwave Transistor Amplifiers Analysis and Design*, Englewood Cliffs, NJ: Prentice-Hall, Inc., 175-6.

[4] Kolner, B. H. and Dolfi, D. W. 1987. Intermodulation distortion and compression in an integrated electrooptic modulator, *Appl. Opt.*, **26**, 3676-80.

[5] Linvill, J. G. and Gibbons, J. F. 1961. *Transistor and Active Circuits*, New York: McGraw-Hill Book Company, Inc., 233-6.

[6] Manley, J. M. 1951. Some general properties of magnetic amplifiers, *Proc. IRE (now IEEE)*, **39**, 242-51.

[7] Manley, J. M. and Rowe, H. E. 1956. Some general properties of nonlinear elements - Part I. General energy relations, *Proc. IRE (now IEEE)*, **44**, 904-13.

[8] Penfield, P. 1960. *Frequency Power Formulas*, New York: John Wiley & Sons.

[9] Pettai, R. 1984. *Noise in Receiving Systems*, New York: John Wiley & Sons, Chapter 7.

[10] Rowe, H. E. 1958. Some general properties of nonlinear elements - II. Small-signal theory, *Proc. IRE (now IEEE)*, **46**, 850-60.

[11] Thomas, G. B. 1968. *Calculus and Analytic Geometry*, 4th edition, Reading, MA: Addison-Wesley Publishing Co., 651.

[12] Vahala, K., Newkirk, M. and Chen, T. 1989. The optical gain lever: A novel gain mechanism in the direct modulation of quantum well semiconductor lasers, *Appl. Phys. Lett.*, **54**, 2506-8.

[13] Wylie, C. R. Jr. 1966. *Advanced Engineering Mathematics*, 3rd edition, New York: McGraw-Hill Book Co., 365.

4 第四章 模拟光纤链路频率响应

4.1 引　言

本书第二章和第三章在讨论器件斜率效率时均未考虑频率相关性，本章将对模拟光纤链路相关频率响应进行详细分析。电光调制和光电探测器件均具有固有宽带特性，可以满足数字光纤链路的工作带宽需求，因此光纤链路被广泛应用于数字通信系统中。对于模拟光纤链路应用系统，系统瞬时带宽通常小于器件固有带宽，因此多数模拟光纤链路设计包括级联前置或后置射频电路（如匹配电路或放大器等）。

本章首先讨论了三种常见光电器件（半导体激光器、马赫-曾德尔调制器和 PIN 光电二极管）的带通和宽带阻抗匹配，并结合相应带通阻抗匹配情况形成完整直接调制和外部调制模拟光纤链路，分析方法均适用于两种类型阻抗匹配方法和电光调制技术。

模拟光纤链路中组件数量增加会导致链路工作带宽减小，同时使链路设计过程更复杂。然而，牺牲额外带宽有助于提高模拟光纤链路固有增益（即降低链路射频损耗），进而降低模拟光纤链路噪声系数，这将在本书第五章中进行具体分析。此外，降低带宽还有助于扩展失真抑制技术权衡空间（涉及噪声系数），这将分别在本书第六章和第七章中进行具体分析。

虽然有源或无源电子器件均可用于降低模拟光纤链路工作带宽，由于大多数有源器件会提供额外增益并引入额外噪声和非线性失真，不利于研究固有链路参数和工作带宽之间的权衡关系，因此本章将重点研究基于无源器件的模拟光纤链路情况。

本书第二章在定义模拟光纤链路增益时假设调制信号源与电光调制器、负载与光电探测器之间满足阻抗匹配，由于不考虑频率响应特性，阻抗匹配电路通过纯电阻实现。然而，在研究电光调制器与光电探测器频率响应时，需要扩展阻抗匹配电路以考虑其频率响应特性，阻抗匹配电路频率响应与降低模拟光纤链路工作带宽密切相关。

本章4.2节将简要介绍影响链路核心组件频率响应的主要因素和基本原理；4.3节将扩展第二章链路核心组件模型并考虑其频率响应，重点研究宽带和窄带阻抗匹配对模拟光纤链路固有增益的影响；4.4节将介绍Bode-Fano约束条件以描述阻抗匹配性能与匹配带宽之间的关系。

模拟光纤链路频率响应涉及电域带宽和光域带宽两种定义。电域带宽的定义为当射频输出功率比参考输出功率（例如某中频或低频处）低3 dB时所对应频段范围，若以射频输入和输出为基础研究模拟光纤链路，电域带宽定义同样适用于电光器件。然而，电光器件设计人员通常不会搭建整个模拟光纤链路来测量器件性能参数，而是单独测量电光/光电器件的光域响应，需要考虑器件光域“3 dB带宽”。由于模拟光纤链路的电域响应是光域响应的平方，因此对于光域3 dB带宽，射频响应将降低6 dB。

上述两种带宽定义与频率之间的关系需要对所涉及频率响应进行评估，然而，许多光电/电光器件传递函数的高频部分可以近似为低通频率响应：

$$\left(\frac{1}{\sqrt{\tau s}}\right) \tag{4.1}$$

式中，τ为器件的特征时间常数；$s=\alpha+\mathrm{j}\omega$表示复频率。在这一近似条件下，电域与光域3 dB带宽之间的关系可以表示为

$$s_{3\text{-dB, elect}}=\frac{s_{3\text{-dB, opt}}}{\sqrt{2}}\approx 0.7s_{3\text{-dB, opt}} \tag{4.2}$$

因此，工作带宽需要明确是光域带宽还是电域带宽。本章下文所有带宽定义均指电域3 dB带宽，并且在小信号假设条件下进行讨论分析。

4.2 电光调制和光电探测器件频率响应

4.2.1 半导体激光器

本书第二章分别介绍了法布里-珀罗半导体激光器、分布反馈式半导体激光器和垂直腔面发射激光器，三种半导体激光器具有相似的直流/低频响应模型和相同的动力学模型。

图4.1所示为以激光器输出功率为参数的理想高频半导体激光器的频率响应曲线。图中描述了典型半导体激光器在小信号调制下的频率响应，可以

看出调制响应在较宽频段范围内相对平坦，之后出现响应峰值，并且峰值频率随激光器偏置电流的增大而增大，频率响应曲线在高于峰值频率时将随着频率增大而迅速下降。半导体激光器的频率响应可以通过小信号调制速率方程进行准确描述，具体详细推导过程参见附录 4.1。

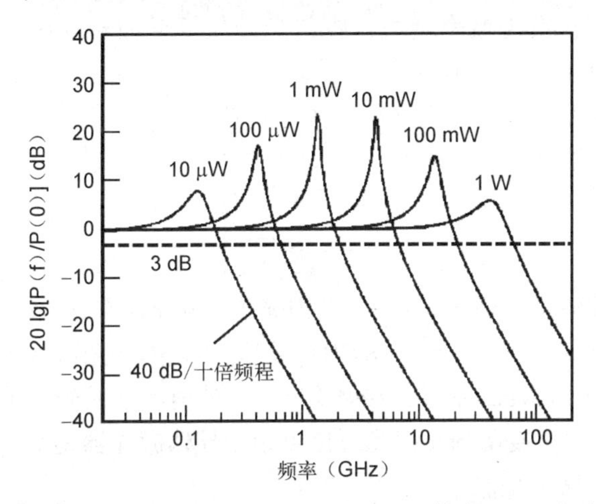

图 4.1　以激光器输出功率为参数的理想高频半导体激光器的频率响应曲线
（Coldren 和 Corzine，1995 年，图 2.12，John Wiley & Sons，Inc.，经许可转载）

频率响应出现峰值说明激光器腔内存在共振现象，又称为弛豫振荡，表明激光器至少存在两个相互耦合的储能源，分别用于收集注入载流子和腔内光子能量。激光器谐振腔中受激辐射光子来自注入载流子，并且两个储能源之间相互耦合。增大激光器偏置电流会增加注入载流子数量，进而提高受激辐射发生概率。随着受激辐射光子数量增多，注入载流子数量开始耗尽，直至注入载流子数量重新储能恢复。

注入载流子和腔内光子具有各种湮灭机制，可以用特征寿命进行表征。注入载流子湮灭的两个主要机制是转换为受激辐射和非辐射（即不产生光子）复合，而光子湮灭的主要机制是腔内出射或腔内吸收。激光器速率方程表明，弛豫共振频率 f_{relax} 与注入载流子寿命 τ_{n} 和腔内光子寿命 τ_{P} 的几何平均值成反比：

$$f_{\text{relax}} \propto \frac{1}{\sqrt{\tau_{\text{n}}\tau_{\text{P}}}} \tag{4.3}$$

相比于其他类型激光器，半导体激光器注入载流子寿命更短，通常只有几纳秒。此外，半导体激光器腔内光子寿命也小于其他类型激光器，约为几皮秒，这主要有两方面原因：（1）半导体激光器腔内光学增益较高，高增益使得半导体激光器腔长可以远小于其他类型激光器，通常为几十或几百微米，而其他类型激光器腔长为厘米或米量级；（2）高增益还会引起腔内更多光子出射，半导体激光器每次出射68%光子能量，而其他类型激光器只有1%。

由图4.1可知，当半导体激光器偏置电流增大时，弛豫振荡频率增大，相应调制带宽也随之增大。这是因为增大偏置电流会导致注入载流子数量增多，从而受激辐射发生概率增大，腔内光子数量增加触发更多受激辐射，进而减小注入载流子平均寿命并提高驰豫振荡频率。通过激光器速率方程可以得到弛豫振荡频率与偏置电流之间的关系表达式：

$$f_{\text{relax}}=\frac{\sqrt{\frac{I_{\text{L}}}{I_{\text{T}}}-1}}{\sqrt{2\pi\tau_{\text{n}}\tau_{\text{P}}}} \tag{4.4}$$

假设注入载流子寿命 $\tau_{\text{n}}=1\text{ ns}$、腔内光子寿命 $\tau_{\text{P}}=1\text{ ps}$、偏置电流 $I_{\text{L}}=3I_{\text{T}}$，可以得到驰豫振荡频率 $f_{\text{relax}}\approx 17.8\text{ GHz}$。常见半导体激光器弛豫振荡频率介于1~40 GHz范围内（Weisser等，1996年），而其他类型激光器弛豫振荡频率均小于1 MHz，因此直接调制模拟光纤链路中半导体激光器是唯一能够提供足够调制带宽的激光器类型。

为了获得最大调制带宽，半导体激光器的偏置电流需要远大于阈值电流。例如，当弛豫振荡频率为40 GHz时，激光器偏置电流需要大于阈值电流20倍。根据式（4.4）可知，理论上激光器的偏置电流越大，弛豫振荡频率越高，但与阻尼因子有关（Weisser等，1996年）的非线性增益和各种载流子效应也会限制弛豫振荡频率的升高。在实际应用中，激光器和测试夹具之间的电路寄生效应，以及大偏置电流所导致的激光器热效应也将限制弛豫振荡频率的升高。因此，在选择设置激光器偏置电流大小时，通常需要在调制带宽和其他参数之间进行权衡。例如，当偏置电流大于阈值电流时，激光器的调制斜率效率会随着偏置电流的增加而降低。

上述讨论均假设半导体激光器的设计（包括结构、尺寸和材料等）保持不变，改变任何上述因素都将对弛豫振荡频率产生影响。

在讨论半导体激光器时，调制带宽定义为当调制响应值比低频响应值低3 dB时对应的频率范围（截止频率略高于弛豫振荡峰值频率），然而该定义没有反映出调制带宽内频率响应的平坦特性。由图4.1中可以看出，由于频响峰值通常比低频响应值高3 dB以上，尽管弛豫振荡频率反映了激光器调制带宽的理论最大值，但噪声、失真和调制响应平坦度等其他因素使得可用频段范围明显小于弛豫振荡频率。

激光器调制带宽与载流子寿命、光子寿命、偏置电流，以及调制斜率效率有关，激光器调制带宽和斜率效率之间的关系无法通过公式明确表示。激光器光纤耦合斜率效率与最大调制频率之间的关系如图 4.2 所示。图 4.2 中所用激光器与图 2.3 中相同，斜率效率均统一至 1.3 μm 波长。可以看出随着最大调制频率增大，半导体激光器调制斜率效率显著降低，由于模拟光纤链路增益与调制斜率效率的平方成正比，所以调制斜率效率的降低将严重影响模拟光纤链路增益。

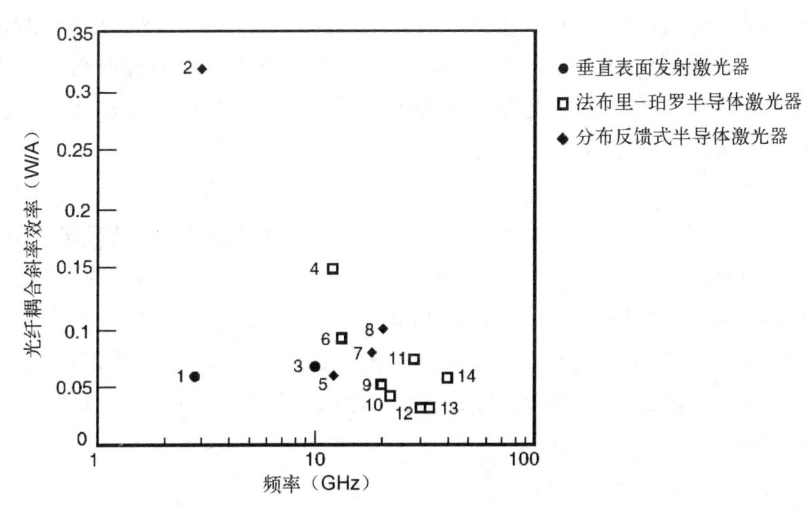

图 4.2　激光器光纤耦合斜率效率与最大调制频率之间的关系

在进行宽带调制时，需要参考上述讨论的最大调制频率概念，实际上，高于“最大”调制频率的信号对激光器进行调制是可行的，但此时调制带宽需要限制在以特定频率为中心的窄带范围内。在高于弛豫振荡频率处，可以参考激光器腔长选择最优调制频率来提高调制效率，使得激光腔在调制频率与光频率处均产生谐振。当满足上述信号条件时，激光器调制效率比宽带调制时更高，可以高达 40 dB（Georges 等，1994 年），具体数值主要取决于激光谐振腔在调制共振频率处的 Q 值。此时，虽然激光器调制效率得到提升，但其调制带宽通常非常窄，例如，在 45 GHz 调制频率处激光器调制带宽仅有 115 MHz，小于中心频率的 0.3%。

4.2.2　外部电光调制器

目前模拟光纤链路中普遍使用基于铌酸锂材料的马赫-曾德尔（Mach-Zehnder）调制器，而铌酸锂定向耦合调制器具有与马赫-曾德尔调制器类似的动态模型，因此本节将重点讨论分析马赫-曾德尔调制器。此外，本书第二章介绍了电吸收调制器，其频率响应的权衡影响因素与光电探测器类似。

铌酸锂晶体的最大电光调制频率理论上能够高达几百吉赫兹，实际调制频率响应范围往往受限于其设计方式，这与半导体激光器的最大调制频率限制不同，半导体激光器的最大调制频率主要受限于制备材料和器件参数。

与半导体激光器不同，铌酸锂电光调制器没有电路连接点，因此偏置电压不会影响其阻抗和频率响应特性。

光波通过电极时间（光波渡越时间）与最小调制周期（对应最大调制频率）的比值是衡量标准马赫-曾德尔调制器频率响应特性的关键参数。当调制频率较低时，光波渡越时间比最大调制频率的周期短得多，调制信号在光波渡越时间内基本上保持恒定，因此可以将电极视为集总元件。图 4.3 所示为通过集总电极设计的低频马赫-曾德尔调制器，该结构与图 2.7（a）中调制器结构基本相同，图 4.3 中偏置端口和调制端口分别使用独立电极进行调控。此时，调制器的 3 dB 频率上限取决于 RC 电路的滚降特性，主要由电极电容和匹配电阻 R_{MATCH} 共同决定。对于典型铌酸锂调制器电极间距，每毫米电极长度上的电容值约为 0.5 pF，当调制器电极长度为 10 mm，匹配电阻 $R_{MATCH}=50\,\Omega$ 时，由于光波渡越时间 $\tau=1.57$ ps，因此该电光调制器的 3 dB 频率上限约为 637 MHz。

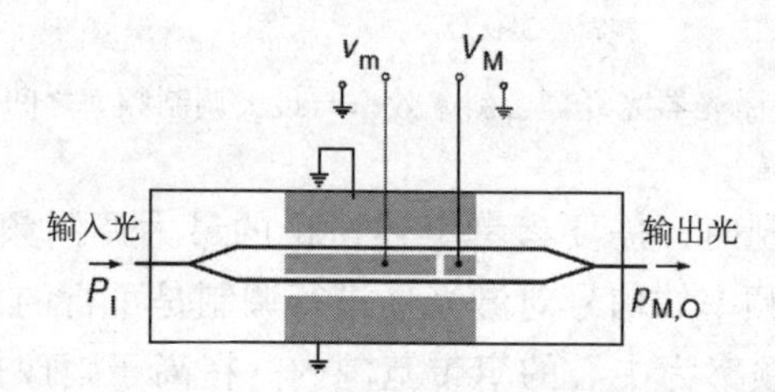

图 4.3　通过集总电极设计的低频马赫-曾德尔调制器

为了提高模拟光纤链路增益，通常需要增加电光调制器的电极长度以降低半波电压（V_π），由于增加电极长度会增大电极电容值，进而导致调制带宽降低。对于窄带电光调制器，可以通过谐振电极来解决上述设计问题。

当调制频率较高时，调制信号周期会略大于或小于光波渡越时间。在光波渡越时间内，调制信号电压并不恒定，进而导致集总电极的调制效率降低。从上述例子可以看出，光波通过 10 mm 电极需要约 73 ps，若调制信号频率为 1.4 GHz，则光波渡越时间为调制信号周期的 10%。

为了满足高频调制需求，通常使用行波电极替代集总电极，图 4.4 所示为通过行波电极设计的高频马赫-曾德尔调制器。理论上，在使用行波电极进行电光调制时，射频信号沿电极的传播速度 v_{rf} 应该与光波沿铌酸锂波导的传播速度 v_{opt} 相匹配。在实际应用中，需要采取特殊方法实现铌酸锂波导的速度匹配条件，同时保证电极特征阻抗为 50 Ω。

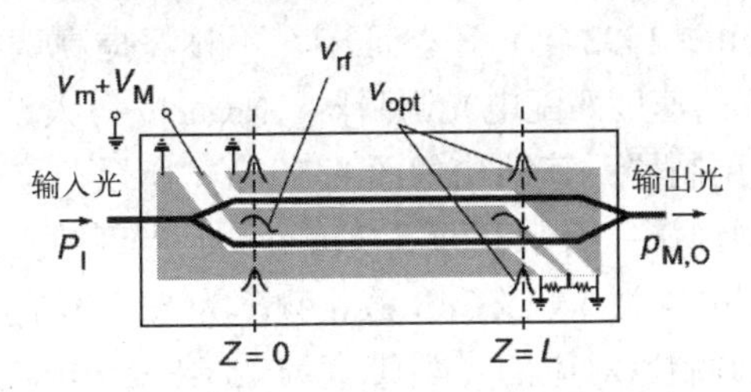

图 4.4　通过行波电极设计的高频马赫–曾德尔调制器

实现速度匹配的难点在于铌酸锂晶体的介电常数在射频和光频频段下的差异很大。图 4.4 中马赫–曾德尔结构的波形图对此进行了解释：假设在电光调制器输入端，射频调制信号与连续输入光峰值对齐，由于二者传播速度不同，射频信号和连续光峰值在调制器输出端并不对齐，甚至会造成电极前半部分与后半部分调制作用相互抵消。

速度失配程度常用电极长度和带宽乘积表示，L 和 B 分别代表电极长度和 3 dB 带宽，两者乘积可以表示为（Betts，1989 年）

$$LB=\left(\frac{1}{v_{rf}}-\frac{1}{v_{opt}}\right)^{-1}=\frac{C}{n_{rf}-n_{opt}} \tag{4.5}$$

将一组典型铌酸锂晶体参数（$n_{rf}=4.2$，$n_{opt}=2.15$）代入式（4.5），当 $LB=146$ GHz · mm 时，调制响应为零；当 $LB=64$ GHz · mm 时，其频率响应比直流响应低 3 dB，这也表明 20 mm 长度的“标准”行波电极调制带宽为 3.2 GHz。

缩短电极长度虽然可以降低速度失配影响，但是同时也会增大调制器半波电压 V_π，导致调制灵敏度降低。因此，在设计高频电光调制器时，需要考虑如何在保证调制器灵敏度的情况下提高最大调制频率上限。

此外，消除部分高介电常数铌酸锂晶体有助于提高射频信号传播速度，进而减小速度失配影响。与半导体材料不同，铌酸锂晶体材料呈化学惰性，刻蚀过程十分缓慢。早期速度匹配方法既要适应材料介电常数差异，同时要解决制备工艺困难问题，其中一种方法是：当电场和光场之间相位差太大时，通过周期性反转电极极性对其进行补偿（Alfernes 等，1984 年）。由于相位反转长度需要根据特定频率进行设计，而在制作过程中长度已经固定，因此调制信号频率与设计中心频率相差越大，调制效果越差，进而导致相位反转电光调制器存在带通频率响应特性，20 世纪末已经有文章报道了相位反转电光调制器的最高调制频率结果，其最大调制通带频段和半波电压分别为 17.5～32.5 GHz 和 12 V（Wang 等，1996 年）。

20世纪末多个研究小组（Noguchi 等，1994 年；Gopalakrishnan 等，1992 年；Dolfi 和 Ranganath，1992 年）还验证了在不显著提高调制器半波电压的情况下，可以实现真正的速度匹配电光调制器。Noguchi 等人设计了具有行波电极的高频马赫-曾德尔调制器，其结构如图 4.5（a）所示，该方案对铌酸锂材料进行了刻蚀，尽管刻蚀深度有限（仅 3.3 μm），但当刻蚀工艺与设计参数相结合时，能够实现半波电压为 5 V 及 3dB 截止频率为 52 GHz 的电光调制器。根据式（4.2）可知，该调制器对应的光学带宽为 75 GHz，相应光学频率响应如图 4.5（b）所示。

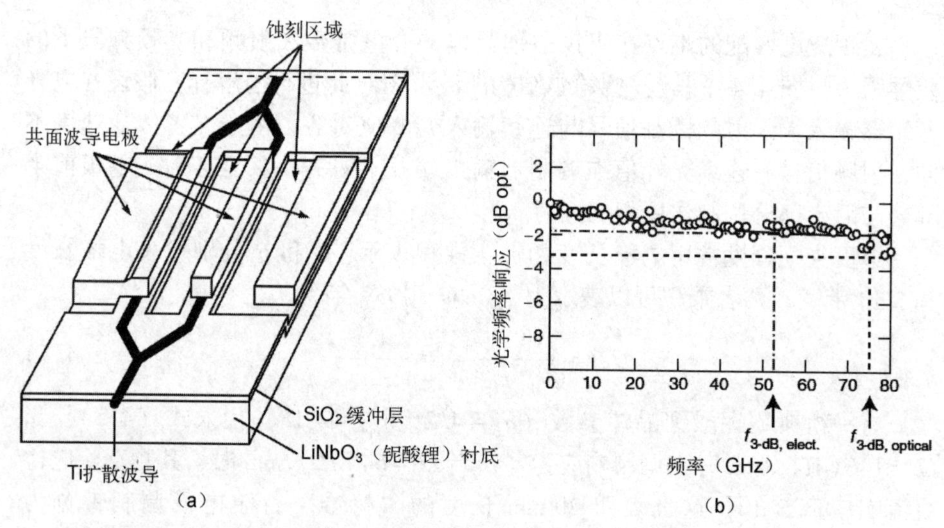

图 4.5 具有行波电极的高频马赫-曾德尔调制器及其光学频率响应
（K. Noguchi、H. Miyazawa 和 O. Mitomi，1994 年，75 GHz 宽带 Ti：$LiNbO_3$脊形结构电光调制器，Electron. Lett.，经许可转载）

当满足速度匹配条件时，理论上可以通过增加电极长度得到任意低的半波电压值 V_π，然而实际最大电极长度受限于三方面因素：（1）电极射频传输损耗。几乎所有的射频电极都将金通过蒸发工艺制备成 1 μm 左右厚度而成，这个厚度只比在 10 GHz 时金的趋肤深度（约 0.7 μm）略大，所以射频传输损耗较大。Gopalakrishnan 等人（1992 年）开发了一种镀金工艺，可以制作厚度超过 10 μm 的电极，虽然通过增加电极厚度有助于减小射频传输损耗，但是仍然不能完全消除由趋肤效应和表面粗糙度造成的损耗。（2）实际电光晶体尺寸。早期铌酸锂晶圆直径通常为 3 英寸（也有 4 英寸的），其中 1 英寸主要用于表面抛光、光刻边缘效应和干涉仪“Y”波导制作，剩余 2 英寸为最大射频电极长度。（3）实际光波导传输损耗。如果光波导损耗较低（如铌酸锂晶体的损耗系数仅为 0.1 dB/cm，则长度为 10 cm（约 4 英寸）的铌酸锂波导只有 1 dB 损耗），此时波导损耗通常不是最大电极长度的限制因素。然而，当光传输损耗较大时，如砷化镓和聚合物中的光损耗系数高达 1 dB/cm，则长度为 10 cm 的光波导将导致 10 dB 光传输损耗，因此这类材料的波导损耗会限制最大电极长度。

马赫-曾德尔调制器的光纤耦合斜率效率与最大调制带宽之间的关系曲线如图 4.6 所示，与半导体激光器类似曲线图一样，图 4.6 中斜率效率均统一至 1.3 μm 波长，并且所有调制器平均输入光功率为 400 mW，从图可以看出：(1) 外部调制斜率效率高于直接调制斜率效率，在低频调制频率时，外部电光调制可以获得足够大的调制斜率效率以实现正增益；(2) 外部调制斜率效率与 3 dB 频率上限大致存在 f^{-1} 关系；(3) 外部调制相比直接调制具有更高的调制频率和更宽的带宽。

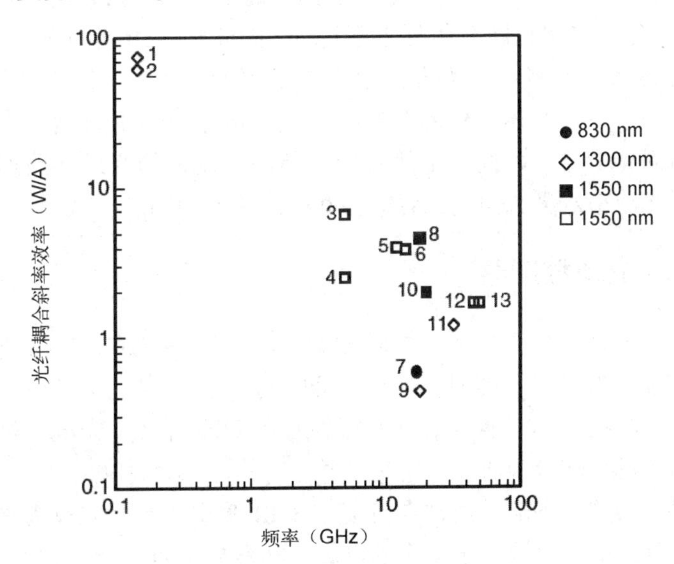

图 4.6　马赫-曾德尔调制器的光纤耦合斜率效率与最大调制带宽之间的关系曲线

与半导体激光器类似，电光调制器可以牺牲工作带宽以提高其调制斜率效率，Izutsu 等人通过设计在调制频率处产生谐振的共振电极，最终实现在中心频率 30.2 GHz 处半波电压值为 1.6 V（Izutsu，1996 年）。

随着调制频率的提高，射频信号耦合至电极的难度也随之增加，此时可以采用辐射耦合法（Bridges 等，1991 年），图 4.7 所示为利用天线耦合的马赫-曾德尔调制器，其电极由一系列偶极子天线构成，当来自射频波导的调制信号“照射”这些偶极子时，即可实现耦合。通过分割电极并调整调制器晶体与射频波导末端之间的倾斜角度，也可以实现速度匹配，Bridges 等人使用该技术实现了 94 GHz 附近的带通调制。

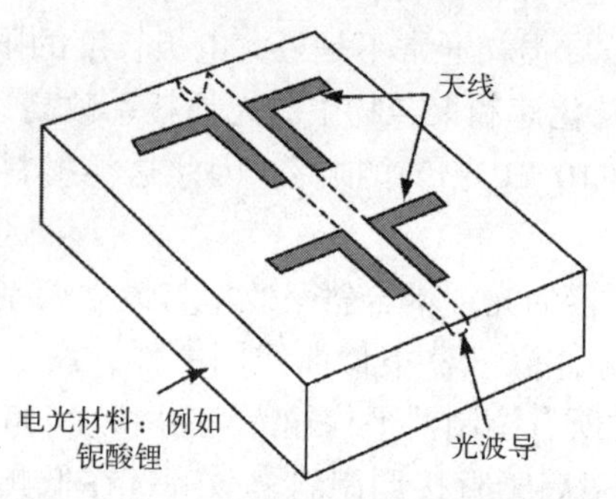

图 4.7　利用天线耦合的马赫-曾德尔调制器
(Bridges 等，1991 年，IEEE，经许可转载)

关于马赫-曾德尔调制器频率响应有两点需要注意：(1) 与半导体激光器不同，马赫-曾德尔调制器不存在驰豫振荡，因此其 3 dB 带宽即为可用频段；(2) 与半导体激光器相同，马赫-曾德尔调制器的频率响应特性与光功率大小无关。如本书第三章所述，外部调制模拟光纤链路可以通过增加平均光功率以提升链路固有增益，因此，虽然直接和外部调制模拟光纤链路通常都工作于较高平均光功率水平，但是二者的根本原因并不相同。

4.2.3　光电探测器

本节将对 PIN 光电二极管和电吸收调制器的频率响应进行分析。电吸收调制器与 PIN 光电二极管类似，都具有反向偏置 P-N 结，为了研究其动力学模型，可以将电吸收调制器视为具有可控吸收功能的 PIN 光电二极管，能够对入射光功率进行部分吸收。

光电探测器的频率响应通常在直流到 3 dB 截止频率之间较为平坦，之后迅速下降，其下降速度取决于一个固定的时间常数。与马赫-曾德尔调制器相同，光电探测器的频率响应基本平坦，其 3 dB 带宽内均为可用带宽。此外，光电探测器的频率响应影响因素与半导体激光器类似，与制作材料和相应器件参数有关。

光电探测器的光纤耦合响应度与 3 dB 频率上限之间的关系如图 4.8 所示，图 4.8 中所用光电探测器与图 2.15 中相同。从图 4.8 中可以得到两个重要结论：(1) 光电探测器频率响应可以高达 500 GHz，比半导体激光器最大调制带宽高 10 倍以上，比外部电光调制器最大调制带宽高 5 倍左右；(2) 光电探测器 3 dB 频率上限越高，探测器的光纤耦合响应度越低。

图 4.9 为表面入射 PIN 光电二极管的基本结构中顶部和横截面示意图，其工作带宽与响应度之间的权衡关系取决于载流子耗尽层宽度 W。耗尽层宽

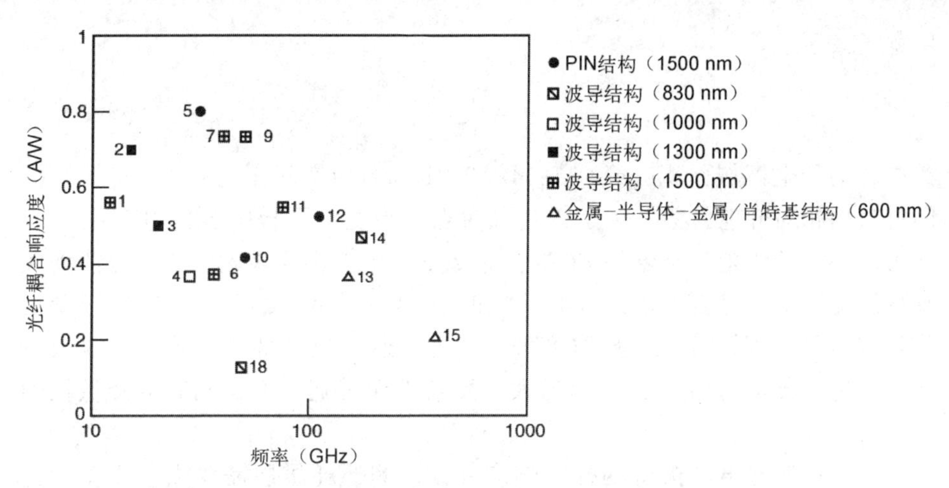

图 4.8　光电探测器的光纤耦合响应度与 3 dB 频率上限之间的关系
（所使用光电探测器与图 2.15 中相同）

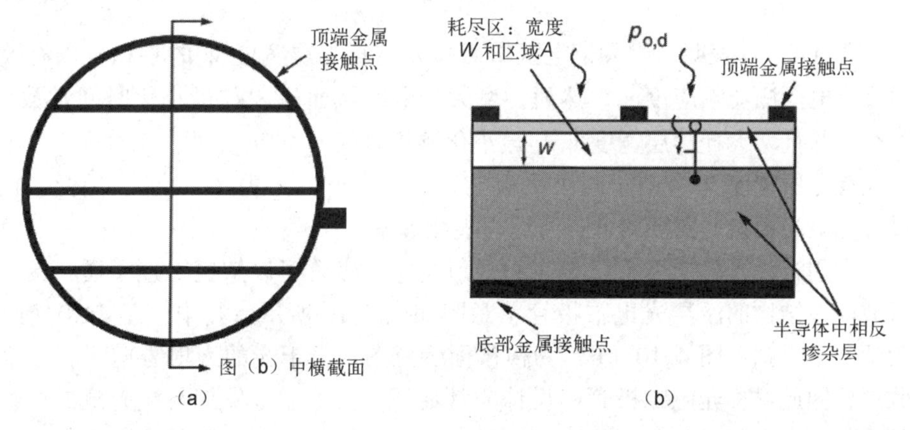

图 4.9　表面入射 PIN 光电二极管基本结构中顶部和横截面示意图

度基本上等于本征层宽度，但是当光电二极管处于反向偏置时，耗尽层会稍微延伸至掺杂层。耗尽层中光生载流子到达掺杂层所需时间会对工作带宽造成限制，由于两种载流子都必须到达各自掺杂层，所以从转换效率角度来看，光子在耗尽层中什么位置被吸收并不重要。载流子穿过耗尽层所需时间称为渡越时间 t_W，并且与耗尽层宽度 W 和载流子速度 v_{carrier} 有关：

$$t_W = \frac{W}{v_{\text{carrier}}} \tag{4.6}$$

根据式（4.6）可知，可以通过最小化耗尽层宽度 W 来减小渡越时间 t_W，从而使光电探测器工作带宽最大化。然而，由于平板电容器电容值 C 与耗尽

层宽度 W 成反比，

$$C=\frac{\varepsilon_r\varepsilon_0 A}{W} \tag{4.7}$$

其中 A 为带电区域面积，$\varepsilon_0=8.854\times10^{-12}$F 为自由空间介电常数，$\varepsilon_r$ 为平板间材料的相对介电常数。为了得到最大探测带宽，平板电容器电容值 C 应尽可能小，即光电二极管的 RC 时间常数 τ 尽可能小，因此应该尽可能增大耗尽层宽度 W。综合考虑式（4.7）和式（4.6）可知，增大光电二极管工作带宽需要合理设计耗尽层宽度 W，此外，通过减小带电区域面积 A 来减小平板电容器电容值 C 也可以增大探测器工作带宽，但是同时会降低探测响应度。

为了提升光电二极管的探测响应度，探测器耗尽层需要吸收更多的光子，从探测器件设计参数角度来看，探测响应度与耗尽层体积成正比，即

$$r_d\propto AW \tag{4.8}$$

式（4.8）表明，增大带电区域面积 A 与耗尽层宽度 W 的乘积可以有效提升光电探测器响应度 r_d。然而，增大带电区域面积 A 与最小化时间常数 τ 冲突，并且增大耗尽层宽度 W 与最小化渡越时间 t_W 冲突［式（4.6）］，由于增大耗尽层宽度 W 有助于减小平板电容器电容值 C［式（4.7）］，因此，在设计光电二极管时需要对此进行综合权衡考虑。

利用行波光电二极管代替表面入射光电二极管可以解决上述矛盾，具有行波电极结构的波导光电二极管示意图如图 4.10 所示，其中，图 4.10（a）为顶部示意图，图 4.10（b）为横截面示意图。由于光的入射方向平行于吸收层，因此这种光电二极管的设计非常灵活。为了充分发挥行波光电二极管的优势，需要将吸收区制作成光波导结构，并使用与光波导传输速度相匹配的行波电极。行波电极结构可以通过增加波导长度来增大吸收体积，并且不会导致电容增大和工作带宽减小，因此行波光电二极管性能通常比表面入射光电二极管性能更优，早在 20 世纪 90 年代就已经有响应度分别为 0.85 A/W 的 50 GHz 行波光电二极管（Kato 等，1992 年）和 0.5 A/W 的 110 GHz 行波光电二极管（Kato 等，1994 年）。

然而，行波光电二极管在设计过程中仍然遵循一定的折中原则，尤其是光纤耦合效率。光电二极管中光波导纤芯和包层间折射率差大于普通光纤波导，光纤模场直径大于光电二极管模场直径，此外，较大折射率差也会增加纤芯与包层交界处的散射损耗，因此行波光电二极管的最大波导长度受限于散射损耗和光波/微波速度失配。

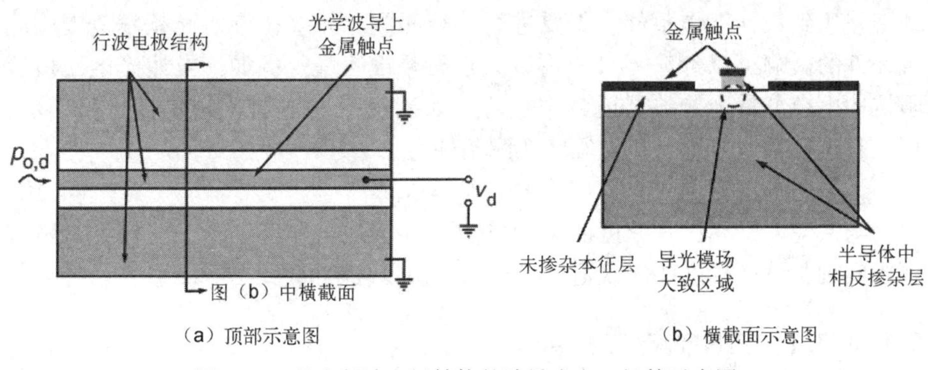

（a）顶部示意图　　（b）横截面示意图

图 4.10　具有行波电极结构的波导光电二极管示意图

4.3　电光调制和光电探测器件无源阻抗匹配

为了研究射频滤波器和阻抗匹配器对模拟光纤链路固有增益和频率响应的影响，需要在本书第二章讨论的电光调制和光电探测器件各模型中引入电抗元件，器件阻抗特性可以使用集总元件小信号阻抗模型进行描述。由于完整模型过于复杂，不利于分析理解一些关键问题，因此仅在第二章中相应电阻阻抗模型基础上引入一个电抗元件（在少数情况下引入两个电抗元件），该简化模型足以研究分析链路增益、带宽和阻抗匹配相关的重要问题。

无源阻抗匹配可以分为有耗无源阻抗匹配和无耗无源阻抗匹配。由于实际器件品质因子 Q 值有限，所以均存在一定损耗，因此将有耗和无耗分别定义为在匹配电路中是否包含由一个或多个电阻导致的损耗。

此外，阻抗匹配根据匹配方法还可以分为幅度匹配和共轭匹配。根据基本网络理论（Van Valkenburg，1964 年），当负载阻抗为源阻抗的复共轭时，可以将由电源向负载传输的功率最大化。如果将阻抗表示为 $Z=R+\mathrm{j}X$，则共轭匹配条件为

$$Z_{\mathrm{S}}=Z_{\mathrm{LOAD}}^{*}\Leftrightarrow R_{\mathrm{S}}=R_{\mathrm{LOAD}}\text{且 }X_{\mathrm{S}}=-X_{\mathrm{LOAD}} \tag{4.9}$$

当源阻抗与负载阻抗的实部相等、虚部大小相等且符号相反时，可以实现共轭匹配。例如，如果负载阻抗是串联 RC 电路，那么共轭匹配阻抗为串联 RL 电路，这也表明共轭匹配为窄带匹配，若要在更宽频段范围内保持共轭匹配，复杂度将会显著增加。

由于本书第二章和第三章中电路负载均为纯电阻，不存在虚部，因此负载电阻和源电阻之间幅度匹配也属于共轭匹配。

当负载阻抗包含电抗元件时（本章讨论此情况），幅度匹配不能使模拟光

纤链路达到最佳工作条件，需要进行共轭匹配。如果在待匹配频率范围内电抗元件的影响可以忽略不计，可以只进行幅度匹配。例如，虽然光电二极管阻抗中电容分量会导致低通频率响应，如果仅在 3 dB 带宽范围内进行匹配，可以只进行幅度匹配，相应幅度匹配条件为

$$\mathrm{Re}(Z_L) = R_S \tag{4.10}$$

与共轭匹配相比，幅度匹配通常更容易实现，并且更易于在较大带宽范围内实现，然而幅度匹配仅适用于特定类型负载阻抗。

4.3.1 PIN 光电二极管

4.3.1.1 宽带阻抗匹配

为了研究光电二极管的增益和频率响应特性，需要在本书第二章光电二极管的基本电流源模型基础上加入一个电抗元件（即电容 C_D）和两个电阻元件。其中电阻元件 R 与电流源并联，表明电流源并不理想；电阻元件 R_D 与电流源串联，表明存在接触电阻。

通过在光电二极管与负载之间连接一个理想的幅度匹配变压器，可以实现无损耗幅度阻抗匹配。为了从电流源获取最大功率，应该尽可能增大负载电阻阻值，变压器可以对负载电阻（从光电二极管电流源方向看）进行放大以提高负载端输出功率。为了便于研究，假设理想变压器无损耗，并且忽略自电感和漏电感，其性能完全由匝数比 N_D 决定。光电二极管与负载之间理想的幅度匹配变压器电路示意图如图 4.11 所示，当变压器匝数比 $N_D=1$ 时，该电路模型也可以用于分析不匹配情况。

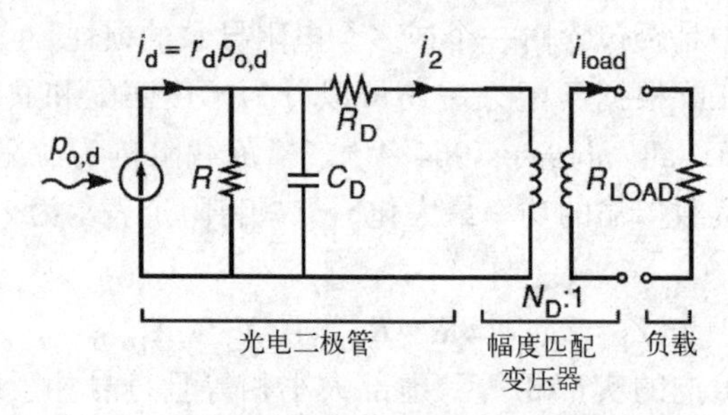

图 4.11　光电二极管与负载之间理想的幅度匹配变压器电路示意图

此外，光电二极管有耗阻抗匹配可以通过两种方法实现：第一种方法是将匹配电阻器与电阻元件 R_D 串联，通常光电二极管可以视为电流源，理想情况下其阻抗无穷大。因此，与电阻元件 R_D 串联的匹配电阻对光电二极管的阻抗没有影响；第二种方法是将匹配电阻器 R_{MATCH} 与光电二极管电容并联，即

与图 4. 11 中电阻元件 R 并联，设置匹配电阻需要满足匹配条件$(R_{MATCH} \parallel R)+R_D=R_{LOAD}$，其中符号“‖”表示两个元件并联。一方面，并联匹配电阻会减小传递给负载的射频功率，即在 $R_D=0$ 情况下，负载功率最多可减小 3 dB。另一方面，$R_D=0$ 意味着光电二极管与负载之间存在阻抗失配，这将导致光电二极管受到反射射频功率的影响，在实际应用中，可以通过减小光电二极管与负载之间的距离，将反射功率影响降到最低。

为了推导变压器匹配情况下光电二极管的增量探测效率，需要先给出变压匹配器初级电流 i_2 与光电二极管电流 i_d 之间的关系表达式：

$$i_2=\frac{[R \parallel (1/sC_D)]}{[R \parallel (1/sC_D)]+R_D+N_D^2R_{LOAD}}i_d \tag{4.11}$$

在理想情况下，光电二极管可以被视为电流源，此时电阻值 $R\to\infty$；实际情况电阻值 R 为有限值，但是通常 $R\gg R_{LOAD}$。因此，为了提高光电二极管转移给负载的射频功率，光电二极管负载阻抗应该尽量大，可以使用降压变压器实现光电二极管与负载之间的阻抗匹配，此时负载电流 $i_{load}=N_Di_2$，且负载功率 $p_{load}=i_{load}^2R_{LOAD}$，因此增量探测效率 $P_{load}/p_{o,d}^2$为

$$\frac{p_{load}}{p_{o,d}^2}=\frac{r_d^2N_D^2R_{LOAD}}{(sC_D(R_D+N_D^2R_{LOAD})+1)^2} \tag{4.12}$$

上式忽略了与光电二极管电容并联的电阻 R，由于该电阻阻值通常非常大，因此不会对光电二极管频率响应产生显著影响。

由于电阻 R 的值很大，从实际和带宽两方面角度，无法根据表达式 $R=N_D^2R_{LOAD}$设计选择匹配变压器的匝数比 N_D。例如，将 50 Ω 负载电阻与典型电阻 $R=100000\ \Omega$ 匹配，则变压器匝数比需要满足 $N_D\cong45$，远超目前实际高频变压器性能，即使存在这样高匝数比的变压器，光电二极管带宽也会受到严重影响［参考式（4. 14）］。然而，在满足带宽需求前提下，仍然希望通过增大变压器匝数比以提升负载输出信号功率。

通过在式（4. 12）中设置 $N_D=1$，$s=0$，可以计算出相对于无阻抗匹配的情况，变压器在阻抗匹配情况下低频光电二极管增益的提升效果：

$$\text{Gain increase}=\frac{(4.12)\mid_{N_D}}{(4.12)\mid_{N_D=1}}=N_D^2 \tag{4.13}$$

由于光电二极管工作带宽与式（4. 12）中 s 系数成反比，同样可以计算出相对于无阻抗匹配的情况（$N_D=1$），变压器在阻抗匹配情况下（$N_D>1$）光电二极管探测带宽的提升效果：

$$\text{Bandwidth increase}=\frac{R_D+R_{LOAD}}{R_D+N_D^2R_{LOAD}}\leqq\frac{1}{N_D^2}\bigg|_{N_D较大或R_{LOAD}>R_D} \tag{4.14}$$

由于匹配变压器匝数比的平方 $N_D^2>1$，所以变压器匹配有助于提升光电二极管的增益，同时也将减小其探测带宽，光电二极管的增益-带宽积始终保持不变。在进行模拟光纤链路设计时，需要对光电二极管的增益和带宽进行综合权衡考虑：增加匹配变压器匝数比有助于提升无源阻抗匹配下链路固有增益，但是需要以牺牲链路频响带宽为代价。

假设光电二极管的响应度和电容值分别为 0.7 A/W 和 0.5 pF，以变压器匝数比作为图 4.11 所示电路模型的参数，光电二极管的增量探测效率与频率之间的关系曲线如图 4.12 所示，根据该图可以得出与上述分析相同的结论，即增益越高带宽越小。上述分析均在完全阻抗匹配的条件下进行，阻抗失配的影响将在本章 4.4 节中进行讨论。

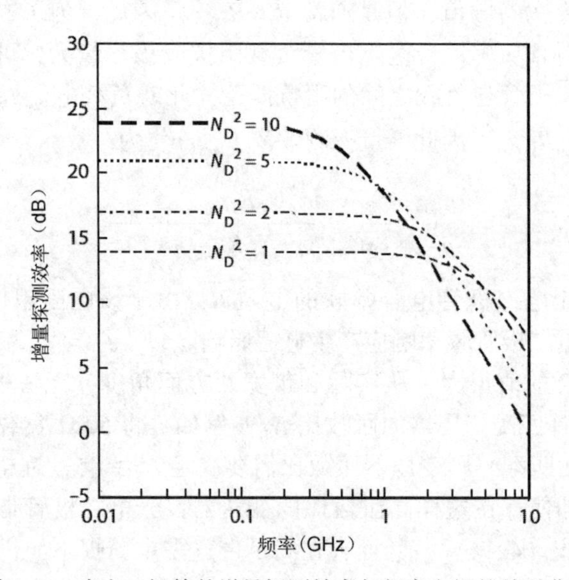

图 4.12　光电二极管的增量探测效率与频率之间的关系曲线

4.3.1.2　带通阻抗匹配

下面将讨论光电二极管和负载之间的无耗共轭匹配，无耗共轭匹配只能在有限频率范围内实现，因此该形式匹配具有带通频率响应特性。光电二极管与负载电阻之间的理想变压器共轭匹配电路图如图 4.13 所示。为了实现与光电二极管电容共轭匹配，需要将光电二极管电阻 R_D 串联电感 L，使其与容性阻抗 C_D 相互抵消，为了满足共轭匹配条件，还需要组合电路（光电二极管与匹配器）阻抗实部部分与负载电阻相等。

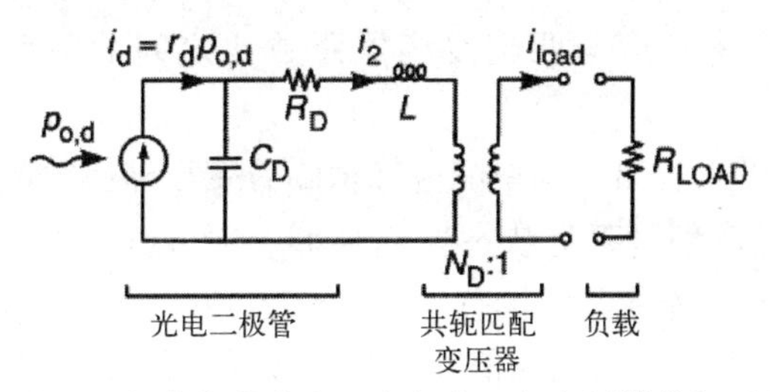

图 4.13　光电二极管与负载电阻之间的理想变压器共轭匹配电路图

共轭阻抗匹配情况的分析方法与幅度阻抗匹配相似，在共轭匹配时变压器初级电流 i_2 与光电二极管电流 i_d 之间的关系与幅度阻抗匹配关系式（4.11）类似，

$$i_2=\frac{(1/sC_D)}{(1/sC_D)+R_D+sL+N_D^2R_{LOAD}}i_d \tag{4.15}$$

上式忽略了光电二极管的并联电阻 R。在共轭匹配时光电二极管的增量探测效率可以表示为

$$\frac{p_{load}}{p_{o,d}^2}=\frac{r_d^2N_D^2R_{LOAD}}{(s^2C_DL+sC_D(R_D+N_D^2R_{LOAD})+1)^2} \tag{4.16}$$

上式二阶分母项可以得到共轭匹配的带通频率响应特性，当串联电感 $L=0$ 时，共轭匹配［式（4.16）］将退化为幅度匹配［式（4.12）］。

根据式（4.16），图 4.14 为以变压器匝数比作为图 4.13 所示电路模型的参数，光电二极管的增量探测效率与频率之间的关系曲线，图中绘制出了在

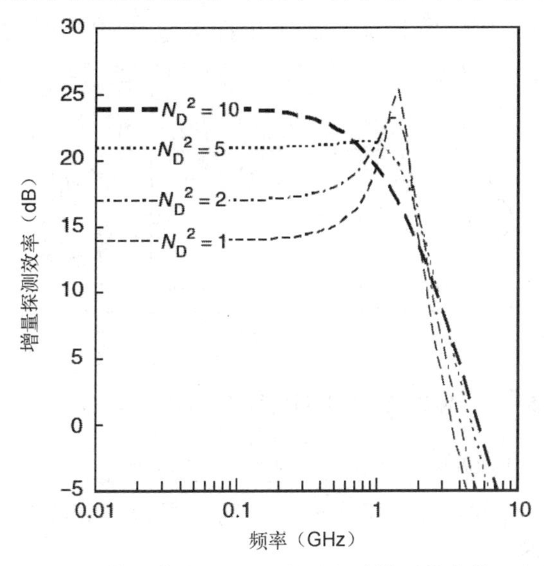

图 4.14　以变压器匝数比作为图 4.13 所示电路模型的参数，光电二极管的增量探测效率与频率之间的关系曲线

共轭匹配情况下频率响应与匹配变压器匝数比之间的关系，串联电感值为25 nH。

从图4.14中可以看出，频率响应峰值随着变压器匝数比的平方（N_D^2）的增大（从欠阻尼过渡到过阻尼状态）而降低。当$N_D^2=5$时，频响峰值正好与滚降特性平衡，处于临界阻尼状态，具有最大频响带宽，因此，在共轭匹配情况下，需要选择设计合适电感值和匝数比以获得最佳带宽性能。

以上内容讨论分析了光电二极管阻抗匹配的频率响应特性，接下来将结合调制器件的频响特性分析整个模拟光纤链路的频响特性。

4.3.2 半导体激光器

4.3.2.1 宽带阻抗匹配

在讨论半导体激光器无源阻抗匹配时，使用了两种幅度匹配方法：基于串联电阻的有耗阻抗匹配和基于理想变压器的无耗阻抗匹配。前面还介绍了一种简单的无耗共轭匹配方法，上述所有情况均假设匹配电路频率响应滚降频率小于激光器弛豫振荡频率。

首先讨论电阻阻抗匹配情况，半导体激光器与调制信号源之间的电阻幅度匹配电路图如图4.15所示（图中激光器阻抗通过RC并联电路表示）。通常对于平面内激光器（例如法布里-珀罗半导体激光器和分布反馈式半导体激光器）而言，激光器电阻R_L小于调制信号源电阻R_S。当激光器容抗值C_L远大于电阻值R_L时，可以通过插入满足条件$R_{MATCH}+R_L=R_S$的串联匹配电阻R_{MATCH}实现激光器和调制信号源之间的幅度阻抗匹配。

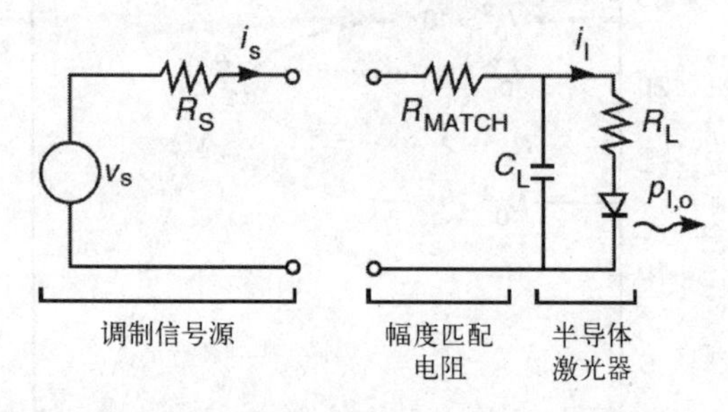

图4.15 半导体激光器与调制信号源之间的电阻幅度匹配电路图

增量调制效率是衡量匹配方法性能好坏的重要指标，为了研究电阻阻抗匹配性能，参照本书2.2.1.1节中式（2.8），可以得到激光器光功率与激光器电流之间的关系：

$$p_{l,o}=s_l i_l \tag{4.17}$$

由于激光器电阻并联电容 C_L，激光器电流不等于调制信号源电流，流经激光器电阻的源电流可以表示为

$$i_L=\left(\frac{1}{s\tau+1}\right)i_s \tag{4.18}$$

其中 $\tau=C_LR_L$。源电流为源电压与回路总阻抗的比值：

$$i_s=\frac{v_s}{R_S+R_{MATCH}+[(1/sC_L)\|R_L]} \tag{4.19}$$

将式（4.19）代入式（4.18），并将所得结果代入式（4.17），可以得到调制光功率与源电压、电路阻抗参数之间的关系表达式：

$$p_{L,o}=\frac{s_Lv_s}{R_S+R_{MATCH}+R_L}\left(\frac{1}{\frac{sC_LR_L(R_S+R_{MATCH})}{R_S+R_{MATCH}+R_L}+1}\right) \tag{4.20}$$

将式（4.20）的平方除以来自信号源的可用射频功率（$v_s^2/4R_S$），在满足匹配条件 $R_{MATCH}+R_L=R_S$ 时，增量调制效率可以表示为

$$\left.\frac{p_{l,o}^2}{p_{s,a}}\right|_{阻抗匹配}=\frac{s_l^2}{R_S}\left(\frac{1}{\frac{sC_LR_L(R_S+R_{MATCH})}{2R_S}+1}\right)^2 \tag{4.21}$$

式（4.21）在直流处（即 $s=0$）与无并联电容半导体激光器的增量调制效率表达式（2.11）相同，因此式（4.21）表明激光器电容并不影响其直流响应，只对匹配带宽产生限制，导致激光器频率响应具有低通特性。

对于变压器阻抗匹配情况，假设变压器为理想变压器并且可以通过匝数比 N_L 进行表征，半导体激光器与调制信号源之间的理想变压器幅度匹配电路图如图 4.16 所示（图中激光器阻抗通过 RC 并联电路进行表示），为了实现理想变压器阻抗匹配，变压器匝数比需要满足

$$N_L^2R_L=R_S \tag{4.22}$$

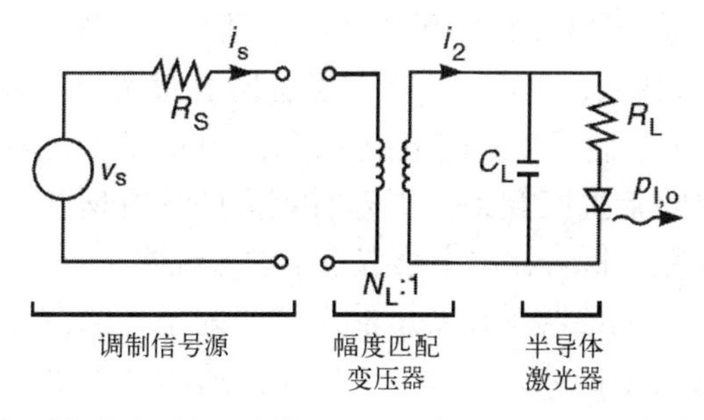

图 4.16　半导体激光器与调制信号源之间的理想变压器幅度匹配电路图

由于与电阻阻抗匹配时所用激光器模型相同，在分析变压器阻抗匹配情况下增量调制效率时，激光器光功率与激光器电流之间的关系同样满足式（4.17），图4.16所示次级电流 i_2 与初级电流 i_s 之间的关系与变压器匝数比有关，即

$$i_2 = N_L i_s \tag{4.23}$$

该电路中初级电流为源电流。

激光器阻抗被变压器放大了 N_L^2 倍，并与源电阻串联构成源端总阻抗，因此源电流为源电压与源端总阻抗的比值：

$$i_s = \frac{v_S}{R_S + N_L^2[(1/sC_L) \| R_L]} \tag{4.24}$$

将式（4.24）代入式（4.23）中，再将所得结果代入式（4.18）中，最终代入式（4.17）中可以得到激光器光功率为

$$p_{1,o} = \frac{s_1 N_L v_S}{R_S + N_L^2 R_L}\left(\frac{1}{\dfrac{sC_L R_S R_L}{R_S + N_L^2 R_L} + 1}\right) \tag{4.25}$$

在满足匹配条件 $N_L^2 R_L = R_S$ 时，将式（4.25）的平方除以源端可用射频功率，可以得到理想变压器阻抗匹配条件下半导体激光器的增量调制效率，即

$$\left.\frac{p_{1,o}^2}{p_{s,a}}\right|_{\text{变压器阻抗匹配}} = \frac{s_1^2 N_L^2}{R_S}\left(\frac{1}{\dfrac{sC_L R_L}{2} + 1}\right)^2 \tag{4.26}$$

式（4.26）与式（4.21）形式相同，但存在两个重要区别，下面借助图4.17进行分析。图4.17所示为以激光器电阻为参数，激光器的增量调制效率与频率之间的关系曲线。首先，假设源电阻为50 Ω，激光器斜率效率为0.045 W/A（早期法布里-珀罗半导体激光器的典型值），激光器电容为20 pF，根据式（4.21）绘制了在不同电阻阻抗匹配情况下，激光器增量调制效率与响应频率之间的关系曲线，如图4.17（a）所示。由该图可知，在直流和低频处增量调制效率与激光器电阻 R_L 无关，这是因为匹配条件使得通过激光器电阻 R_L 的电流并没有变化，然而，匹配带宽会随着激光器电阻的减小而增加。

图4.17（a）也绘制了当匹配电阻 $R_{MATCH}=0$ 时的情况，虽然通过去除匹配电阻的方法比电阻阻抗匹配条件下具有更高的固有增益，但是该方法并不能降低链路噪声系数，这将在本书第五章中进行说明。

根据式（4.26）还绘制了在变压器阻抗匹配条件下激光器增量调制效率和响应频率之间的关系曲线，如图4.17（b）所示，由该图可知匹配带宽与激光器电阻 R_L 成反比，在直流和低频处频率响应也与激光器电阻 R_L 成反比，这与图4.17（a）所示情况不同。

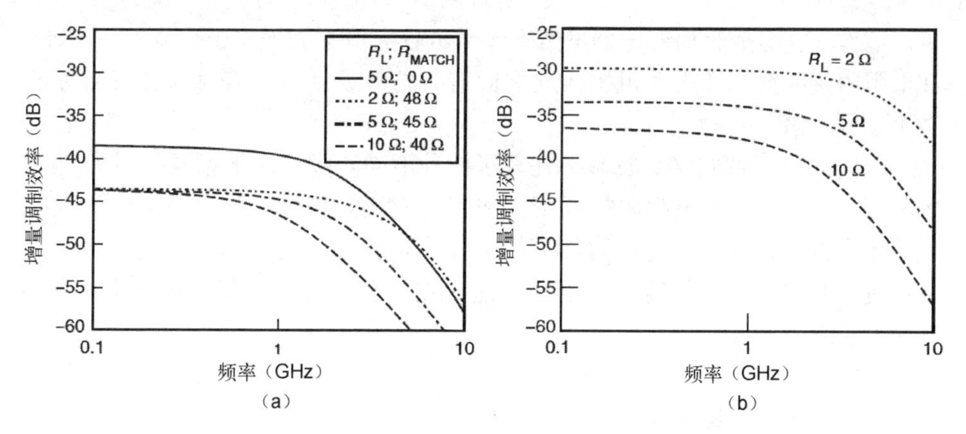

图 4.17　以激光器电阻为参数，激光器的增量调制效率与频率之间的关系曲线

下面对电阻阻抗匹配和变压器阻抗匹配两种情况下半导体激光器的增益和带宽进行对比，与电阻阻抗匹配情况相比，在变压器阻抗匹配情况下直流和低频处增益提升效果为

$$\text{Gain increase} = N_L^2 = \frac{R_S}{R_L} \tag{4.27}$$

上式表明，随着激光器电阻的减小，在变压器阻抗匹配条件下增益可以无限增大；在电阻阻抗匹配情况下，当 $R_L = R_{MATCH} = 0$ 时，链路增益最多增加 6 dB，这是因为变压器可以将电流增大一倍以上，而在电阻阻抗匹配情况下，电流最多只能增大一倍。

从电阻阻抗匹配到变压器阻抗匹配的匹配带宽增加效果与式（4.26）和式（4.21）中 s 系数之比成反比，可以表示为

$$\text{Bandwidth increase} = \frac{R_S + R_{MATCH}}{R_S} = 2 - \frac{R_L}{R_S} \tag{4.28}$$

上式的推导基于匹配条件 $R_{MATCH} + R_L = R_S$，由式（4.28）可知，随着激光器电阻的减小，在变压器阻抗匹配情况下匹配带宽最多增加一倍。

假设激光器电阻和源电阻分别为 $R_L = 5\ \Omega$ 和 $R_S = 5\ \Omega$，则增益和带宽分别提高 10 dB 和 3 dB。与光电二极管不同，半导体激光器在进行变压器阻抗匹配时的增益和带宽可以随着匝数比增加而增大，本质原因在于激光器电阻越小，增益越大，这与许多器件规律（例如光电二极管和电光调制器）恰恰相反。

虽然变压器阻抗匹配性能优越，但是电阻阻抗匹配在实际成本和可行性方面更具优势，所以使用范围更广。首先，电阻比变压器更便宜，并且实际电阻比变压器更接近于理想情况，例如上文在分析时均假设变压器损耗可以忽略不计，而这在实际情况中难以实现。另外，从频率响应角度来看，电阻

可以工作在直流处，而变压器虽然工作带宽较大但不能工作于直流处。因此，在电阻阻抗匹配和变压器阻抗匹配之间进行选择设计时，需要综合权衡考虑多个参数因素。

式（4.27）和式（4.28）还比较了两种不同匹配情况下增益与带宽之间的权衡关系。相比于电阻阻抗匹配，在使用变压器阻抗匹配时增益增加程度大于带宽减小程度，因此增益带宽积存在净增长。若使用其他匹配方法，还可以进一步提升相关性能，为了证实这一点，在本章 4.4 节中将利用 Bode-Fano 极限进行讨论。

在式（4.21）和式（4.26）中，匹配带宽与 s 系数成反比，因此电阻阻抗匹配情况下的匹配带宽满足

$$\text{电阻阻抗匹配带宽} \propto \frac{2}{C_L R_L}\left(\frac{R_S}{R_S + R_{MATCH}}\right) \tag{4.29}$$

而变压器阻抗匹配情况下的匹配带宽满足

$$\text{变压器电阻匹配带宽} \propto \frac{2}{C_L R_L} \tag{4.30}$$

因此，变压器阻抗匹配带宽比电阻阻抗匹配带宽大，匹配带宽由一个常数因子与 RC 乘积的比值决定，最大匹配带宽的实现方法是使式（4.30）中分子常数达到最大值，这将在本章 4.4 节中进行讨论。

4.3.2.2 带通阻抗匹配

与光电二极管类似，激光器的主要无耗元件为电容，匹配电路需要在半导体激光器和变压器之间串联电感元件，调制信号源与半导体激光器之间的理想变压器共轭匹配电路图如图 4.18 所示（激光器阻抗通过 RC 并联电路进行表示）。

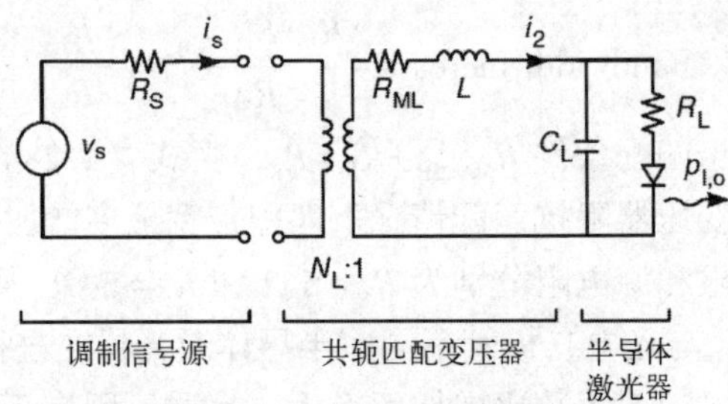

图 4.18 调制信号源与半导体激光器之间的理想变压器共轭匹配电路图

共轭阻抗匹配的推导过程与变压器幅度阻抗匹配类似，设置变压器匝数比使额外串联电阻 R_{ML} 满足

$$N_L^2(R_{ML} + R_L) = R_S \tag{4.31}$$

其中 R_{ML} 表征由串联电感 L 导致的损耗。

初级电流和次级电流之间关系仍然满足式（4.23），式（4.24）中总阻抗需要考虑串联电阻 R_{ML} 和电感 L，

$$i_s=\frac{v_s}{R_S+N_L^2[(R_{ML}+sL+(1/sC_L)\|R_L)]} \tag{4.32}$$

将式（4.32）代入式（4.23），将所得结果再代入式（4.18），最后代入式（4.17）可以得到

$$p_{1,o}=\frac{s_1N_Lv_s}{2R_S\left(s^2\dfrac{C_LR_LL}{2(R_{ML}+R_L)}+s\left(\dfrac{L+C_LR_LR_{ML}}{2(R_{ML}+R_L)}+\dfrac{C_LR_L}{2}\right)+1\right)} \tag{4.33}$$

上式推导过程中利用了式（4.31）。

共轭阻抗匹配的直接调制半导体激光器增量调制效率为式（4.33）的平方与可用射频功率的比值，即

$$\left.\frac{p_{1,o}^2}{p_{s,a}}\right|_{\text{共轭匹配}}=\frac{s_1^2N_L^2}{R_S}\left(\frac{1}{s^2\dfrac{C_LR_LL}{2(R_{ML}+R_L)}+s\left(\dfrac{L+C_LR_LR_{ML}}{2(R_{ML}+R_L)}+\dfrac{C_LR_L}{2}\right)+1}\right)^2 \tag{4.34}$$

当我们将串联电阻 R_{ML} 和电感 L 分别设置为零时，上式与式（4.26）一致。

虽然式（4.34）中直流响应值与式（4.26）相同，但是共轭匹配带通特性可以从式（4.34）分母中二阶谐振项看出，当将式（4.34）中串联电阻 R_{ML} 设置为零时，由于式（4.34）中分母小于式（4.26）中分母，因此式（4.34）中频率响应峰值高于式（4.26）。

根据式（4.34）可以得到变压器共轭匹配条件下增益与带宽之间的权衡关系。以变压器匝数比作为图4.18所示电路模型的参数，半导体激光器的增量调制效率与频率之间的关系曲线如图4.19所示。图中激光器参数和匝数比范围与图4.17中相同，并且串联电阻值 R_{ML} 满足约束条件 $N_L^2(R_{ML}+R_L)=R_S$。

4.3.2.3　无源阻抗匹配直接调制模拟光纤链路

级联射频系统的频率响应并不仅仅是各组件频率响应的乘积，但模拟光纤链路中各电光/光电器件的负载电路相互隔离，所以模拟光纤链路分析可以避免级联射频系统存在的复杂性，其频率响应可以通过阻抗匹配条件下电光调制器件和光电探测器件的频率响应乘积进行表示。调制器件匹配电路的负载阻抗不会受到光电二极管匹配电路的影响，反之亦然，这一重要结论大大简化了模拟光纤链路频率响应的讨论分析。

本章4.3.1节和4.3.2节中介绍的阻抗匹配技术已经被广泛应用于提高光纤链路增益，本节主要讨论无耗带通阻抗匹配模拟光纤链路，早在20世纪已

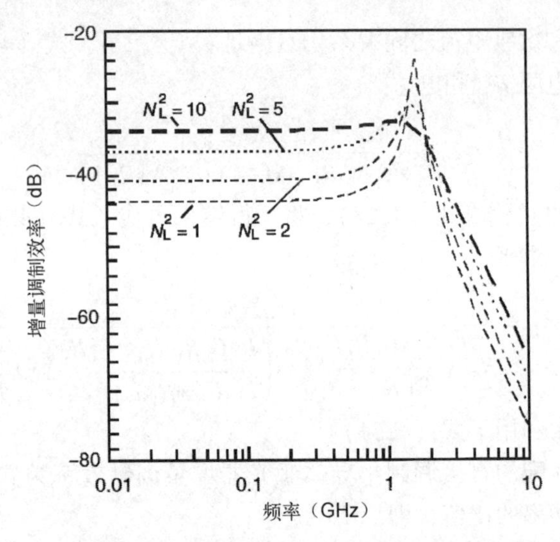

图 4.19　以变压器匝数比作为图 4.18 所示电路模型的参数，半导体激光器的增量调制效率与频率之间的关系曲线

经有文献报道了相关研究工作（Ackerman 等，1990 年；Goldsmith 和 Kanack，1993 年；Onnegren 和 Alping，1995 年）。为了便于后面分析模拟光纤链路的增益与噪声系数，本节将参考 Onnegren 和 Alping 等人对于实际模拟光纤链路的频率响应特性的研究，并对实验测试结果与相应理论预测值进行比较。

在模拟光纤链路工作频率范围（约 4 GHz）内，Onnegren 和 Alping 等人通过使用不同尺寸级联传输线实现变压匹配器功能，然而传输线变压器频率响应并不理想，其响应特性与频率相关。为了模拟分析传输线变压匹配器的频率相关性，在激光器和光电探测器阻抗模型中加入集总元件，最终理论与测量结果非常一致。考虑到模型复杂性，本节忽略了传输线频率相关性和建模所需附加集总元件，最终简化模型响应的匹配带两端不存在滚降特性。

对 Onnegren 和 Alping 提出的半导体激光器和光电二极管模型进行简化，得到半导体激光器与光电二极管之间的简化带通匹配电路模型图，如图 4.20 所示，由于传输线变压器通过适当尺寸设计可以具有感性输出阻抗特性，因此图中没有单独显示串联电感。

下面将分别考虑半导体激光器和光电二极管是否处于无耗带通阻抗匹配情况下的模拟光纤链路频率响应，利用前文所述模拟光纤链路频率响应的分解特性将半导体激光器和光电二极管的频率响应简单相乘，最终得到四种情况下链路频率响应预期结果。因此，将式（4.34）［或式（4.21）且 $R_{\mathrm{MATCH}}=0$］与式（4.16）［或式（4.12）且 $N_{\mathrm{D}}=1$］相乘，可以分别得到四种情况下光纤链路频率响应表达式：

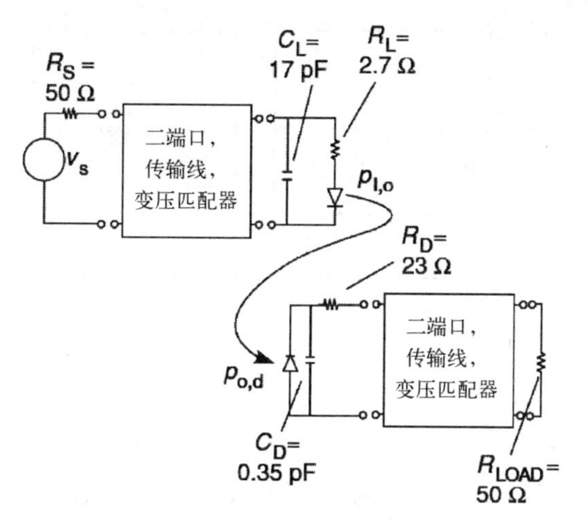

图 4.20 半导体激光器与光电二极管之间的简化带通匹配电路模型图

（Onnegren 和 Alping，1995 年）

$$g_{i,uml,umd}=\frac{s_l^2r_d^2}{\left(\frac{sC_LR_L}{2}+1\right)^2(sC_D(R_D+R_S)+1)^2} \tag{4.35}$$

$$g_{i,ml,umd}=\frac{s_l^2r_d^2N_L^2}{\left(s^2\frac{C_LR_LL_L}{2(R_M+R_L)}+s\left(\frac{L_L+C_LR_LR_M}{2(R_M+R_L)}+\frac{C_LR_L}{2}\right)+1\right)^2(sC_D(R_D+R_S)+1)^2} \tag{4.36}$$

$$g_{i,uml,md}=\frac{s_l^2r_d^2N_D^2}{\left(\frac{sC_LR_L}{2}+1\right)^2(s^2C_DL_D+sC_D(R_D+N_D^2R_S)+1)^2} \tag{4.37}$$

$$g_{i,ml,md}=\frac{s_l^2r_d^2N_L^2N_D^2}{\left(s^2\frac{C_LR_LL_L}{2(R_M+R_L)}+s\left(\frac{L_L+C_LR_LR_M}{2(R_M+R_L)}+\frac{C_LR_L}{2}\right)+1\right)^2(s^2C_DL_D+sC_D(R_D+N_D^2R_S)+1)^2} \tag{4.38}$$

上式均假设 $R_S=R_{LOAD}$，下标“l”（或“L”）和“d”（或“D”）分别表示半导体激光器和光电二极管，下标“m”和“um”分别表示“匹配”和“不匹配”情况。

四种情况下链路固有增益与频率响应之间关系的理论仿真与实验测量结果如图 4.21 所示。其中，图 4.21(a)展示了激光器和探测器均不匹配的情况；图 4.21(b)展示了仅激光器处于无耗带通阻抗匹配状态而探测器不匹配的情况；图 4.21(c)展示了仅探测器处于无耗带通阻抗匹配状态而激光器不匹配的

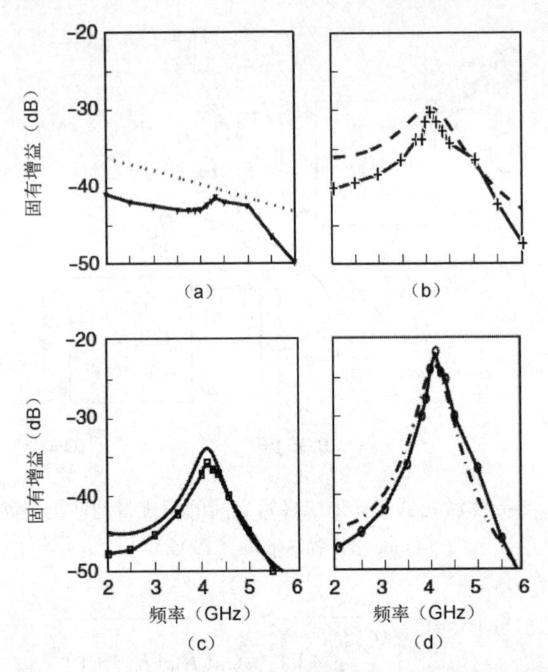

图 4.21　四种情况下链路固有增益与频率响应之间关系的理论仿真与实验测量结果

情况；图 4.21(d)展示了激光器和探测器均处于无耗带通阻抗匹配状态的情况。在半导体激光器和光电二极管均不匹配情况下，为了更好地显示带通匹配情况下的频率响应特性，图 4.21(a)中并未给出链路全频段频率响应，链路低频处具有−42 dB 固有增益和 3 GHz 的 3 dB 带宽(2.3 GHz~5.3 GHz)；此外，由于忽略了传输线变压器的频率相关性影响，图中频率响应的理论预期与实际测量结果之间存在显著差异。

从图 4.21 中可以看出，相对于上述不匹配情况，半导体激光器和光电二极管均处于无耗带通阻抗匹配状态使模拟光纤链路带宽从 3 GHz 降低至410 MHz，同时固有增益从−42 dB 增加至−22 dB，与预期结果一样，两者均匹配对链路固有增益的提升效果等于单独匹配时对链路固有增益的提升效果之和。尽管在使用简化模型时理论值与测量值具有较好的一致性，但是若在半导体激光器和光电二极管阻抗模型中增加额外元件能够实现更好的一致性。

4.3.3　马赫-曾德尔调制器

4.3.3.1　宽带阻抗匹配

笔者在本书第二章中讨论马赫-曾德尔调制器时忽略了电路模型中的电极电容，然而前面在分析半导体激光器时已经考虑电容影响，本节也将考虑电极电容对马赫-曾德尔调制器频率响应的影响。

直接调制与外部调制之间存在一定差异:当利用半导体激光器进行直接调制时,调制光功率与激光器电阻驱动电流成正比;当利用马赫-曾德尔调制器进行外部调制时,调制光功率与并联电阻/电容两端电压成正比。与半导体激光器不同,马赫-曾德尔调制器的并联电阻通常远大于源电阻,因此在对马赫-曾德尔调制器进行电阻阻抗幅度匹配时,需要并联合适的外部电阻使总并联电阻与源电阻相等,调制信号源与马赫-曾德尔调制器之间的电阻幅度阻抗匹配电路如图 4.22 所示(马赫-曾德尔调制器的一阶低频阻抗模型通过集总 RC 并联电路表示)。

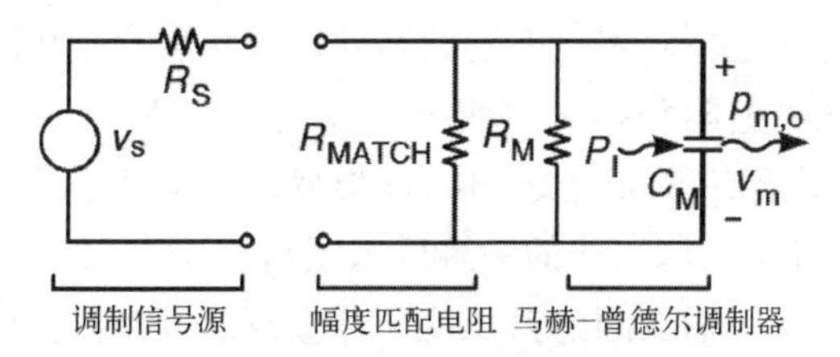

图 4.22　调制信号源与马赫-曾德尔调制器之间的电阻幅度阻抗匹配电路电路图

在推导满足电阻幅度阻抗匹配的马赫-曾德尔调制器增量调制效率时,需要利用本书 2.2.2.1 节中马赫-曾德尔调制器的小信号传递函数[式(2.14)],该函数表示调制电压 v_m 与调制光功率 $p_{m,o}$之间的关系:

$$p_{m,o}=\frac{T_{FF}P_I\pi}{2V_\pi}v_m \tag{4.39}$$

通过等效电阻 R_E 表示并联组合电阻值（R_{MATCH}与 R_M），即

$$R_E=\frac{R_{MATCH}R_M}{R_{MATCH}+R_M} \tag{4.40}$$

调制信号源电压 v_s 和调制电压 v_m 之间满足分压关系:

$$v_m=\frac{R_E\|(1/sC_M)}{R_S+R_E\|(1/sC_M)}v_s \tag{4.41}$$

将式（4.41）中并联 RC 项展开，并将结果代入式（4.39）中可以得到

$$p_{m,o}=\left(\frac{T_{FF}P_I\pi}{2V_\pi}\right)\left(\frac{R_E}{R_S+R_E}\right)\frac{1}{\left(sC_M\frac{R_SR_E}{R_S+R_E}+1\right)}v_s \tag{4.42}$$

当满足匹配条件 $R_E=R_S$ 时，将式（4.42）的平方除以调制信号源可用射频功率，可以得到增量调制效率为

$$\left.\frac{p_{\mathrm{m,o}}^2}{p_{\mathrm{s,a}}}\right|_{\text{阻抗匹配}}=\left(\frac{T_{\mathrm{FF}}P_{\mathrm{I}}\pi}{2V_{\pi}}\right)^2 R_{\mathrm{S}}\frac{1}{\left(\frac{sC_{\mathrm{M}}R_{\mathrm{S}}}{2}+1\right)^2}=\frac{s_{mz}^2}{R_{\mathrm{S}}}\frac{1}{\left(\frac{sC_{\mathrm{M}}R_{\mathrm{S}}}{2}+1\right)^2} \tag{4.43}$$

上式利用了本书 2. 2. 2. 1 节中介绍的马赫-曾德尔调制器的调制斜率效率，即

$$s_{\mathrm{mz}}=\frac{T_{\mathrm{FF}}P_{\mathrm{I}}\pi R_{\mathrm{S}}}{2V_{\pi}} \tag{4.44}$$

在相同参数情况下，将增量调制效率的频率相关表达式（4. 43）与直流增量调制效率表达式（2. 17）进行比较，可以看出频率相关增量调制效率是直流增量调制效率与频率相关项的乘积。此外，频率相关增量调制效率与调制器电阻无关，与满足电阻阻抗匹配的半导体激光器特性相同。

将有耗阻抗匹配电阻替换为理想变压器能够实现无耗幅度阻抗匹配。调制信号源与马赫-曾德尔调制器之间的理想变压器幅度匹配电路图如图 4. 23 所示，图中马赫-曾德尔调制器的一阶低频阻抗模型通过集总 RC 并联电路表示。由于 $R_{\mathrm{M}}>R_{\mathrm{S}}$，所以需要通过升压变压器实现匹配条件，即 $N_{\mathrm{M}}^2R_{\mathrm{S}}=R_{\mathrm{M}}$。

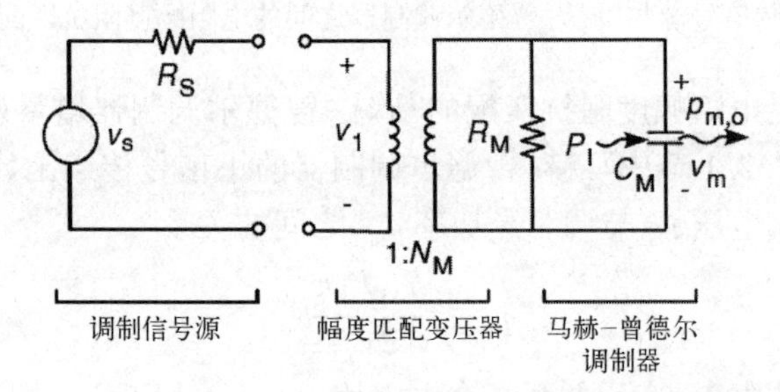

图 4. 23　调制信号源与马赫-曾德尔调制器之间的理想变压器幅度匹配电路图

根据变压器匝数比，调制电压 v_{m} 和初级电压 v_1 之间的关系满足 $v_{\mathrm{m}}=N_{\mathrm{M}}v_1$，因此初级电压 v_1 和调制信号源电压 v_{s} 之间的关系可以表示为

$$v_1=\frac{\frac{1}{N_{\mathrm{M}}^2}[R_{\mathrm{M}}\|(1/sC_{\mathrm{M}})]}{R_{\mathrm{S}}+\frac{1}{N_{\mathrm{M}}^2}[R_{\mathrm{M}}\|(1/sC_{\mathrm{M}})]}v_{\mathrm{s}} \tag{4.45}$$

将式（4. 45）中并联 RC 项展开，并代入式（4. 39）中可以得到

$$p_{\mathrm{m,o}}=\left(\frac{T_{\mathrm{FF}}P_{\mathrm{I}}\pi}{2V_{\pi}}\right)\left(\frac{N_{\mathrm{M}}^2R_{\mathrm{S}}}{N_{\mathrm{M}}^2R_{\mathrm{S}}+R_{\mathrm{M}}}\right)\frac{1}{\left(sC_{\mathrm{M}}\frac{N_{\mathrm{M}}^2R_{\mathrm{S}}R_{\mathrm{M}}}{N_{\mathrm{M}}^2R_{\mathrm{S}}+R_{\mathrm{M}}}+1\right)}v_{\mathrm{s}} \tag{4.46}$$

将式（4. 46）的平方除以调制信号源可用射频功率，可以得到无耗幅度阻抗

匹配情况下马赫-曾德尔调制器的增量调制效率表达式，即

$$\left.\frac{p_{\mathrm{m,o}}^2}{p_{\mathrm{s,a}}}\right|_{\text{变压器匹配}}=\frac{s_{\mathrm{mz}}^2N_{\mathrm{M}}^2}{R_{\mathrm{S}}}\frac{1}{\left(\frac{sC_{\mathrm{M}}R_{\mathrm{S}}N_{\mathrm{M}}^2}{2}+1\right)^2} \tag{4.47}$$

图 4.24 绘制了在电阻阻抗匹配［式（4.43）］和变压器阻抗匹配［式（4.47）］条件下马赫-曾德尔调制器的增量调制效率与频率之间的关系曲线，其中，各参量数值分别设定如下：$P_{\mathrm{I}}=500\,\mathrm{mW}$，$T_{\mathrm{FF}}=3\,\mathrm{dB}$，$V_{\pi}=5\,\mathrm{V}$，$C_{\mathrm{M}}=10\,\mathrm{pF}$，$R_{\mathrm{S}}=50\,\Omega$。

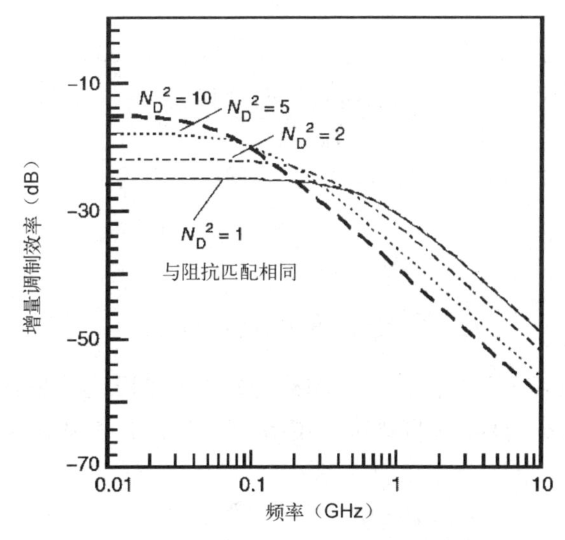

图 4.24　在电阻阻抗匹配［式（4.43）］和变压器阻抗匹配［式（4.47）］条件下马赫-曾德尔调制器的增量调制效率与频率之间的关系曲线

从图 4.24 可以看出，与半导体激光器不同，马赫-曾德尔调制器的调制带宽在变压器阻抗匹配条件下为在电阻阻抗匹配条件下的 $1/N_{\mathrm{M}}^2$，可以通过式（4.47）与式（4.43）中 s 系数比值进行验证。因此，在变压器阻抗匹配情况下马赫-曾德尔调制器的增益-带宽积为常数，与匹配变压器的匝数比无关。在设计电光调制器时，与光电二极管类似，需要对增益和带宽进行综合权衡考虑。此外，外部调制链路可以通过提高光功率来提升链路增益，同时对调制带宽不产生影响。

4.3.3.2　带通阻抗匹配

本节研究调制信号源与低频马赫-曾德尔调制器（使用一阶集总 RC 并联阻抗模型表示）之间的共轭匹配，可以通过在图 4.23 所示电路图中增加串联电感来实现共轭匹配，相应的共轭匹配电路图如图 4.25 所示。在实际共轭匹

配电路中，电感通常是变压器电路模型中的一部分。

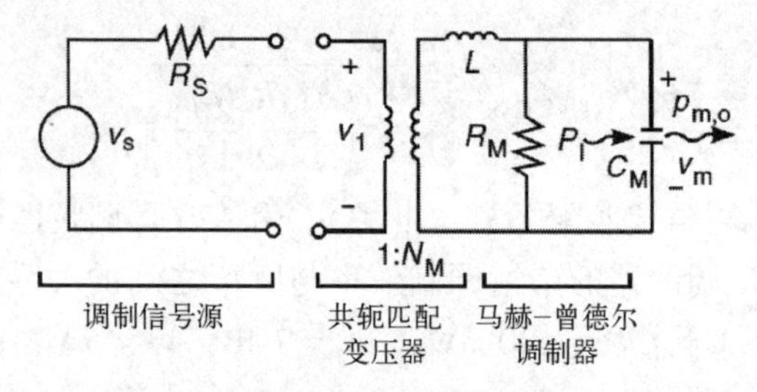

图 4.25　调制信号源与马赫–曾德尔调制器之间的变压器共轭匹配电路图

引入串联电感后，调制电压 v_m 与初级电压 v_1 之间的关系可以表示为

$$v_m=\frac{[R_M\|(1/sC_M)]}{sL+[R_M\|(1/sC_M)]}N_Mv_1 \tag{4.48}$$

相应的初级电压 v_1 与调制信号源电压 v_s 之间的关系为

$$v_1=\frac{\frac{1}{N_M^2}[sL+R_M\|(1/sC_M)]}{R_S+\frac{1}{N_M^2}[sL+R_M\|(1/sC_M)]}v_s \tag{4.49}$$

首先将式（4.49）代入式（4.48）中，并将相应结果代入式（4.39）中，最终得到马赫–曾德尔调制器的输出光功率关于调制电压的函数关系表达式：

$$p_{m,o}=\left(\frac{T_{FF}P_I\pi}{2V_\pi}\right)\left(\frac{N_M^2R_S}{N_M^2R_S+R_M}\right)\times\frac{1}{\left(s^2\frac{R_MLC_M}{N_M^2R_S+R_M}+s\frac{L+N_M^2R_SR_MC_M}{N_M^2R_S+R_M}+1\right)}v_s \tag{4.50}$$

当变压器匝数比满足 $N_R^2R_S=R_M$ 时，将式（4.50）的平方除以调制信号源可用射频功率，可以得到在共轭匹配时马赫–曾德尔调制器的增量调制效率，即

$$\left.\frac{p_{m,o}^2}{p_{s,a}}\right|_{共轭匹配}=\frac{s_{mz}^2N_M^2}{R_S}\frac{1}{\left(s^2\frac{LC_M}{2}+s\frac{L+R_M^2C_M}{2R_M}+1\right)^2} \tag{4.51}$$

与光电二极管和半导体激光器在共轭匹配时的增量调制效率类似，式（4.51）具有带通频率响应特性，图 4.26 根据该式绘制了以变压器匝数比为参数的带通频率响应曲线（其中串联电感值为 2 nH）。由于电感损耗满足匹配

需求，因此马赫-曾德尔调制器具有较高品质因子 Q 值，这导致其频率响应曲线具有陡峭峰值特性。

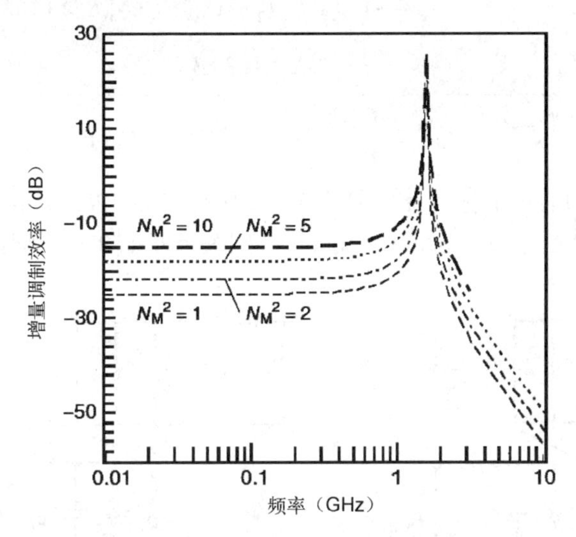

图 4.26 以变压器匝数比为参数的带通频率响应曲线

4.3.3.3 无源阻抗匹配外部调制模拟光纤链路

根据马赫-曾德尔调制器和光电二极管的增量效率表达式，本节将对阻抗匹配条件下外部调制模拟光纤链路的频率响应进行推导，下面将构建四种情况下（不匹配与共轭匹配相结合）模拟光纤链路频率响应表达式，相应的外部调制模拟光纤链路电路示意图如图 4.27 所示。[其中，图 4.27（a）为马赫-曾德尔调制器和光电二极管均不匹配情况；图 4.27（b）为仅马赫-曾德尔调制器共轭匹配而光电二极管不匹配情况；图 4.27（c）为仅光电二极管共轭匹配而马赫-曾德尔调制器不匹配情况；图 4.27（d）为马赫-曾德尔调制器和光电二极管均共轭匹配情况。]

外部调制模拟光纤链路的频率响应可以简单表示为增量调制效率与增量探测效率的频率响应乘积，四种情况下链路频率响应分别表示为

$$g_{\mathrm{i,ummz,umd}}=\frac{s_{\mathrm{mz}}^{2}r_{\mathrm{d}}^{2}}{\left(\dfrac{sC_{\mathrm{M}}R_{\mathrm{S}}}{2}+1\right)^{2}(sC_{\mathrm{D}}(R_{\mathrm{D}}+R_{\mathrm{S}})+1)^{2}} \tag{4.52}$$

$$g_{\mathrm{i,mmz,umd}}=\frac{s_{\mathrm{mz}}^{2}r_{\mathrm{d}}^{2}N_{\mathrm{M}}^{2}}{\left(s^{2}\dfrac{C_{\mathrm{M}}L_{\mathrm{M}}}{2}+s\left(\dfrac{L_{\mathrm{M}}+C_{\mathrm{M}}R_{\mathrm{M}}^{2}}{2R_{\mathrm{M}}}\right)+1\right)^{2}(sC_{\mathrm{D}}(R_{\mathrm{D}}+R_{\mathrm{S}})+1)^{2}} \tag{4.53}$$

$$g_{\mathrm{i,ummz,md}}=\frac{s_{\mathrm{mz}}^{2}r_{\mathrm{d}}^{2}N_{\mathrm{D}}^{2}}{\left(\dfrac{sC_{\mathrm{M}}R_{\mathrm{S}}}{2}+1\right)(s^{2}C_{\mathrm{D}}L_{\mathrm{D}}+sC_{\mathrm{D}}(R_{\mathrm{D}}+N_{\mathrm{D}}^{2}R_{\mathrm{S}})+1)^{2}} \tag{4.54}$$

$$g_{\mathrm{i,mmz,md}}=\frac{s_{\mathrm{mz}}^{2}r_{\mathrm{d}}^{2}N_{\mathrm{M}}^{2}N_{\mathrm{D}}^{2}}{\left(s^{2}\dfrac{C_{\mathrm{M}}L_{\mathrm{M}}}{2}+s\left(\dfrac{L_{\mathrm{M}}+C_{\mathrm{M}}R_{\mathrm{M}}^{2}}{2R_{\mathrm{M}}}\right)+1\right)^{2}(s^{2}C_{\mathrm{D}}L_{\mathrm{D}}+sC_{\mathrm{D}}(R_{\mathrm{D}}+N_{\mathrm{D}}^{2}R_{\mathrm{S}})+1)^{2}} \tag{4.55}$$

上述表达式分别通过下标“M”和“D”来区分马赫-曾德尔调制器和光电二极管中串联电感，下标“m”和“um”分别表示匹配和不匹配情况。

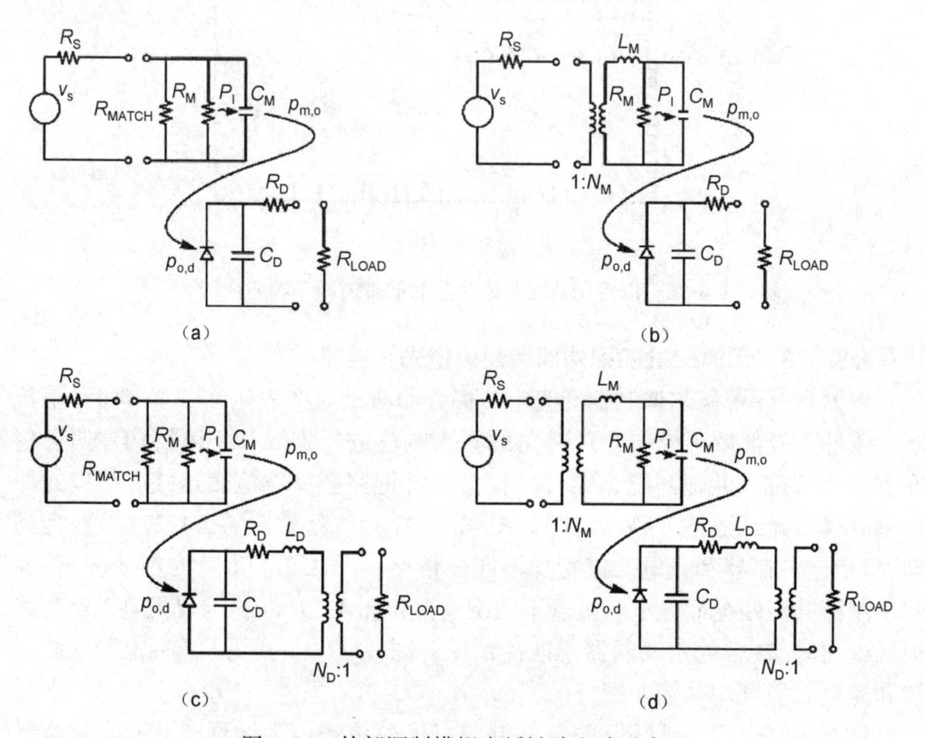

图 4.27　外部调制模拟光纤链路电路示意图

Prince（1998）对图 4.27 中四种情况下外部调制模拟光纤链路固有增益分别进行了实验验证，得到的固有增益与频率之间的关系曲线如图 4.28 所示。与直接调制模拟光纤链路（图 4.21）类似，外部调制模拟光纤链路的固有增益为电光调制器与光电探测器件的匹配增益之和，该结论与调制器类型、中心频率和调制带宽等参数无关。由于半导体激光器的调制斜率效率较低，直接调制链路无法实现正增益，而外部调制链路能够实现宽带正增益（此处为12 dB）。

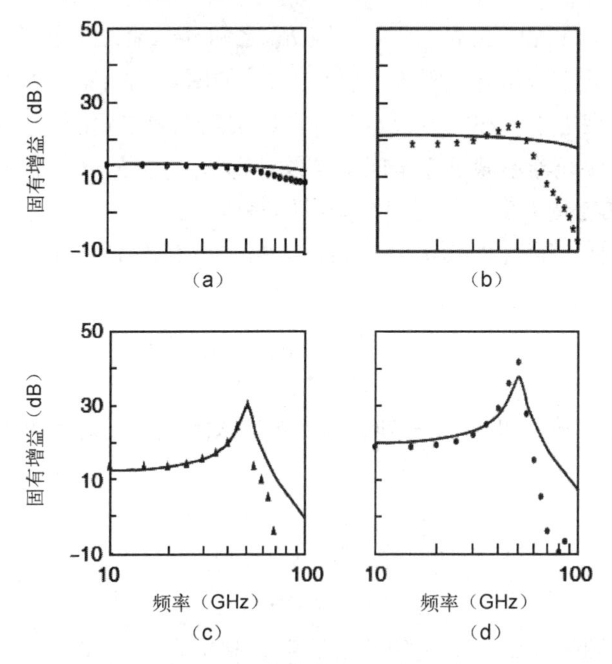

图 4.28　图 4.27 中四种情况下外部调制模拟光纤链路固有增益与频率之间的关系曲线（Prince，1998 年，经许可转载）

4.4　Bode-Fano 极限

在模拟光纤链路的设计过程中，需要在阻抗匹配性能与最大可实现带宽之间进行权衡考虑，1945 年 Bode 构建了相关理论基础，1950 年 Fano 验证了该理论的一般适用性。阻抗匹配性能与带宽之间的权衡关系被称为 Bode-Fano 极限，Bode-Fano 极限仅适用于无耗阻抗匹配网络，本节将对有耗阻抗匹配情况进行分析，并解析为何 Bode-Fano 极限不适用于有耗阻抗匹配网络。

4.4.1　有耗阻抗匹配

本节将以半导体激光器的电阻阻抗匹配电路为例，讨论在有耗阻抗匹配时模拟光纤链路增益与带宽之间的权衡关系。

首先假设半导体激光器为理想状态，其电路模型为图 4.15 所示电路图去除电容分量后的电路模型。若激光器电阻满足 $R_L \leq R_S$，则可以通过设置匹配电阻 R_{MATCH} 以满足阻抗匹配条件 $R_{MATCH}+R_L=R_S$。这里需要注意两点：(1) 由于激光器电流由匹配电阻 R_{MATCH} 与电阻 R_{L} 之和（二者之和恒为常数）决定，因此模拟光纤链路增益与电阻 R_{L} 的值无关，如图 4.17（a）中所示；（2）当激光器电路模型中不存在电容分量时，可以实现无限带宽的完全匹配。

当半导体激光器不满足完全匹配条件（即 $R_{\text{MATCH}}+R_{\text{L}}\neq R_{\text{S}}$）时，可以通过反射系数 Γ 来衡量失配程度对模拟光纤链路增益的影响。反射系数 Γ 表示射频信号反射比例，同时具有幅度和相位分量，由于本节只考虑纯电阻元件情况，因此反射系数 Γ 为实数，可以将其定义为

$$\Gamma=\frac{R_{\text{IN}}-R_{\text{S}}}{R_{\text{IN}}+R_{\text{S}}}=\frac{R_{\text{MATCH}}+R_{\text{L}}-R_{\text{S}}}{R_{\text{MATCH}}+R_{\text{L}}+R_{\text{S}}} \tag{4.56}$$

其中 R_{IN} 为从调制信号源端观看到的纯实数输入阻抗，反射系数 Γ 的三种特殊情况如下：

$$R_{\text{MATCH}}+R_{\text{L}}=R_{\text{S}}\leftrightarrow\Gamma=0 \tag{4.57a}$$

$$R_{\text{MATCH}}+R_{\text{L}}\gg R_{\text{S}}\leftrightarrow\Gamma\cong+1 \tag{4.57b}$$

$$R_{\text{MATCH}}+R_{\text{L}}\ll R_{\text{S}}\leftrightarrow\Gamma\cong-1 \tag{4.57c}$$

为了研究阻抗失配对链路增益的影响，利用式（2.10）构建半导体激光器调制光功率与串联匹配电阻阻值之间的关系：

$$p_{1,\text{o}}^{2}=\frac{s_{1}^{2}v_{\text{s}}^{2}}{(R_{\text{MATCH}}+R_{\text{L}}+R_{\text{S}})^{2}} \tag{4.58}$$

将式（4.58）乘以光电二极管的增量探测效率［式（2.38）］，再除以调制信号源可用射频功率［式（2.7）］，可以得到模拟光纤链路固有增益表达式：

$$g_{\text{i,unmatched}}=s_{1}^{2}r_{\text{d}}^{2}\frac{4R_{\text{s}}^{2}}{(R_{\text{MATCH}}+R_{\text{L}}+R_{\text{S}})^{2}} \tag{4.59}$$

上式假设调制信号源电阻与负载电阻阻值相等，并且忽略激光器与探测器之间的光损耗。

此外，半导体激光器在阻抗匹配情况下的链路增益可以表示为

$$g_{\text{i,matched}}=s_{1}^{2}r_{\text{d}}^{2} \tag{4.60}$$

为了研究阻抗失配对链路增益的影响，引入归一化链路增益概念，归一化链路增益可以表示为式（4.59）与式（4.60）的比值：

$$g_{\text{i,nomalized}}=\frac{g_{\text{i,unmatched}}}{g_{\text{i,matched}}}=\frac{4R_{\text{S}}^{2}}{(R_{\text{MATCH}}+R_{\text{L}}+R_{\text{S}})^{2}} \tag{4.61}$$

分别将式（4.56）中分子与分母项同时除以因子$(R_{\text{MATCH}}+R_{\text{L}})$，此外，式（4.61）中分子与分母项同时除以因子$(R_{\text{MATCH}}+R_{\text{L}})^{2}$，可以得到反射系数 Γ 和归一化链路增益 $g_{\text{i,nomalized}}$ 关于比值因子 $R_{\text{S}}/(R_{\text{MATCH}}+R_{\text{L}})$ 的函数表达式：

$$\Gamma=\frac{1-\dfrac{R_S}{R_{MATCH}+R_L}}{1+\dfrac{R_S}{R_{MATCH}+R_L}} \tag{4.62}$$

$$g_{i,nomalized}=\frac{4\left(\dfrac{R_S}{R_{MATCH}+R_L}\right)^2}{\left(1+\dfrac{R_S}{R_{MATCH}+R_L}\right)^2} \tag{4.63}$$

根据式（4.62）和式（4.63）可以绘制出以比值因子 $R_S/(R_{MATCH}+R_L)$ 为参数，串联电阻（有耗）阻抗匹配链路的归一化增益与反射系数之间的关系曲线，如图 4.29 所示。由该图可知，当半导体激光器完全匹配（即 $R_{MATCH}+R_L=R_S$）时，反射系数为零，模拟光纤链路固有增益为匹配增益；当匹配电阻大于匹配值时，模拟光纤链路固有增益随之减小；当匹配电阻小于匹配值时，模拟光纤链路固有增益比完全匹配时更大。根据式（4.63）可以看出，未匹配的模拟光纤链路增益相比匹配时最多增加 4 倍（即 6 dB），因此，为了使模拟光纤链路固有增益值最大化，可以将激光器电阻和匹配电阻都设计为零。

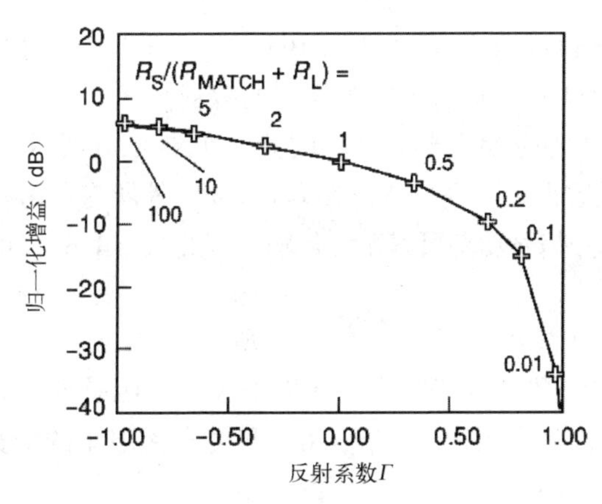

图 4.29　以比值因子 $R_S/(R_{MATCH}+R_L)$ 为参数，串联电阻（有耗）阻抗匹配链路的归一化增益与反射系数之间的关系曲线

当半导体激光器不匹配（即 $R_{MATCH}+R_L\neq R_S$）时，部分入射射频功率被激光器负载电阻反射回调制信号源，进而对信号源产生影响，还可能增大非线性失真。尽管存在上述问题，但在实际应用中，通常会忽略匹配电阻（即设置 $R_{MATCH}=0$）。

总之，对于有耗阻抗匹配的各种情况，可以参考式（4.62）和式（4.63）进行推导计算，进而在增益、带宽和反射系数之间进行综合权衡考虑。由于在有耗阻抗匹配电路中，信号功率分布于电路各处，如负载消耗、反射回信号源或被匹配电路吸收，因此目前没有适用于有耗阻抗匹配电路的相关参数通用表达式。

4.4.2 无耗阻抗匹配

无耗阻抗匹配电路不存在损耗，射频功率只能被负载吸收或反射回信号源端。此时，无耗匹配电路中存在两种关系：（1）特定匹配程度下负载阻抗与带宽之间关系（匹配程度可以由反射系数幅度大小进行衡量）；（2）反射系数与增益之间关系。

本节下文讨论的匹配电路包含电抗元件，因此反射系数为复数，并且可以表示为 $\Gamma(\omega)=\rho(\omega)\mathrm{e}^{\mathrm{j}\theta(\omega)}$。

匹配程度和带宽之间的关系与负载阻抗电路形式有关，对于并联 RC 负载阻抗，Bode 于 1945 年提出，无耗阻抗匹配电路的反射系数满足以下不等式：

$$\int_0^{\infty}\ln\frac{1}{\rho(\omega)}\mathrm{d}\omega \leqslant \frac{\pi}{RC} \tag{4.64}$$

上式详细推导过程可参见 Bode（1945 年）和 Fano（1950 年）的原著，另外，Carlin 于 1954 年也进行了更为详细的解释。

在理想条件下反射系数与频率之间的关系如图 4.30 所示，图中最大带宽可以根据测量反射系数得到。频带 $\Delta\omega(\Delta\omega=\omega_2-\omega_1)$ 外所有信号功率均被全反射，而频带 $\Delta\omega$ 内大部分信号功率可以正常传输，因此式（4.64）可以转换为

$$\Delta\omega\ln\frac{1}{\rho_{\mathrm{m}}}\leqslant\frac{\pi}{RC} \tag{4.65}$$

上式表明反射系数和带宽之间存在以下关系：阻抗匹配程度越高（即 ρ_{m} 越小），带宽越窄；完全匹配（即 $\rho_{\mathrm{m}}=0$）只能在无限小的带宽内实现。此外，

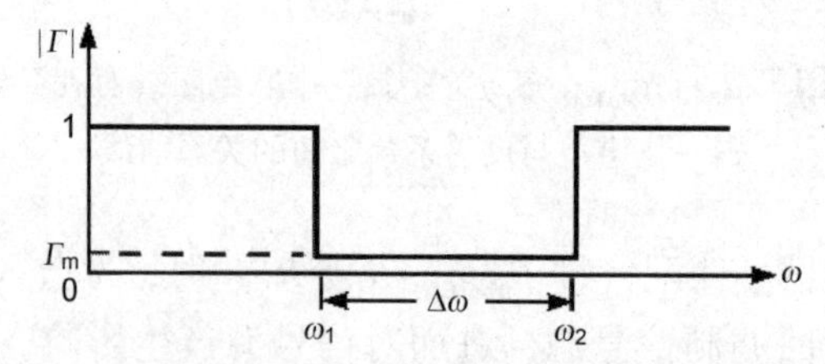

图 4.30　在理想条件下反射系数与频率之间的关系
（Pozar，1993 年，图 6.23a，Pearson Education Inc.，经许可转载）

式（4.65）还表明在设计无耗阻抗匹配电路时满足最低匹配程度即可，实现更高匹配程度会对带宽产生进一步限制。

当式（4.65）取等号时，最大匹配带宽与反射系数 ρ_m 之间的函数关系为

$$\rho_m = e^{-\pi/\Delta\omega RC} \tag{4.66}$$

在实际情况中，满足式（4.66）的匹配网络无法通过有限数量的线性无源元件实现，但是实际阻抗匹配电路设计应该尽量接近该理想情况。

以4.3.2.2节中带通阻抗匹配半导体激光器为例，根据式（4.64）中积分函数计算两种情况下 $|\Gamma|^2=\rho^2$ 与频率之间的关系，可以得到如图4.31所示的在不匹配和共轭匹配条件下半导体激光器的 $|\Gamma|^2$ 与频率之间的关系曲线，其中一条曲线表示在无任何阻抗匹配情况下根据半导体激光器阻抗计算出的反射系数结果，另一条曲线表示相同半导体激光器与调制信号源共轭匹配时相应反射系数测量结果。

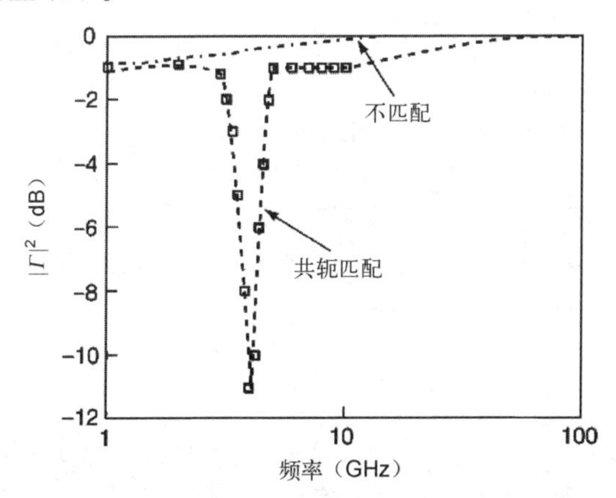

图4.31　在不匹配和共轭匹配条件下半导体激光器的 $|\Gamma|^2$ 与频率之间的关系曲线（图中正方形代表Onnegren和Alping等人在1995年的实测数据）

1998年，Prince使用数值积分法对式（4.64）的两种情况（无阻抗匹配和阻抗匹配情况）进行了理论评估，将结果列在表4.1中，该表同时列出了半导体激光器在完全匹配时的Bode-Fano极限。可以看出，在半导体激光器和调制信号源之间无任何阻抗匹配的情况下，相应积分值约为Bode-Fano极限的1/20。因此，如果无任何阻抗匹配，将激光器阻抗与调制信号源直接级联会对模拟光纤链路带宽产生严重影响。

Bode-Fano极限适用于所有无耗阻抗匹配电路，Fano于1995年指出具体极限值与负载电路有关。由于多数电光器件阻抗可以近似为电阻与电容（或电感）的串联（或并联）形式，所以实际存在4种Bode-Fano极限表达形式，4种负载阻抗及其相应Bode-Fano极限表达式如图4.32所示。

表 4.1　增益-带宽积分计算值与 Bode-Fano 极限比较

情　况	式（4.64）积分结果
无阻抗匹配	$3.5\times10^{9}\,\mathrm{s}^{-1}$
阻抗匹配	$1.3\times10^{10}\,\mathrm{s}^{-1}$
Bode-Fano 极限	$6.8\times10^{10}\,\mathrm{s}^{-1}$

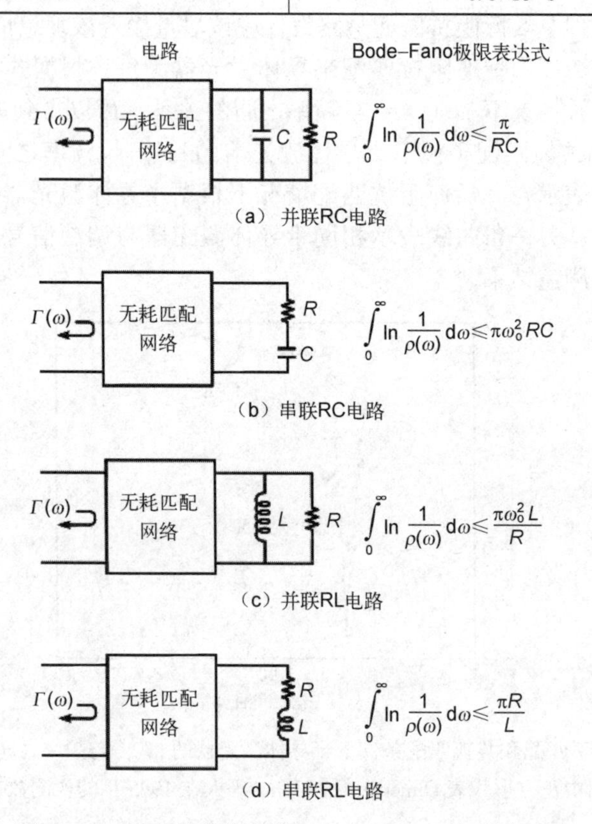

图 4.32　4 种负载阻抗及其相应 Bode-Fano 极限表达式
（Pozar，1993 年，图 6.22，Pearson Education Inc.，经许可转载）

1954 年，Carlin 等人推导了无耗网络中增益与反射系数之间的关系表达式：

$$g^2=(1-|\Gamma_1|^2)=1-\rho_1^2 \tag{4.67}$$

上式表明在无耗条件下未反射信号功率均被有效传输。

下面将讨论无源阻抗匹配直接调制和外部调制模拟光纤链路的增益与带宽的 Bode-Fano 极限。图 4.33 所示为半导体激光器与光电二极管之间无耗阻抗匹配的直接调制模拟光纤链路电路模型图，其中半导体激光器和光电二极

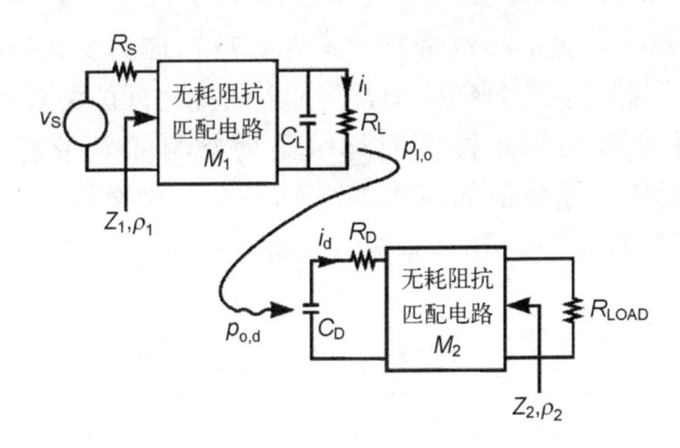

图 4.33　半导体激光器与光电二极管之间无耗阻抗匹配的直接调制模拟光纤链路电路模型图
（Cox 和 Ackerman，1999 年，图 4，International Union of Radio Science，经许可转载）

管分别采用并联 RC 电路模型和串联 RC 电路模型，无耗阻抗匹配电路 M_1 用于匹配调制信号源与半导体激光器，无耗阻抗匹配电路 M_2 用于匹配光电二极管与负载。Gulick 等人证明，直接调制模拟光纤链路增益可以通过相应电路参数和输入/输出端反射系数表示：

$$g_i = \frac{s_\ell^2 r_d^2}{4\omega^2 R_L R_D C_D^3}(1-\rho_1^2)(1-\rho_2^2) \tag{4.68}$$

式（4.68）中等号右边第一项为谐振增益，后两项为链路输入和输出端分别通过式（4.67）计算得到的结果，用于修正非谐振频率处的共振增益。

此外，式（4.66）为半导体激光器匹配电路反射系数 ρ_1 表达式，而光电二极管的反射系数可以通过图 4.32（b）中 Bode-Fano 极限的级数形式来求解式（4.64）得到：

$$\rho_2 = e^{-\pi R_D C_D \omega_o^2/\Delta\omega} \tag{4.69}$$

其中谐振频率 $\omega_o = \sqrt{\omega_1 \omega_2}$。

当半导体激光器的反射系数远小于光电二极管时，式（4.66）中指数项绝对值大于式（4.69），可以得到

$$\frac{1}{(R_L C_L)(R_D C_D)} > \omega_o^2 \tag{4.70}$$

即当匹配通带中心频率小于半导体激光器和光电二极管的 3 dB 频率几何平均值时，可以忽略半导体激光器的反射系数。

将式（4.66）与式（4.69）代入式（4.68）中，并假设不等式（4.70）成立，则直接调制模拟光纤链路增益可以近似表示为

$$g_i \cong \frac{s_\ell^2 r_d^2}{4\omega_o^2 R_L R_D C_D^2}(1-e^{-\pi R_D C_D \omega_o/\delta}) \tag{4.71}$$

其中 $\delta=(\omega_2-\omega_1)/\omega_o$，表示相对带宽，式（4.71）描述了在理想无耗阻抗匹配情况下，直接调制模拟光纤链路增益与相对带宽之间的关系。

为了具体计算直接调制模拟光纤链路增益与相对带宽的关系，假设图 4.34 中所用器件参量数值如表 4.2 所示，半导体激光器和光电二极管的 3 dB 频率几何平均值为 7.1 GHz，根据式（4.70）可知，最大中心频率值需要小于 7.1 GHz。

表 4.2　图 4.34 中所用器件参量数值

参　量	数　值
s_ℓ	0.3 W/A
r_d	0.7 A/W
R_L	5 Ω
C_L	20 pF
R_D	10 Ω
C_D	0.5 pF

根据式（4.71）可以绘制出直接调制模拟光纤链路增益与相对带宽之间的关系曲线，如图 4.34 所示。该图反映了以匹配通带中心频率为参数的理想无源无耗阻抗匹配直接调制模拟光纤链路的固有增益与相对带宽的 Bode-Fano 极限，可以看出链路增益随着相对带宽或通带中心频率的增大而减小，反之，链路相对带宽或通带中心频率也随着增益增大而减小。

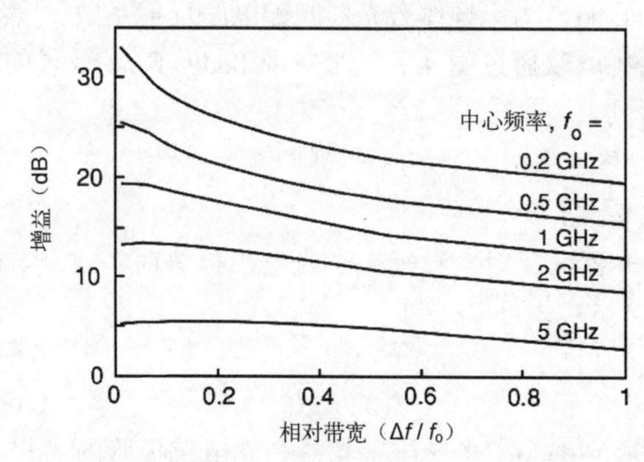

图 4.34　直接调制模拟光纤链路增益与相对带宽之间的关系曲线

此外，从图 4.34 还可以看出，当链路相对带宽足够小、中心频率足够低时，直接调制模拟光纤链路可以实现固有正增益，然而由无源器件构成的匹配光纤链路（例如通过变压器实现无源无耗阻抗匹配链路）能够实现电压或电流增益，但是如何实现功率增益呢？

图 4.35 所示为当调制信号源和负载分别与半导体激光器和光电二极管满足无耗变压器匹配条件时直接调制模拟光纤链路示意图。以图 4.35 中电路为例对实现正增益的基本原理进行解释，链路中半导体激光器电阻小于调制信号源电阻，光电二极管电阻大于负载电阻，半导体激光器和光电二极管分别通过匝数比为 N_{L} 和 N_{D} 的变压器与调制信号源和负载进行阻抗匹配，匝数比 N_{L} 和 N_{D} 分别由调制信号源电阻与半导体激光器电阻之比、光电二极管电阻与负载电阻之比确定，从而最终决定激光器电流与调制信号源电流之比，以及负载电流与光电二极管电流之比。

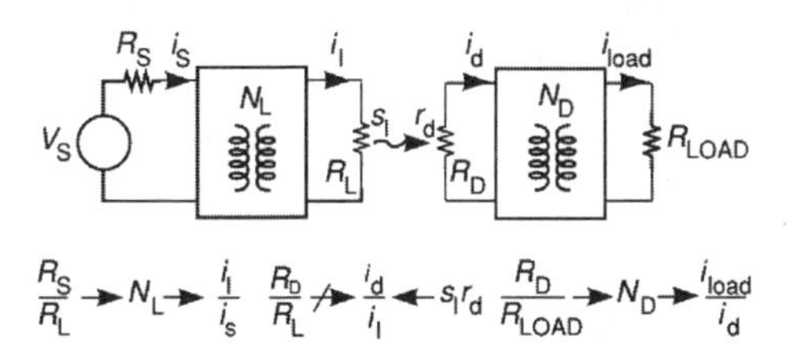

图 4.35　当调制信号源和负载分别与半导体激光器和光电二极管满足无耗变压器匹配条件时直接调制模拟光纤链路示意图

如果将半导体激光器和光电二极管视为一对无源器件，则光电二极管电流与激光器电流之比由两个器件电阻之比决定，因此直接调制模拟光纤链路固有增益与负载电流-信号源电流成比例，此外还与以下三种阻抗变换级联值成比例：

$$g_{\mathrm{i}} \propto \sqrt{\frac{R_{\mathrm{S}}}{R_{\mathrm{L}}}}\sqrt{\frac{R_{\mathrm{L}}}{R_{\mathrm{D}}}}\sqrt{\frac{R_{\mathrm{D}}}{R_{\mathrm{LOAD}}}} \tag{4.72}$$

当信号源电阻与负载电阻相等时，直接调制模拟光纤链路固有增益为 1，这表明链路可能无耗，但并不具有正增益。然而，半导体激光器和光电二极管并非无源器件，二者都具有直流偏置电压；此外，相应电流之比由激光器调制斜率效率和光电探测器响应度乘积决定，而不是由两者电阻之比决定，器件电流之比可以大于器件电阻之比［即式(4.72)中间项］。因此，应该将半导体激光器和光电二极管视为有源器件，功率增益主要来源于两个器件的偏置电流（其中激光器偏置电流最重要），直接调制模拟光纤链路实现正增益并不违背热力学第二定律。

通过阻抗匹配方式提升链路固有增益会以牺牲链路带宽为代价，而通过提高光功率、增量调制效率或增量探测效率进而提升链路固有增益并不会对链路的带宽造成影响。Ackerman 等人于 1990 年就已经实现具有正增益的阻抗匹配直接调制模拟光纤链路，该链路指标主要包括 900 MHz 中心频率、

90 MHz 工作带宽以及 3.7 dB 带内峰值增益。

将阻抗匹配链路的实际测量结果与相应的 Bode-Fano 极限进行比较具有指导意义。为此，我们从文献中选择了三个阻抗匹配链路为例（Ackerman 等，1990 年；Goldsmith 和 Kanack，1993 年；Onnegren 和 Alping，1995 年），并在表 4.3 中列出了计算增益-带宽积所需的参量数值。在图 4.36 中绘制了这三个阻抗匹配链路的 Bode-Fano 极限计算值与实验测量值。

表 4.3　计算增益-带宽积所需的参量数值

参量	Ackerman 等	Goldsmith 和 Kanack	Onnegren 和 Alping
s_{ℓ}（W/A）	0.11	0.1	0.0015
r_d（A/W）	1.0	0.85	1
R_L（Ω）	5.9	4.25	3.9
C_L（pF）	11.3	13	58
R_D（Ω）	15.8	5	12.5
C_D（pF）	0.35	0.37	0.46
ω_o（radians/s）	5.65×10^9	1.88×10^{10}	2.58×10^{10}
$\Delta\omega$（radians/s）	5.65×10^9	1.26×10^{10}	2.58×10^9
δ	0.1	0.67	0.1

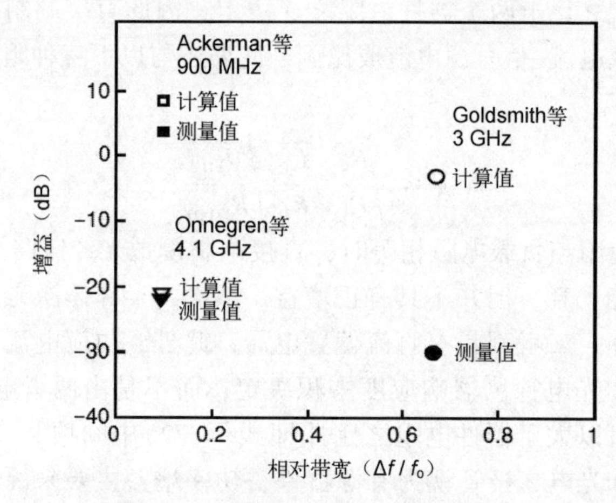

图 4.36　三个阻抗匹配链路的 Bode-Fano 极限计算值与实验测量值

从图 4.36 中可以看出，在窄带（相对带宽约为 10%）情况下，实验结果非常接近相应 Bode-Fano 极限，并且与中心频率无关，然而增加匹配带宽会导致实验结果远低于 Bode-Fano 极限，这说明现有器件难以在宽带匹配情况下实现 Bode-Fano 极限。

附录 4.1　半导体激光器小信号调制速率方程模型

本书附录 2.1 将半导体激光器视为相互耦合的电子和光子储能器，并对半导体激光器的速率方程进行了介绍，求解出了相应的稳态解或直流解。本附录将基于 Coldren 和 Corzine（1995 年）提出的方法对半导体激光器进行动态分析，推导出小信号调制响应模型，并讨论 Lee（1998 年）提出的速率方程动态解。

在所有实际模拟应用系统中，半导体激光器均偏置于阈值电流之上，可以对速率方程进行简化分析：在光子速率方程中，受激辐射占主导地位，因此 $r_{ST} \gg \beta_{ST}\tau_{SP}$；而在载流子速率方程中，载流子复合以受激辐射为主，因此 $v_g g n_p \gg n_U/\tau_U$。最终式（A2.1.14a）和式（A2.1.14b）可以简化为

$$\frac{dn_U}{dt}=\frac{\eta_i i_L}{qV_E}-v_g g(n_U,N_P)n_P \tag{A4.1a}$$

$$\frac{dn_P}{dt}=\Gamma v_g g(n_U,N_P)n_P-\frac{n_P}{\tau_P} \tag{A4.1b}$$

在研究小信号调制频率响应时，需要明确激光器电流、载流子数和腔内光子数表达式，上述参量均可以表示为直流项和小信号项之和，即 $i_L=I_L+i_\ell$、$n_U=N_U+n_u$ 和 $n_P=N_P+n_p$，将其代入式（A4.1a）和式（A4.1b）中可以得到：

$$\frac{d(N_U+n_u)}{dt}=\frac{\eta_i(I_L+i_\ell)}{qV_E}-v_g g(N_U+n_u,N_P+n_p)(N_P+n_p) \tag{A4.2a}$$

$$\frac{d(N_P+n_p)}{dt}=\Gamma v_g g(N_U+n_u,N_P+n_p)(N_P+n_p)-\frac{N_P+n_p}{\tau_P} \tag{A4.2b}$$

由于小信号项 n_u 和 n_P 都非常小，增益函数可以进行一阶泰勒级数展开，因此

$$g(N_U+n_u,N_P+n_p)\approx g(N_U,N_P)+a_N n_u-a_P n_p \tag{A4.3}$$

其中 $a_N=\partial g/\partial n_U$ 且 $a_P=-\partial g/\partial n_P$。在稳定状态下，每个速率方程中直流项之和的变化率为零，将式（A4.3）代入式（A4.2a）和式（A4.2b）中，可以得到：

$$\frac{dN_U}{dt}=0=\frac{\eta_i I_L}{qV_E}-v_g g(N_U,N_P)N_P \tag{A4.4a}$$

$$\frac{dN_P}{dt}=0=\Gamma v_g g(N_U,N_P)N_P-\frac{N_P}{\tau_P} \tag{A4.4b}$$

分别将式（A4.2a）和式（A4.2b）中消去直流项（A4.4a）和式（A4.4b），可以得到小信号调制速率方程：

$$\frac{\mathrm{d}n_{\mathrm{u}}}{\mathrm{d}t}=-v_{\mathrm{g}}a_{\mathrm{N}}N_{\mathrm{P}}n_{\mathrm{u}}-(v_{\mathrm{g}}g(N_{\mathrm{U}},N_{\mathrm{P}})-v_{\mathrm{g}}a_{\mathrm{P}}N_{\mathrm{P}})n_{\mathrm{p}} + \frac{\eta_{\mathrm{i}}i_{\ell}}{qV_{\mathrm{E}}}-v_{\mathrm{g}}a_{\mathrm{N}}n_{\mathrm{u}}n_{\mathrm{p}}+v_{\mathrm{g}}a_{\mathrm{P}}n_{\mathrm{p}}^{2} \tag{A4.5a}$$

$$\frac{\mathrm{d}n_{\mathrm{p}}}{\mathrm{d}t}=\Gamma v_{\mathrm{g}}a_{\mathrm{N}}N_{\mathrm{P}}n_{\mathrm{u}}+\left(\Gamma v_{\mathrm{g}}g(N_{\mathrm{U}},N_{\mathrm{P}})-\frac{1}{\tau_{\mathrm{P}}}-\Gamma v_{\mathrm{g}}a_{\mathrm{P}}N_{\mathrm{P}}\right)n_{\mathrm{p}} +\Gamma v_{\mathrm{g}}a_{\mathrm{N}}n_{\mathrm{u}}n_{\mathrm{p}}-\Gamma v_{\mathrm{g}}a_{\mathrm{P}}n_{\mathrm{p}}^{2} \tag{A4.5b}$$

上式可以进一步简化：（1）阈值电流处增益固定 $\Gamma g_{\mathrm{TH}}\approx \mathrm{loss}=\frac{1}{v_{\mathrm{g}}\tau_{\mathrm{P}}}$，即增加或减少光子数并不改变阈值条件；（2）可以忽略增益压缩项（$a_{\mathrm{P}}=0$），进而低估阻尼；（3）在计算线性响应时忽略弱非线性项 $n_{\mathrm{u}}n_{\mathrm{p}}$ 和 n_{p}^{2}［在推导激光器非线性失真特性时，需要考虑这些弱非线性项（见附录 6.1）］。根据上述条件，可以得到一对关于 n_{u} 和 n_{p} 的耦合线性微分方程：

$$\frac{\mathrm{d}n_{\mathrm{u}}}{\mathrm{d}t}=-v_{\mathrm{g}}a_{\mathrm{N}}N_{\mathrm{P}}n_{\mathrm{u}}-\frac{1}{\Gamma\tau_{\mathrm{P}}}n_{\mathrm{p}}+\frac{\eta_{\mathrm{i}}i_{\ell}}{qV_{\mathrm{E}}} \tag{A4.6a}$$

$$\frac{\mathrm{d}n_{\mathrm{p}}}{\mathrm{d}t}=\Gamma v_{\mathrm{g}}a_{\mathrm{N}}N_{\mathrm{P}}n_{\mathrm{u}} \tag{A4.6b}$$

如果忽略式（A4.6a）中驱动项，该式只表示由受激辐射导致的载流子密度变化速率；式（A4.6a）中第一项 $v_{\mathrm{g}}a_{\mathrm{N}}N_{\mathrm{P}}n_{\mathrm{u}}$ 为方程的齐次部分，表示由增益差分增加引起受激辐射增强，进而导致载流子密度减小，因此该部分为方程的阻尼项；式（A4.6a）中的第二项 $n_{\mathrm{p}}/\Gamma\tau_{\mathrm{P}}$ 是方程的耦合部分，表示由光子密度增加引起受激辐射增强，进而导致载流子密度线性降低。由于载流子密度随着光子密度增加而减小，反之亦然，式（A4.6b）中耦合项来自式（A4.6a）中阻尼项，如果阻尼值不高，耦合项将产生振荡。

此外，由于式（A4.6a）中阻尼项为式（A4.6b）中耦合项，阻尼值将随着带宽增大而增大，因此当阻尼超过一定值时将进一步限制调制带宽，实际上其他效应（如器件热效应和寄生阻抗）是限制调制带宽的更重要原因。

下面将通过求解速率方程来定量推导小信号调制响应，根据式（A4.6a）和（A4.6b）的傅里叶变换可以将微分方程转化为代数方程，即

$$\mathrm{j}\omega n_{\mathrm{u}}=-v_{\mathrm{g}}a_{\mathrm{N}}N_{\mathrm{P}}n_{\mathrm{u}}-\left(\frac{1}{\Gamma\tau_{\mathrm{P}}}\right)n_{\mathrm{p}}+\frac{\eta_{\mathrm{i}}i_{\ell}}{qV_{\mathrm{E}}} \tag{A4.7a}$$

$$\mathrm{j}\omega n_{\mathrm{p}}=\Gamma v_{\mathrm{g}}a_{\mathrm{N}}N_{\mathrm{P}}n_{\mathrm{u}} \tag{A4.7b}$$

用矩阵符号形式来表示式（A4.7a 和 b），即

$$\begin{bmatrix} v_g a_N N_P + j\omega & \dfrac{1}{\Gamma\tau_P} \\ -\Gamma v_g a_N N_P & j\omega \end{bmatrix}\begin{bmatrix} n_u \\ n_p \end{bmatrix} = \begin{bmatrix} \dfrac{\eta_i i_\ell}{qV_E} \\ 0 \end{bmatrix} \tag{A4.8}$$

为了求解 n_u 和 n_p，可以将式（A4.8）两边分别左乘等式左侧矩阵的逆矩阵，其中 2×2 矩阵的求逆公式为

$$\begin{bmatrix} A & B \\ C & D \end{bmatrix}^{-1} = \frac{1}{AD-BC}\begin{bmatrix} D & -B \\ -C & A \end{bmatrix} \tag{A4.9}$$

根据上式求解式（A4.8）可以得到

$$\begin{bmatrix} n_u \\ n_p \end{bmatrix} = \frac{H(j\omega)}{\omega_r^2}\begin{bmatrix} j\omega & -\dfrac{1}{\Gamma\tau_P} \\ \Gamma v_g a_N N_P & v_g a_N N_P + j\omega \end{bmatrix}\begin{bmatrix} \dfrac{\eta_i i_\ell}{qV_E} \\ 0 \end{bmatrix} \tag{A4.10}$$

其中前置系数由式（A4.8）确定，即

$$\frac{H(j\omega)}{\omega_r^2} = \frac{1}{-\omega^2 + j\omega(v_g a_N N_P) + \dfrac{v_g a_N N_P}{\tau_P}} \tag{A4.11}$$

在描述二阶频率响应时需要定义固有频率 ω_r 和阻尼因子 ζ：

$$\omega_r = \sqrt{\frac{v_g a_N N_P}{\tau_P}} \tag{A4.12}$$

$$\zeta = \frac{\gamma}{2\omega_r} = \sqrt{\tau_P v_g a_N N_P} \tag{A4.13}$$

因此，根据式（A4.11）可以得到半导体激光器的小信号调制频率响应表达式：

$$H(j\omega) = \frac{1}{\left[1-\left(\dfrac{\omega}{\omega_r}\right)^2\right] + j2\zeta\dfrac{\omega}{\omega_r}} \tag{A4.14}$$

参考 v_g、a_N、N_P 和 τ_P 典型值（Coldren 和 Corzine，1995 年，表 5.1），并且通过计算式（A4.12）和式（A4.13）可以得到固有频率 $\omega_r = 41.1\times10^9$ rad/s（即 $f_r = 6.54$ GHz）和阻尼因子 $\zeta = 0.057$。根据式（A4.14）绘制的半导体激光器的小信号调制频率响应曲线如图 A4.1 所示。由该图可知，半导体激光器弛豫振荡峰值比低频响应高出近 10 dB，实际上由于电路的寄生效应（比如由封装键合线电感导致的滚降特性），通常不会存在如此高的振荡峰值。

频响峰值对应频率 ω_P 与固有频率 ω_r 之间的关系可以表示为（Roberge，1975 年）

$$\omega_P^2 = \omega_r^2(1-2\zeta)^2 \tag{A4.15}$$

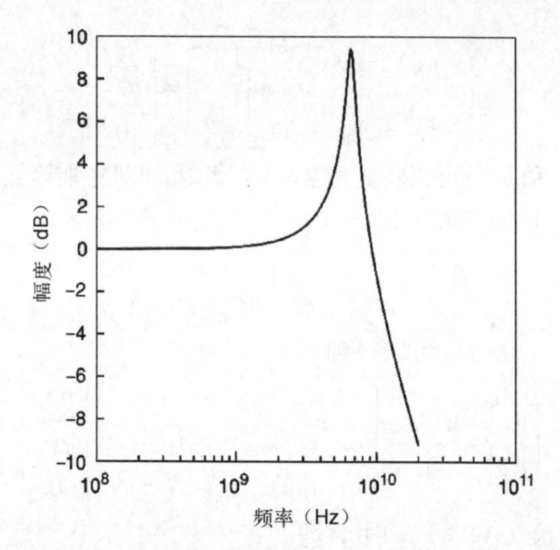

图 A4.1　根据式（A4.14）绘制的半导体激光器的小信号调制频率响应曲线（Lee，1998 年，经许可转载）

在阻尼因子 ζ 较小的情况下 $\omega_P \cong \omega_r$。

式（A4.12）通过载流子密度表示固有频率，由于载流子密度是激光器内部参量，在实际模拟光纤链路的设计过程中，利用激光器电流表示固有频率更有意义。参照式（A2.20），利用关系式 $N_P=(I-I_T)\tau_P\eta_i/qV_P$ 可以将式（A4.12）和式（A4.13）重新表示为

$$\omega_r^2=\frac{v_g a_N \Gamma \eta_i}{qV_P}(I-I_T) \tag{A4.16}$$

$$\zeta=\frac{\gamma}{2\omega_r}=\sqrt{\frac{\tau_P^2 v_g a_N \eta_i}{qV_P}(I-I_T)}\left(1+\frac{\Gamma a_P}{a_N}\right) \tag{A4.17}$$

从上式可以看出，弛豫振荡频率和相对阻尼都随着注入电流与阈值电流之差的平方根的增大而增大，这将在本书附录 6.1 中进一步讨论。对于高速调制应用，半导体激光器偏置电流应该尽可能高于阈值电流。

参考文献

[1] Ackerman, E. I., Kasemset, D., Wanuga, S., Hogue, D. and Komiak, J. 1990. A high-gain directly modulated L-band microwave optical link, *Proc. IEEE MTT-S Int. Microwave Symp.*, paper C-3, 153-5.

[2] Alferness, R., Korotky, S. and Marcatili, E. 1984. Velocity-matching techniques for integrated optic traveling wave switch/modulators, *IEEE J. Quantum Electron.*, **20**, 301-9.

[3] Betts, G. E. 1989. Microwave bandpass modulators in lithium niobate, *Integrated and Guided Wave Optics*, 1989 Technical Digest Series, vol. 4, Washington, DC: Optical Society of America, 14-17.

[4] Bode, H. W. 1945. *Network Analysis and Feedback Amplifier Design*, New York: Van Nostrand, Section 16. 3.

[5] Bridges, W., Sheehy, F. and Schaffner, J. 1991. Wave-coupled LiNbO3 electrooptic modulator for microwave and millimeter-wave modulation, *IEEE Photon. Technol. Lett.*, **3**, 133-5.

[6] Carlin, H. J. 1954. Gain-bandwidth limitations on equalizers and matching networks, *Proc. IRE*, **42**, 1676-85.

[7] Coldren, L. A. and Corzine, S. W. 1995. *Diode Lasers and Photonic Integrated Circuits*, New York: John Wiley & Sons, Chapter 2.

[8] Cox, C. H., III 1986. Unpublished laboratory notes.

[9] Cox, C. H., III and Ackerman, E. I. 1999. Limits on the performance of analog optical links. *In Review of Radio Science 1996 - 1999*, ed. W. Ross Stone, Oxford: Oxford University Press, Chapter 10.

[10] Dolfi, D. and Ranganath, T. 1992. 50 GHz velocity-matched broad wavelength lithium niobate modulator with multimode active section, *Electron. Lett.*, **28**, 1197-98.

[11] Fano, R. M. 1950. Theoretical limitations on the broadband matching of arbitrary impedances, J. *Franklin Inst.*, **249**, 57-83; **249**, 139-54.

[12] Georges, J., Kiang, M., Heppell, K., Sayed, M. and Lau, K. 1994. Optical transmission of narrow-band millimeter-wave signals by resonant modulation of monolithic semiconductor lasers, *IEEE Photon. Technol. Lett.*, **6**, 568-70.

[13] Goldsmith, C. L. andKanack, B. 1993. Broad-band reactive matching of high-speed directly modulated laser diodes, *IEEE Microwave and Guided Wave Letters*, **3**, 336-8.

[14] Gopalakrishnan, G., Bulmer, C., Burns, W., McElhanon, R. and Greenblatt, A. 1992a. 40 GHz, low half-wave voltage Ti: $LiNbO_3$ intensity modulator, *Electron. Lett.*, **28**, 826-7.

[15] Gopalakrishnan, G., Burns, W. and Bulmer, C. 1992b. Electrical loss mechanisms in travelling wave $LiNbO_3$ optical modulators, *Electron. Lett.*, **27**, 207-9.

[16] Gulick, J. J., de La Chapelle, M. and Hsu, H. P. 1986. Fundamental gain/bandwidth limitations in high frequency fiber-optic links, *High Frequency Optical Communications*, *Proc. SPIE*, **716**, 76-81.

[17] Izutsu, M. 1996. Band operated light modulators, Proc. 25 *General Assembly of the International Union of Radio Science*, Lille, France, August 28 - September 5, 1996, paper DC-4, 639.

[18] Kato, K., Hata, S., Kawano, K., Yoshida, H. and Kozen, A. 1992. A high-efficiency 50 GHz InGaAs multimode waveguide photodetector, *IEEE J. Quantum Electron.*, **28**, 2728-35.

[19] Kato, K., Kozen, A., Maramoto, Y., Nagatsuma, T. and Yaita, M. 1994. 110-GHz, 50%-efficiency mushroom-mesa waveguide p-i-n photodiode for a 1.55μm wavelength, *IEEE Photon. Technol. Lett.*, **6**, 719-21.

[20] Lee, H. 1998. Personal communication.

[21] Noguchi, K., Miyazawa, H. and Mitomi, O. 1994. 75 GHz broadband Ti:$LiNbO_3$ optical modulator with ridge structure, *Electron. Lett.*, **30**, 949-51.

[22] Onnegren, J. and Alping, A. 1995. Reactive matching of microwave fiber-optic links, *Proc. MIOP-95*, Sindelfingen, Germany, 458-62

[23] Pozar, D. M. 1993. *Microwave Engineering*, Boston: Addison-Wesley, 325-7.

[24] Prince, J. L. 1998. Personal communication.

[25] Roberge, J. K. 1975. *Operational Amplifiers Theory and Practice*, New York: John Wiley & Sons, 95.

[26] VanValkenburg, M. E. 1964. *Network Analysis*, 2nd edition, Englewood Cliffs, NJ: Prentice-Hall, Inc., 338-9.

[27] Wang, W., Tavlykaev, R. and Ramaswamy, R. 1996. Bandpass traveling-wave modulator in LiNbO3 with a domain reversal, Proc. *IEEE Lasers Electro-Opt. Soc. Annu. Meet.* (*LEOS' 96*), 99-100.

[28] Weisser, S., Larkins, E., Czotscher, K., Benz, W., Daleiden, J., Esquivias, I., Fleissner, J., Ralston, J., Romero, B., Sah, R., Schonfelder, A. and Rosenzweig, J. 1996. Damping-limited modulation bandwidths up to 40 GHz in undoped short-cavity multiple-quantum-well lasers, *IEEE Photon. Technol. Lett.*, **8**, 608-10.

5 第五章 模拟光纤链路噪声源

5.1 引　言

本书第二章到第四章构建了直接调制和外部调制模拟光纤链路的固有增益和频率响应数学模型，本章将继续使用类似模型分析模拟光纤链路中的噪声源，并且链路中占主导地位的噪声源决定了具体光纤链路噪声模型。

前几章讨论的信号源均为确定信号，可以用时间函数 $v(t)$ 表示，而噪声源为随机信号，无法通过确定时间函数表示，只能通过其统计特性进行描述。噪声源统计特性的描述方法有很多种，在光电领域中通常采用均方根值进行描述。均方根值对应于噪声源热效应，并且可以从噪声源的统计分布中得到，能够与确定信号源进行直接对比。

确定信号源的电压均方根值可以表示为

$$v_{\mathrm{rms}} = \sqrt{\frac{1}{T}\int_0^T v^2(t)\,\mathrm{d}t} \equiv \sqrt{\langle v^2(t)\rangle} \tag{5.1}$$

在一定时间间隔 T 内，噪声源是平稳随机变量。

5.2 噪声模型与测量

5.2.1 噪声源

模拟光纤链路噪声源主要包括热噪声、散粒噪声和相对强度噪声。本节将建立模拟光纤链路噪声源的电路模型，并基于 Motchenbacher、Fitchen（1973 年）和 Pettai（1984 年）提出的理论对热噪声和散粒噪声进行分析，同时基于 Petermann（1988 年）提出的理论对激光器相对强度噪声进行分析。

5.2.1.1 热噪声

Johnson（1928 年）和 Nyquist（1928 年）在“*Physical Review*”中发表的两篇论文分别对热噪声进行了实验观测和理论描述，热噪声是导体中由温度变化导致的电子随机运动引起的噪声，阻值为 R 的电阻两端的噪声电压 $\langle v_t^2 \rangle$ 为

$$\langle v_t^2 \rangle = 4kTR\Delta f \tag{5.2}$$

其中 k 为玻尔兹曼常数，k 值为 1.38×10^{-23} J/K；T 为元件物理温度；Δf 为链路系统带宽。

根据式（2.7）中可用信号功率的数学模型，将式（5.2）除以 $4R$ 可以得到热噪声功率

$$p_{t,a} = kT\Delta f \tag{5.3}$$

假设 $\Delta f = 1$ Hz 且 $T = 290$ K，则 $p_{t,a} \cong 4\times10^{-21}$ W 或 -174 dBm。

根据上述理论，图 5.1（a）中有噪电阻可以等效为图 5.1（b）中无噪电阻与噪声电压源的串联，有噪电阻与无噪电阻阻值相等，可以通过式（5.2）来表示噪声电压源的电压。

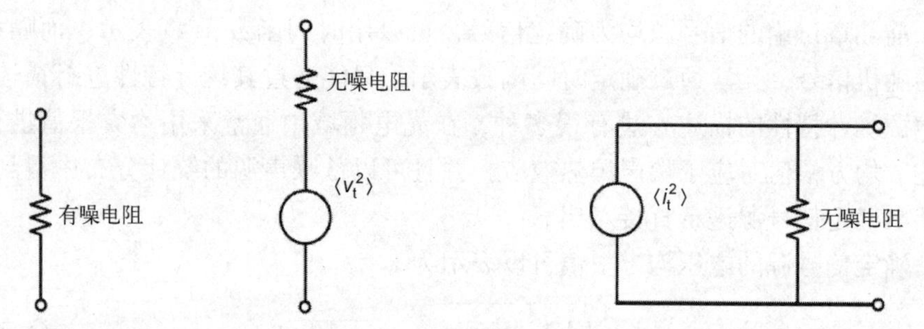

图 5.1　有噪电阻电路、无噪电阻与噪声电压源串联等效电路，以及无噪电阻与噪声电流源并联等效电路

根据电路基本理论（Van Valkenburg，1964 年），如果均方根电流为

$$\langle i_t^2 \rangle = 4kT\Delta f / R \tag{5.4}$$

则图 5.1（b）所示的无噪电阻与噪声电压串联等效电路（电压源形式电路）可以等效为图 5.1（c）所示的无噪电阻与噪声电流源并联等效电路（电流源形式电路），为了便于讨论，后续章节将模拟光纤链路中主要噪声源均表示为电流源形式。

在以下工作频段内，

$$0 \leqslant f \ll \frac{kT}{h} \tag{5.5}$$

热噪声功率谱比较平坦，属于白噪声。式中 h 为普朗克常量，值为 6.6×10^{-34} Js。当元件工作于室温时，式（5.5）的上限带宽约为 6 THz。由于实验器件与测量设备的带宽限制，热噪声频谱范围远小于 6 THz。目前光电器件最大工作带宽比 6 THz 至少低一个数量级，因此本书中讨论的热噪声可以视为白噪声。

通常实际阻抗元件并非纯阻性，式（5.2）中电阻仅代表复阻抗实部。热噪声不仅存在于无源匹配和滤波电路电阻中，还存在于各种光电器件阻抗的电阻分量中。理想无耗元件复阻抗实部为零，不会产生热噪声。

5.2.1.2 散粒噪声

散粒噪声的理论基础主要由 Schottky（1918 年）建立，其相关研究比热噪声早 10 年。早期工作表明，平均电流 $\langle I_D \rangle$ 是由一系列独立随机的电荷载流子迁移产生的，类噪声电流 $i_{sn}(t)$ 会叠加在平均电流上：

$$i_D(t)=\langle I_D \rangle+i_{sn}(t) \tag{5.6}$$

其中 $\langle i_{sn}(t) \rangle=0$。此外，散粒噪声电流均方值 $\langle i_{sn}^2 \rangle$ 仅与对应时间间隔 τ 内的平均电流存在线性关系，即

$$\langle i_{sn}^2 \rangle=\frac{|q|}{\tau}\langle I_D \rangle \tag{5.7}$$

其中 q 为载流子电荷量（通常载流子为电子），q 值为 -1.602×10^{-19} C。模拟光纤链路中光电探测电流来源于一系列独立随机到达光电探测器的光子，因此可以直接在平均探测光电流上叠加散粒噪声电流。

对散粒噪声电流表达式（5.7）进行傅里叶变换后，可以得到带宽 Δf 内散粒噪声的频域表达式

$$\langle i_{sn}^2 \rangle=2q\langle I_D \rangle\Delta f \tag{5.8}$$

式（5.8）中常数因子 2 是由理论上正负频率合成得到的。

与热噪声不同，可将散粒噪声视为频率范围并不确定的白噪声，其频谱特性取决于器件内部物理特性。例如，尽管光电探测器空间电荷区的散粒噪声来源于独立的类脉冲电流，但是光电探测器的输出总是涉及载流子在空间电荷区中的漂移，这将引起脉冲时域展宽，因此散粒噪声表现出低通滤波特性。本书忽略模拟光纤链路工作频率范围内的瞬态时间效应，将散粒噪声视为具有平坦频谱特性的白噪声。

根据式（5.8），散粒噪声将随着平均探测光电流减小而减小，因此，通过减小平均探测光电流可以使散粒噪声小于热噪声。当式（5.4）与式（5.8）相等时，可以得到当热噪声与散粒噪声大小相等时的平均探测光电流 $I_{S=T}$：

$$I_{S=T}=\frac{2kT}{qR} \tag{5.9}$$

当 $R=50\,\Omega$ 且 $T=270\,\mathrm{K}$ 时，$I_{S=T}$约等于 1 mA。

5.2.1.3　相对强度噪声

激光器输出功率的随机波动也是模拟光纤链路中的常见噪声，通常采用激光器相对强度噪声（Relative Intensity Noise，RIN/rin）进行表征。激光器相对强度噪声主要来源于以下三种因素：(1) 光子自发辐射和受激辐射的时域随机性；(2) 光子在激光谐振腔表面的反射和发射选择性；(3) 激光器泵浦电流的随机波动。参照式（5.6）的表达形式，光功率 $p_O(t)$可以表示为 $p_O(t)=\langle P_O\rangle+p_{rin}(t)$，其中$\langle p_{rin}(t)\rangle=0$，则相对强度噪声可以定义为

$$\mathrm{rin}=\frac{\langle p_{rin}^2(t)\rangle}{\langle P_O\rangle^2}=\frac{2\langle p_{rin}^2(t)\rangle}{\langle P_O\rangle^2\Delta f} \tag{5.10}$$

频域表达式中常数因子“2”同样是由理论上正负频率合成得到的。

由于光功率最终被光电探测器转换为探测电流，所以在模拟光纤链路中，光电探测器输出端口能够最先观测到相对强度噪声，式（5.10）可以根据光电探测器输出电流进行定义：

$$\mathrm{RIN}=10\lg\left(\frac{2\langle i_{rin}^2(t)\rangle}{\langle I_D\rangle^2\Delta f}\right) \tag{5.11}$$

当光载波无强度调制时，有 $i_{rin}=i_{o,d}$，式（5.11）单位为 dB/Hz。与热噪声、散粒噪声一样，相对强度噪声也可以通过电流源形式进行表示。

在模拟光纤链路的设计过程中，激光器 RIN 参数通常为定值，根据式（5.11）可以推导出由 RIN 引入的噪声电流为

$$\langle i_{rin}^2\rangle=\frac{\langle I_D\rangle^2}{2}10^{\frac{\mathrm{RIN}}{10}}\Delta f \tag{5.12}$$

与本章前面讨论的热噪声和散粒噪声不同，激光器 RIN 频谱在模拟光纤链路工作频率范围内并不完全平坦。图 5.2 所示为以平均光功率为参数，半导体激光器单位带宽内 RIN 与频率之间的关系曲线，RIN 频谱在低频（低于弛豫振荡频率）处呈平坦特性，并在弛豫振荡频率处达到峰值，在高于弛豫振荡频率后逐渐下降至散粒噪声水平。

在低于弛豫振荡频率的范围内，激光器 RIN 占主导，并且噪声功率与激光功率大小的平方成正比；在高于弛豫振荡频率处，RIN 功率与激光功率大小成正比（Bridges，2000 年）。如果激光功率从 0.25 mW 增加到 4 mW，RIN 功率将增加 24 dB，而散粒噪声功率只增加 12 dB，图 5.2 中相应的实测数据分别为 22 dB 和 11 dB。

固体激光器 RIN 频谱特征与半导体激光器类似，由于固体激光器高能级寿命比半导体激光器长几个数量级，所以固体激光器弛豫振荡频率［参见

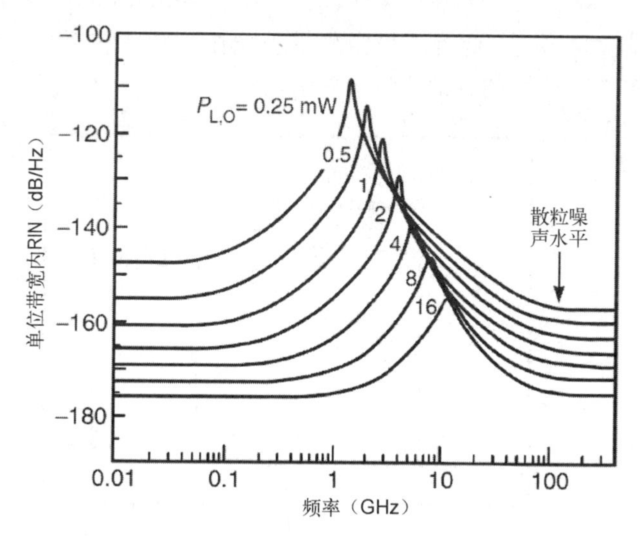

图 5.2　以平均光功率为参数，半导体激光器单位带宽内 RIN 与频率之间的关系曲线（Coldren 和 Corzine，1995 年，图 5.18，John Wiley & Sons，Inc.，经许可转载）

式（4.3）］通常低于 1 MHz。

以上关于 RIN 的讨论仅仅适用于单模激光器，然而在实际模拟光纤链路的设计过程中经常遇到多模激光器，主要包括固体激光器和法布里-珀罗半导体激光器等。激光器谐振腔中纵模数量对激光器强度噪声主要产生两方面影响：模式分配噪声和 RIN 频谱峰值。

模式分配噪声将会恶化多模激光器中各模式 RIN，使其高于单模 RIN（McCumber，1966 年；Yamada，1986 年），然而多模激光器所有模式功率总和所表现出的强度噪声非常接近单模 RIN 水平。如果不单独考虑各模式，模式分配噪声将不会表现出来。在实际模拟光纤链路的设计过程中，多模激光器通常不需要经过光滤波以实现单模输出，因此本书将忽略模式分配噪声，整体考虑多模激光器 RIN。

多模激光器的多纵模特性还将对模拟光纤链路输出信号的噪声频谱产生影响，由于相邻纵模频率间隔较小，并且激光器工作函数包含非线性项，多个模式间会发生拍频。在二阶非线性作用下，多纵模频率将会产生和频或差频新分量，虽然和频分量频率远超光电探测器响应带宽范围，但是频率相近纵模间的差频分量频率较低，处于模拟光纤链路工作带宽范围之内。由于典型半导体泵浦固体激光器相邻纵模间的频差约为 4 GHz，因此，多纵模半导体泵浦固体激光器的 RIN 频谱测量结果如图 5.3 所示，图中可以观察到频率间隔为 4 GHz 的峰值频谱分量，这也恰好对应于该激光器的多模频率间隔。根据噪声随机过程定义，这些频谱峰值并非真正意义的“噪声”，通常在系统工作范围内称之为“干扰”。此外，该激光器弛豫振荡频率较低，约为 200 kHz，因此无法在图 5.3 所示的频谱测量结果中观察到。

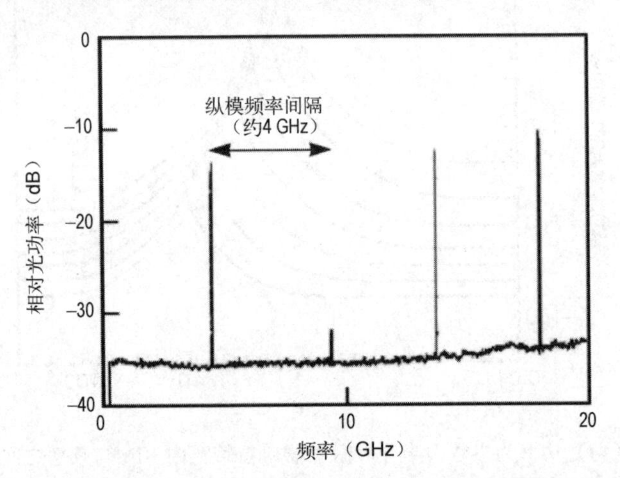

图 5.3　多纵模半导体泵浦固体激光器的 RIN 频谱测量结果

多纵模法布里-珀罗半导体激光器也会出现类似现象。根据式（2.4）可知，典型半导体激光器的模式间隔为 0.91 nm（约 162 GHz），由于半导体激光器相邻模式的频率间隔处于模拟光纤链路工作带宽范围之外，所以无法观察到由多纵模导致的频谱峰值。

从图 5.2 和图 5.3 中可以看出，如果激光器 RIN 频谱在模拟光纤链路工作带宽内相对平坦，通常可以将激光器 RIN 视为固定数值。

在 RIN 相对平坦的频率范围内测量光电探测器输出信号，该如何区分 RIN 和散粒噪声呢？对比式（5.8）和式（5.12），散粒噪声功率随着平均探测光电流线性增大，而 RIN 功率则随着平均探测光电流的平方而增大，可以根据此规律区分这两种噪声类型。当平均探测光电流减小时，RIN 功率比散粒噪声减小更快；当平均光功率减小到一定程度时，RIN 功率将小于散粒噪声。将式（5.11）中$\langle i_{\text{rin}}^2 \rangle$用式（5.8）替代，可以得到最小可检测 RIN：

$$\mathrm{RIN}_{\substack{\text{shot}\\\text{noise}}} = 10\lg\left(\frac{2q}{\langle I_{\mathrm{D}} \rangle}\Delta f\right) \tag{5.13}$$

若平均探测光电流为 1 mA，在 1 Hz 带宽下使用式（5.13）可以得到最小可检测 RIN 值约为-155 dB。

5.2.2　噪声系数

噪声因子 nf 或噪声系数 NF 是衡量噪声对电路或设备影响程度的重要参

数，噪声系数是噪声因子的对数形式，即 NF = 10lg(nf)。二端口器件的噪声因子的定义为当处于标准温度 290 K 时，单位带宽内输出端噪声功率与输入端引入噪声功率的比值。

当输入噪声仅仅来自匹配电路热噪声时，即当 $n_{in}=kT\Delta f$ 时，噪声系数可以定义为在标准温度 290 K 时系统输入信噪比与输出信噪比的比值：

$$\mathrm{NF}\equiv 10\lg\left(\frac{s_{in}/n_{in}}{s_{out}/n_{out}}\right) \tag{5.14}$$

因此，噪声系数可以用来表征特定设备或系统造成的输入信噪比恶化程度，由于输出信噪比不高于输入信噪比，因此最小或最佳噪声系数为 0 dB。

将输出信号与输出噪声分别通过系统增益、输入信号和输入噪声进行表达，可以得到：

$$s_{out}=g_i s_{in} \tag{5.15a}$$

$$n_{out}=g_i n_{in}+n_{add} \tag{5.15b}$$

其中，n_{add} 为器件或电路内部引入附加噪声。将式（5.15a）和式（5.15b）代入式（5.14）中可以得到：

$$\mathrm{NF}=10\lg\left(1+\frac{n_{add}}{g_i n_{in}}\right) \tag{5.16}$$

式（5.16）进一步揭示了噪声系数的物理含义：（1）当附加噪声 $n_{add}=0$ 时，可以得到系统最小噪声系数 NF = 0 dB；（2）系统噪声系数 NF 与输入信号功率无关；（3）系统噪声系数 NF 可以通过将系统附加噪声转换为输入端的等效附加噪声源，进而衡量器件或电路系统噪声的影响。

在本书 5.2.1 节中讨论的链路噪声源都与带宽相关，那么噪声系数是否也与带宽相关？在实际模拟光纤链路的典型工作频率范围内，热噪声和散粒噪声都属于“白噪声”；如果相应工作频段范围内不包含弛豫振荡频率和多纵模间拍频频率，RIN 也可以视为“白噪声”。在上述条件下，附加噪声 n_{add} 和输入噪声 n_{in} 具有相同带宽相关性，所以本书默认模拟光纤链路噪声系数与带宽无关。

5.3　有噪模拟光纤链路模型

5.3.1　典型模拟光纤链路噪声模型

本节将对有噪模拟光纤链路进行建模，并对噪声源的影响进行评估。在图 4.27（d）所示模拟光纤链路的电路示意图中，用一系列串联热噪声源和无噪电阻替代链路中所有电阻，将 RIN 和散粒噪声电流源并联到光电探测器输出端口，并使用式（5.16）来计算该链路中噪声系数。由于该方法过于复杂，因此在光电探测器输出端口仅考虑主导噪声（激光器 RIN 或散粒噪声）的影响；另外一种特殊情况将在本书 5.5.2 节中进行讨论，即主导噪声为光电探测器负载阻抗中电阻部分产生的热噪声。

上文分别讨论了各类模拟光纤链路噪声源，在一般模拟光纤链路中同时存在多个噪声源，若要综合考虑其影响，需要将多个噪声源的均方根电压或电流进行累加，与两个不同频率信号叠加原理类似。该方法要求不同噪声源间必须互不相关，即每个噪声源的均方根电压或电流与其他噪声源的均方根电压或电流无关。

从 5.2.2 节中可以看出，链路增益对于链路噪声系数的计算尤为重要。当链路中包含复阻抗成分时，链路增益包含幅频和相频特性，此时可利用链路增益幅度值来计算链路噪声系数。由于假设噪声系数与频率无关，所以首先考虑只有纯电阻的模拟光纤链路，此时可以使用第三章中介绍的链路增益表达式。本章 5.5.3.2 节还将讨论在阻抗不匹配情况下涉及的复阻抗和复增益。

5.3.2 由 RIN 主导的模拟光纤链路

由半导体激光器 RIN 主导的直接调制模拟光纤链路噪声系数的等效电路示意图如图 5.4 所示。

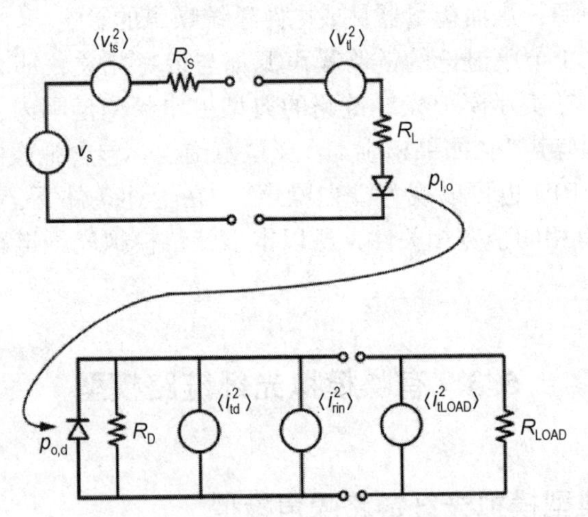

图 5.4 由半导体激光器 RIN 主导的直接调制模拟光纤链路噪声系数的等效电路示意图

为了便于讨论模拟光纤链路的噪声特性，假设调制信号源和半导体激光器之间满足阻抗匹配条件（即 $R_S = R_L$），并且负载电阻阻值等于信号源电阻。

此电路噪声系数有多种计算方法。其中一种方法是确定附加噪声 n_{add} 的表达式，然后通过式（5.16）计算噪声系数。式（5.15b）中附加噪声 n_{add} 表示模拟光纤链路中所有内部噪声源对链路输出端的影响，因此只需要计算模拟光纤链路中所有噪声源在链路输出端的影响，就可以计算出附加噪声 n_{add}。线性网络的叠加性质（Van Valkenburg，1964 年）可以用来简化计算过程，叠加性质表明，若网络中包含多个独立源，则可以将其他输入源设为零（电压源设置为短路，电流源设置为开路），分别计算各独立源的系统响应，最终总网络响应相当于各独立源系统响应之和。举例而言，只考虑两个对模拟光纤链路附加噪声 n_{add} 有贡献的噪声源，包括半导体激光器的热噪声源和 RIN 源。由于半导体激光器与调制信号源位于同一回路，所以热噪声源从链路输入端到输出端具有与调制信号源相同的增益，因此，半导体激光器热噪声源在链路输出附加噪声功率中的贡献可以简单地表示为 $g_i kT$。此外，半导体激光器 RIN 源对于链路输出附加噪声功率的贡献可以表示成噪声功率形式 $\langle i_{rin}^2 \rangle R_{LOAD}$。

在实际模拟光纤链路中光电探测端口还存在额外噪声源，包括光电探测器电阻和负载电阻的热噪声，由于模拟光纤链路中 RIN 或光电探测电流较大，所以通常情况下 RIN 功率高于热噪声。

根据式（5.16）计算噪声系数还需要知道链路输入噪声功率 n_{in}，即信号源电阻热噪声功率 $n_{in} = kT$。

在无源阻抗匹配条件下，将上述三项代入式（5.16）可以得到由 RIN 主导的直接调制模拟光纤链路的噪声系数表达式：

$$\mathrm{NF} = 10\lg\left(1 + \frac{g_i kT + \langle i_{rin}^2 \rangle R_{LOAD}}{g_i kT}\right) = 10\lg\left(2 + \frac{\langle i_{rin}^2 \rangle R_{LOAD}}{s_\ell^2 r_d^2 kT}\right) \tag{5.17}$$

式中最右侧表达式用式（3.7）替代了链路增益 g_i。

图 5.4 中等效电路的噪声系数理论值与激光器 RIN 之间的关系曲线如图 5.5 所示。表 5.1 中列出了图 5.5 中所用参数具体数值，由于直接调制模拟光纤链路增益与平均光功率无关，可以假定光电探测平均电流为定值。

由图 5.5 可知，激光器 RIN 越大，模拟光纤链路噪声系数也越高。当激光器 RIN 足够小时，链路噪声系数由光电探测器热噪声主导。正如链路原理图 5.4 所示，由于光电探测器热噪声源与激光器 RIN 源并联，可以通过式（5.4）替代式（5.17）中激光器 RIN 电流来计算当仅存在光电探测器热噪声源时的链路噪声系数，因此最终模拟光纤链路噪声系数为定值（约 22 dB）。对于表 5.1 所示参数下的模拟光纤链路，随着激光器 RIN 功率的降低，链路噪声系数的主导噪声源从激光器 RIN 转变为光电探测器热噪声，并且没有受到散粒噪声限制。通过该特例可以发现：有些情况下低 RIN 激光器（如带隔离 DFB 激光器的 RIN 水平约为-165 dB/Hz）并不能改善链路噪声系数。

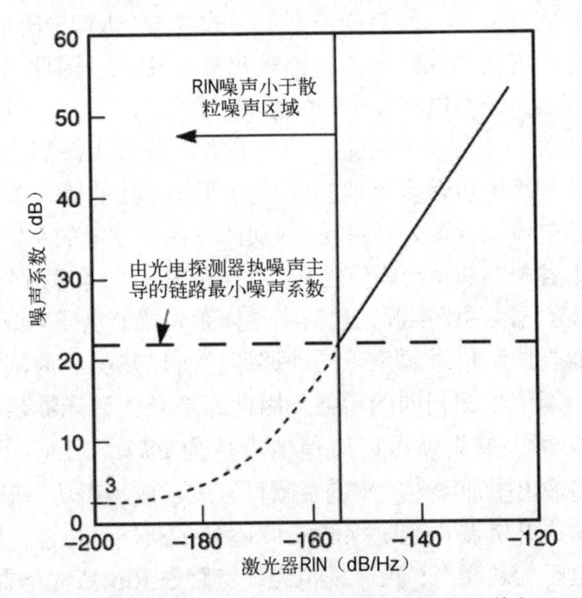

图 5.5　图 5.4 中等效电路的噪声系数理论值与激光器 RIN 之间的关系曲线

表 5.1　图 5.5 中所用参量具体数值

参　量	数　值
激光器调制斜率效率（W/A）	0.2
光电探测器响应度（A/W）	0.8
光电探测器负载电阻（Ω）	50
平均探测光电流（mA）	1
温度（K）	290

式（5.17）中常数因子 2 意味着该模拟光纤链路最小噪声系数为 3 dB，所以即使激光器 RIN 可以忽略不计，链路噪声系数也无法达到 0 dB。通常所有无源阻抗匹配的模拟光纤链路噪声系数都可以达到 3 dB 极限值，在本章 5.5.1 节中将会进行详细讨论。实际模拟光纤链路噪声系数并不能达到极限值，由式（5.13）可知，当 $I_D = 1$ mA 且 RIN<-155 dB/Hz 时，激光器 RIN 功率小于光电探测器热噪声和散粒噪声。

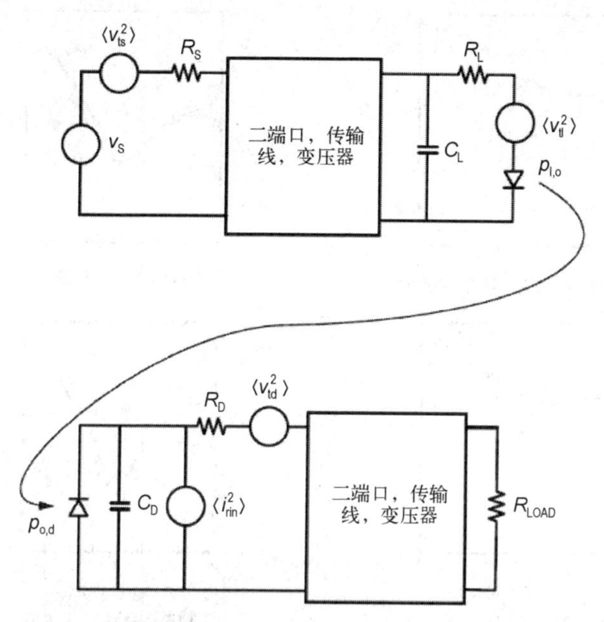

图 5.6　带通匹配直接调制模拟光纤链路（参见图 4.20）的等效噪声电路示意图

下文将依照 4.3.2.3 节中三种不同器件匹配情况讨论相应直接调制模拟光纤链路的噪声系数，且该链路噪声系数主要受限于激光器 RIN。图 5.6 所示为带通匹配直接调制模拟光纤链路（参见图 4.20）的等效噪声电路示意图。由于将幅度匹配条件转换为共轭匹配条件并不会对噪声产生影响，因此图 5.6 中的共轭匹配链路（Onnegren 和 Alping，1995 年）与图 5.4 中幅度匹配链路的噪声电路示意图基本相同，共轭匹配链路的噪声系数可以通过将本书第四章中增益表达式代入噪声系数表达式（5.17）进行计算。

将式（4.35）至式（4.38）代入式（5.17），得到的链路噪声系数与频率之间的仿真曲线如图 5.7 所示，图中还展示了实际测量结果。结果表明，只有激光器阻抗匹配有助于改善链路噪声系数，而探测器阻抗匹配无助于改善链路噪声系数（无论激光器是否阻抗匹配）。与阻抗匹配对链路增益的改善效果形成对比，激光器或光电探测器阻抗匹配均有助于提高链路增益，并且当两者同时满足阻抗匹配时，链路增益改善效果是两者单独匹配改善效果之和。

5.3.3　由散粒噪声主导的模拟光纤链路

半导体激光器的弛豫振荡频率高于 5 GHz，固体激光器的弛豫振荡频率低于 1 MHz，而模拟光纤链路的工作频段通常介于这两种激光器弛豫振荡频率之间。在模拟光纤链路通带范围内，半导体激光器 RIN 普遍高于−155 dB/Hz，而固体

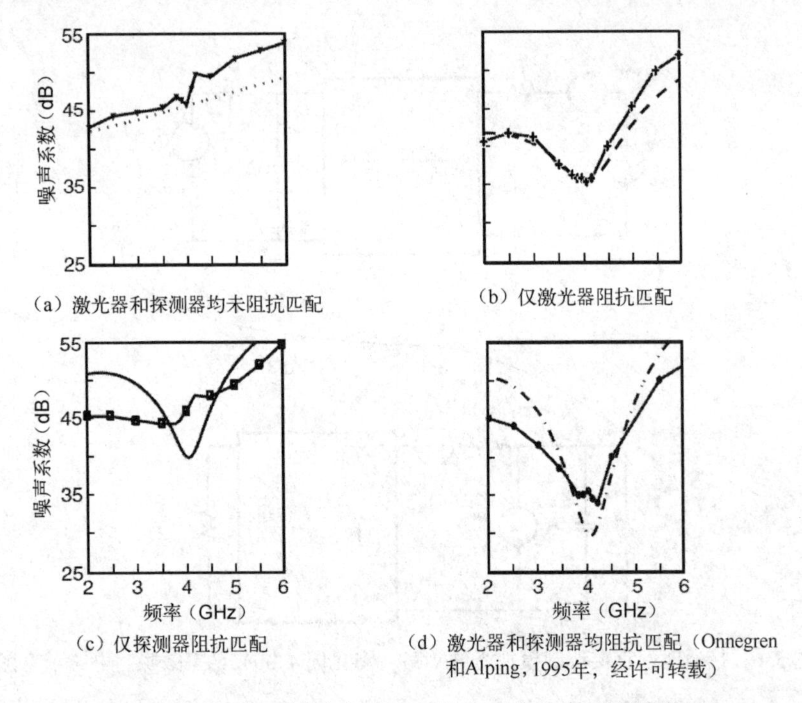

图 5.7　链路噪声系数与频率之间的仿真曲线和实际测量结果

激光器 RIN 则普遍小于半导体激光器 RIN，能够达到 −175 dB/Hz。从式（5.13）中可以看出，当外部调制模拟光纤链路使用固体激光器，并且光电探测电流小于 100 mA 时，该链路主要噪声源为光电探测器输出端口的散粒噪声，激光器 RIN 可以忽略不计。

在幅度阻抗匹配条件下，由散粒噪声主导的外部调制模拟光纤链路的等效噪声电路如图 5.8 所示，在此链路中马赫-曾德尔调制器工作于正交偏置点，并且调制信号源与调制器之间满足幅度阻抗匹配条件。

尽管外部调制模拟光纤链路中的调制元件由直接调制半导体激光器变为外部电光调制器，但电光调制器阻抗中仍然有电阻分量，此时，外部调制模拟光纤链路调制端的噪声源与直接调制模拟光纤链路相同，而光电探测器输出端口的噪声电流源由 RIN 变为散粒噪声。因此，假设光电探测端口主导散粒噪声高于热噪声，式（5.17）中 RIN 可以直接替换成散粒噪声，相应由散粒噪声主导的外部调制模拟光纤链路的噪声系数表达式为

$$\mathrm{NF}=10\lg\left(2+\frac{\langle i_{\mathrm{sn}}^{2}\rangle R_{\mathrm{LOAD}}}{g_{\mathrm{i}}kT}\right) \tag{5.18}$$

由于平均探测光电流对散粒噪声及链路固有增益的影响程度不同，所以在分析链路噪声系数时，由散粒噪声主导的情况比由 RIN 主导的情况更复杂。

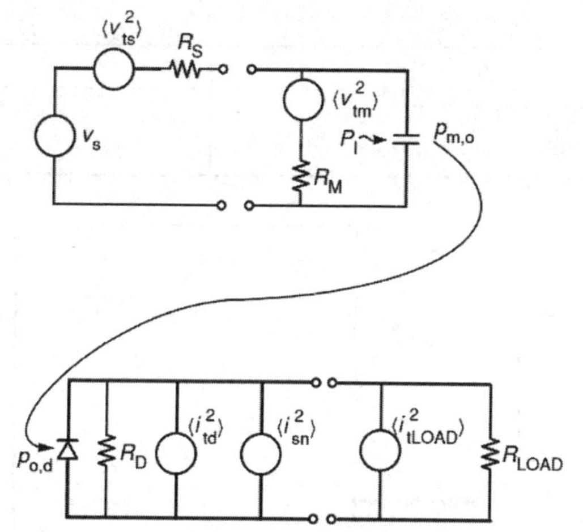

图 5.8　在幅度阻抗匹配条件下，由散粒噪声主导的外部调制模拟光纤链路的等效噪声电路图

将式（5.8）和式（3.10）（基于正交偏置马赫-曾德尔调制器的外部调制模拟光纤链路固有增益）代入式（5.18）中，可以得到

$$\mathrm{NF}=10\lg\left(2+\frac{2qI_{\mathrm{D}}R_{\mathrm{LOAD}}}{\left(\frac{T_{\mathrm{FF}}P_{\mathrm{I}}\pi R_{\mathrm{S}}}{2V_{\pi}}\right)^{2}r_{\mathrm{d}}^{2}kT}\right) \tag{5.19}$$

当电光调制器与光电探测器之间的光传输损耗可以忽略（即 $T_{\mathrm{FF}}=1$）时，光电探测电流可以表示为 $I_{\mathrm{D}}=P_{\mathrm{I}}r_{\mathrm{d}}/2$。当负载电阻与调制信号源电阻相同（$R_{\mathrm{LOAD}}=R_{\mathrm{S}}$）时，式（5.19）可以简化为

$$\mathrm{NF}=10\lg\left(2+\left(\frac{2qV_{\pi}^{2}}{\pi^{2}R_{\mathrm{S}}kT}\right)\left(\frac{1}{I_{\mathrm{D}}}\right)\right) \tag{5.20}$$

图 5.9 绘制出了以平均探测光电流为参数，图 5.8 所示模拟光纤链路噪声系数与固有增益之间的关系曲线（图中所用的链路参量数值如表 5.2 所示），曲线上符号“+”表示在特定增益条件下达到相应噪声系数时所需平均探测光电流值。由于散粒噪声大小与平均探测光电流大小成正比，当增益-噪声系数曲线下降时，平均探测光电流随之增大。在由散粒噪声主导的外部调制模拟光纤链路中，噪声系数随散粒噪声的增大而减小，这与之前讨论的由 RIN 主导的直接调制模拟光纤链路不同。

表 5.2　图 5.9 中［式（5.20）］所使用的链路参量数值

参　量	数　值
调制器附加损耗（dB）	0.5
调制器半波电压 V_{π}（V）	2

续表

参　量	数　值
调制信号源阻抗（Ω）	50
温度（K）	290

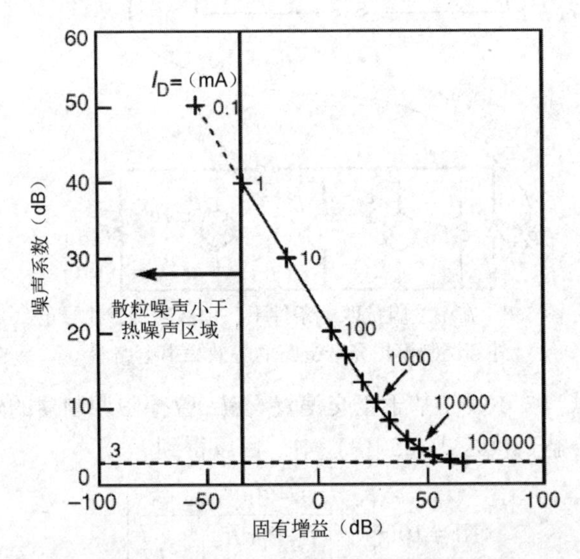

图 5.9　以平均探测光电流为参数，图 5.8 所示模拟光纤链路噪声系数与固有增益之间的关系曲线

在外部调制模拟光纤链路中，散粒噪声、固有增益和噪声系数之间的关系导致当散粒噪声增大时，模拟光纤链路噪声系数反而减小。链路中光电探测器输出端口噪声可以等效为链路输入端口噪声来计算噪声系数，即将与光功率成正比的散粒噪声除以与光功率平方成正比的固有增益，最终链路输入端口等效噪声源功率与光功率成反比。当光功率增大时，散粒噪声功率将随之增大，然而链路增益的增大速度比散粒噪声功率的增大速度更快。因此，输出端口散粒噪声越大，相应的输入端口等效噪声越小，模拟光纤链路噪声系数也越小。

由图 5.9 可知，当平均探测光电流非常大且忽略 RIN 时，链路噪声系数仍然不会接近 0 dB，而是趋于 3 dB。反之，当平均探测光电流较小时，模拟光纤链路固有增益减小，噪声系数急剧恶化。

下文将根据四种不同的共轭匹配情况（参考 4.3.3.3 节），讨论由散粒噪声主导的外部调制模拟光纤链路的噪声系数（Prince，1998 年）。将幅度匹配改变为共轭匹配并不会对链路噪声产生影响，相应的共轭匹配系统等效噪声电路示意图与图 5.8 基本相同，并且计算共轭匹配链路噪声系数可以直接将

第四章中增益表达式代入噪声系数表达式（5.17）中。

将式（4.52）至式（4.55）代入式（5.17）中，最终，由散粒噪声主导的模拟光纤链路噪声系数与频率之间关系的仿真曲线（实线）和实测数据（符号）如图5.10所示。实验结果表明，只有对调制器进行共轭匹配有助于改善链路噪声系数，而对探测器进行共轭匹配无助于改善链路噪声系数。将仿真曲线与实验结果进行对比可以发现：（1）构建噪声系数模型比构建增益模型更加困难复杂；（2）对比图5.10和图4.28，器件谐振会导致噪声系数产生明显的杂峰，但不会导致增益出现明显杂峰。

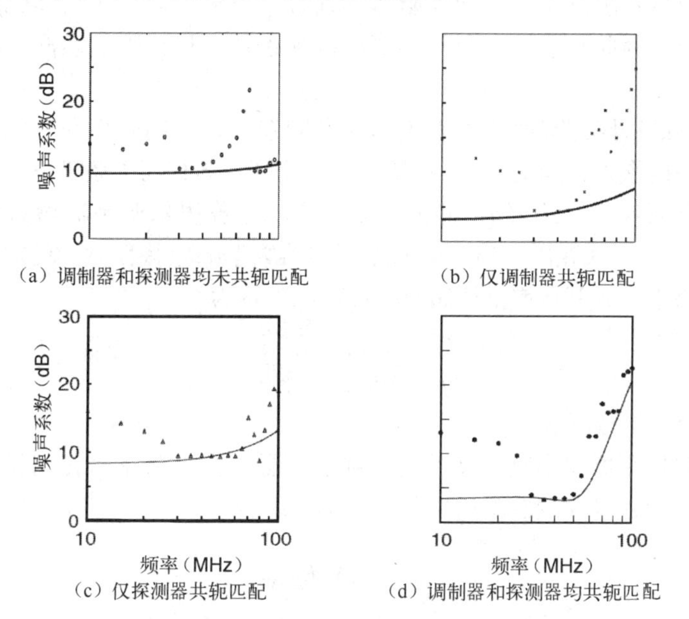

图5.10　由散粒噪声主导的模拟光纤链路噪声系数与频率之间关系的仿真曲线（实线）和实测数据（符号）

（Prince，1998年，经许可转载）

5.4　噪声系数拓展

前文已经讨论了调制斜率效率、阻抗匹配和平均光功率对由RIN主导的和由散粒噪声主导的模拟光纤链路噪声系数的影响。在模拟光纤链路设计中，需要系统研究三个参量分别对由RIN主导的和由散粒噪声主导的模拟光纤链路噪声系数的影响，以降低链路噪声系数，本节讨论的内容是对Cox（1992年）提出的分析方法的延伸与拓展。

5.4.1 阻抗匹配

如式（5.17）和式（5.18）所示，由 RIN 主导的和由散粒噪声主导的模拟光纤链路的噪声系数表达形式相同，此外，阻抗匹配过程与链路的主导噪声类型无关，因此本节对阻抗匹配作用的讨论同时适用于由这两种噪声主导的链路，并统一用变量 i_n^2 来表示 RIN 和散粒噪声。

本书第四章讨论的共轭匹配只影响带内匹配频率响应而不影响其幅度，对于幅度阻抗匹配链路，匹配电阻将引入额外噪声，而变压器匹配则不会引入额外噪声，因此本节将在变压器幅度匹配条件下讨论阻抗匹配对噪声系数的影响。

模拟光纤链路固有增益可以表示为调制器增量调制效率和光电探测器增量探测效率的乘积，如式（3.4）所示。在变压器阻抗匹配条件下，半导体激光器增量调制效率［式（4.26）］与相应马赫-曾德尔调制器增量调制效率［式（4.47）］形式相同。当忽略电光调制器频率响应特性时，任何类型的模拟光纤链路中的调制器增量调制效率都可以表示为

$$\frac{p_{\text{md,o}}^2}{p_{\text{s,a}}}=\frac{s_{\text{md}}^2}{R_{\text{MD}}}=\frac{s_{\text{md}}^2 N_{\text{MD}}^2}{R_{\text{S}}} \tag{5.21}$$

其中 N_{MD} 为变压器匝数比。

当忽略探测器频率响应特性时，在变压器匹配条件下，任何类型的模拟光纤链路中的光电探测器增量探测效率都可以表示为

$$\frac{p_{\text{load}}}{p_{\text{o,d}}^2}=r_{\text{d}}^2 N_{\text{D}}^2 R_{\text{LOAD}} \tag{5.22}$$

此时，模拟光纤链路的固有增益可以表示为式（5.21）与式（5.22）的乘积：

$$g_{\text{i}}=s_{\text{md}}^2 N_{\text{MD}}^2 r_{\text{d}}^2 N_{\text{D}}^2 \tag{5.23}$$

其中调制信号源与负载满足阻抗匹配条件，即 $R_{\text{S}}=R_{\text{LOAD}}$。

在变压器阻抗匹配条件下，光电探测器负载电阻由 R_{LOAD} 变为 $N_{\text{D}}^2 R_{\text{LOAD}}$，将式（5.23）代入模拟光纤链路噪声系数表达式（5.17）和式（5.18）中可以得到

$$\text{NF}=10\lg\left(2+\frac{\langle i_{\text{n}}^2\rangle N_{\text{D}}^2 R_{\text{LOAD}}}{s_{\text{md}}^2 N_{\text{MD}}^2 r_{\text{d}}^2 N_{\text{D}}^2}\right)=10\lg\left(2+\frac{\langle i_{\text{n}}^2\rangle R_{\text{LOAD}}}{s_{\text{md}}^2 N_{\text{MD}}^2 r_{\text{d}}^2}\right) \tag{5.24}$$

上式表明模拟光纤链路噪声系数与光电探测器输出端口变压器的匝数比无关。因此，无论模拟光纤链路主导噪声是 RIN 还是散粒噪声，光电探测器阻抗匹配都不会影响模拟光纤链路噪声系数，而调制器件阻抗匹配是改善链路噪声系数的唯一方法。在由 RIN 主导的直接调制模拟光纤链路和由散粒噪声主导

的外部调制模拟光纤链路中，上述结论均已经经过实验验证。

5.4.2　器件斜率效率

在讨论电光调制器调制斜率效率和光电探测器响应度对模拟光纤链路噪声系数的影响时，通常不必区分模拟光纤链路类型。然而，由于光电探测器响应度与 RIN 和散粒噪声的函数关系不同，所以需要分别讨论这两种噪声对模拟光纤链路噪声系数的影响。

首先讨论由散粒噪声主导的模拟光纤链路的噪声系数，散粒噪声表达式（5.8）中的平均探测光电流等于光电探测器响应度与平均输入光功率的乘积，散粒噪声可以表示为

$$\langle i_{\mathrm{sn}}^2 \rangle = 2qr_{\mathrm{d}}\langle P_{\mathrm{O,D}} \rangle \tag{5.25}$$

本节重点考虑调制器调制斜率效率和探测器响应度对模拟光纤链路噪声系数的影响，因此假设式（5.23）中变压器匝数比为 1。将式（5.25）和式（5.23）代入由散粒噪声主导的模拟光纤链路噪声系数表达式（5.18）中，可以得到

$$\mathrm{NF} = 10\lg\left(2+\frac{2qr_{\mathrm{d}}\langle P_{\mathrm{O,D}} \rangle R_{\mathrm{LOAD}}}{s_{\mathrm{md}}^2 r_{\mathrm{d}}^2 kT}\right) = 10\lg\left(2+\frac{2q\langle P_{\mathrm{O,D}} \rangle R_{\mathrm{LOAD}}}{s_{\mathrm{md}}^2 r_{\mathrm{d}} kT}\right) \tag{5.26}$$

上式表明，电光调制器调制斜率效率和光电探测器响应度都会对模拟光纤链路噪声系数产生影响。由于电光调制器调制斜率效率为平方项，而光电探测器响应度为一次线性项，所以在改善由散粒噪声主导的模拟光纤链路噪声系数方面，提高调制器调制斜率效率比提高探测器响应度更加有效。

接下来讨论由 RIN 主导的模拟光纤链路噪声系数，与由散粒噪声主导的链路模型相同，RIN 电流与光电探测器响应度之间的关系为

$$\langle i_{\mathrm{rin}}^2 \rangle = 10^{\frac{\mathrm{RIN}}{10}} \frac{r_{\mathrm{d}}^2 \langle P_{\mathrm{O,D}} \rangle^2}{2} \tag{5.27}$$

将式（5.27）和式（5.23）代入由 RIN 主导的模拟光纤链路噪声系数表达式（5.17）中，可以得到

$$\begin{aligned}\mathrm{NF} &= 10\lg\left(2+\frac{10^{\frac{\mathrm{RIN}}{10}} r_{\mathrm{d}}^2 \langle P_{\mathrm{O,D}} \rangle^2 R_{\mathrm{LOAD}}}{s_{\mathrm{md}}^2 r_{\mathrm{d}}^2 kT}\right)\\ &= 10\lg\left(2+\frac{10^{\frac{\mathrm{RIN}}{10}} \langle P_{\mathrm{O,D}} \rangle^2 R_{\mathrm{LOAD}}}{s_{\mathrm{md}}^2 kT}\right)\end{aligned} \tag{5.28}$$

由式（5.28）可知，由 RIN 主导的模拟光纤链路噪声系数与光电探测器响应度无关。因此，由 RIN 主导的模拟光纤链路与由散粒噪声主导的模拟光

纤链路不同，只能通过增大电光调制器调制斜率效率来改善链路噪声系数，并且该结论适用于直接调制和外部调制两种类型的模拟光纤链路。

在由 RIN 主导和由散粒噪声主导的模拟光纤链路中，通过阻抗匹配和器件斜率效率来降低链路噪声系数的效果总结如表 5.3 所示，该表中的结论同时适用于直接调制和外部调制模拟光纤链路。

表 5.3　在由 RIN 主导和由散粒噪声主导的模拟光纤链路中，通过阻抗匹配和器件斜率效率来降低链路噪声系数的效果总结

	由 RIN 主导	由散粒噪声主导
阻抗匹配	调制器件-是 探测器件-否	调制器件-是 探测器件-否
斜率效率	调制器件-是，平方关系 探测器件-否	调制器件-是，平方关系 探测器件-是，线性关系

5.4.3　平均光功率

本节讨论平均光功率对模拟光纤链路噪声系数的影响，需要根据不同模拟光纤链路类型进行分析。在本书 3.3.1 节中曾指出直接调制模拟光纤链路的固有增益与噪声系数将随着平均光功率增大而线性增加，对于直接调制模拟光纤链路，较低的平均光功率对应更低的噪声系数，但降低平均光功率也会影响半导体激光器的最大调制带宽（见本书 4.2.1 节）。因此，在实际模拟光纤链路设计中，需要权衡考虑平均光功率对模拟光纤链路性能指标的影响，本书第七章将会进一步讨论。

由 RIN 主导的直接调制和由散粒噪声主导的外部调制模拟光纤链路噪声系数与平均光功率之间的关系曲线如图 5.11 所示，当平均光功率（图中以平均探测光电流表示）足够大时，直接调制模拟光纤链路主要由 RIN 主导，因此，链路噪声系数大致与平均光功率的平方成正比。

当平均光功率较小时，RIN 电流小于光电探测器热噪声电流。根据图 5.5 可知，当直接调制模拟光纤链路由光电探测器热噪声主导时，链路噪声系数与平均光功率无关，如图 5.11 中的水平虚线所示。

对于外部调制模拟光纤链路，将马赫-曾德尔调制器的调制斜率效率表达式（2.18）代入式（5.28）中，可以得到由 RIN 主导的外部调制模拟光纤链路中平均光功率与链路噪声系数之间的关系：

$$\mathrm{NF}=10\lg\left(2+\frac{10^{\frac{\mathrm{RIN}}{10}}\langle P_{\mathrm{O,D}}\rangle^{2}R_{\mathrm{LOAD}}}{2\left(\frac{\pi R_{\mathrm{s}}}{2V_{\pi}}\right)(T_{\mathrm{FF}}P_{\mathrm{I}})^{2}kT}\right)=10\lg\left(2+\frac{10^{\frac{\mathrm{RIN}}{10}}R_{\mathrm{LOAD}}}{2\left(\frac{\pi R_{\mathrm{S}}}{2V_{\pi}}\right)^{2}kT}\right)\tag{5.29}$$

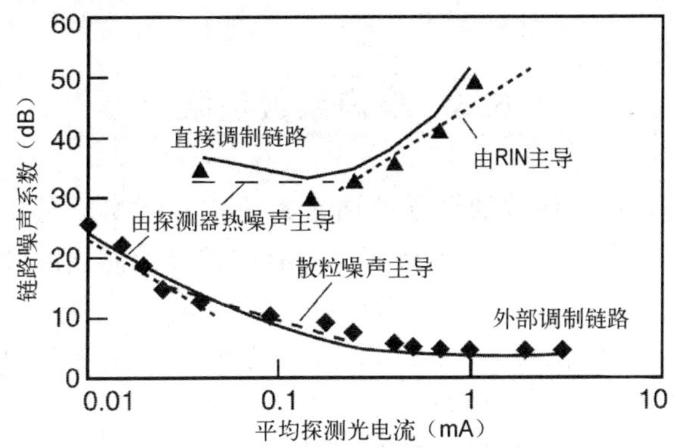

图 5.11　由 RIN 主导的直接调制和由散粒噪声主导的外部调制模拟光纤链路噪声系数与平均光功率之间的关系曲线

假定电光调制器与光电探测器之间的光传输损耗可以忽略，则外部调制模拟光纤链路噪声系数与平均光功率的大小无关。

对于由散粒噪声主导的外部调制模拟光纤链路，将马赫-曾德尔调制器的调制斜率效率表达式（2.18）代入式（5.26）中，可以得到链路噪声系数

$$\begin{aligned}\mathrm{NF}&=10\lg\left(2+\frac{2q\langle P_{\mathrm{O,D}}\rangle R_{\mathrm{LOAD}}}{\left(\dfrac{\pi R_{\mathrm{S}}}{2V_{\pi}}\right)^{2}(T_{\mathrm{FF}}P_{\mathrm{I}})^{2}r_{\mathrm{d}}kT}\right)\\&=10\lg\left(2+\frac{2qR_{\mathrm{LOAD}}}{\left(\dfrac{\pi R_{\mathrm{S}}}{2V_{\pi}}\right)^{2}T_{\mathrm{FF}}P_{\mathrm{I}}r_{\mathrm{d}}kT}\right)\end{aligned}\tag{5.30}$$

由上式可知，由散粒噪声主导的外部调制模拟光纤链路噪声系数随着平均光功率的增加而线性减小。从图 5.11 中可以看出，当平均探测光电流较小时，链路噪声系数随着平均探测光电流增大而线性减小；当平均探测光电流增大到一定程度时，链路噪声系数趋近极限值 3 dB。当平均探测光电流较小时，光电探测器以热噪声为主导，噪声功率与光功率无关，因此链路增益与光功率的平方成正比，而链路噪声系数与平均探测光电流的平方成反比。

在由 RIN 主导的和由散粒噪声主导的直接调制或外部调制模拟光纤链路中，提高平均光功率对降低链路噪声系数的效果如表 5.4 所示。

表 5.4　在由 RIN 主导的和由散粒噪声主导的直接调制或外部调制模拟光纤链路中，提高平均光功率对降低链路噪声系数的效果

	由 RIN 主导	由散粒噪声主导
直接调制	平方正比关系	线性正比关系
外部调制	无关	线性反比关系

5.5 噪声系数极限

模拟光纤链路噪声系数的极限值通常为 3 dB，当模拟光纤链路固有增益降到 0 dB 以下时，链路噪声系数将随着固有增益降低而线性增大，本节将对各种情况下链路噪声系数极限值进行讨论。

首先，需要了解无源网络、无耗网络以及网络间完全匹配三个概念。无源网络不包含直流偏置或信号源，而无耗网络中所有阻抗实部为零，因此无源有耗网络包含欧姆电阻分量，存在热噪声源，但是不包含其他直流偏置或信号源。此外，网络间匹配程度通过反射系数进行衡量，当信号源与调制器件之间的反射系数为零时，两个网络之间达到完全匹配。

5.5.1 无源无耗匹配极限

假设模拟光纤链路中信号源与调制器件之间无源无耗完全匹配，可以参考链路噪声系数表达式（5.17）和式（5.18）讨论噪声系数极限值，此时需要考虑光电探测器负载电阻热噪声。热噪声可以表示为如式（5.4）所示电流源，并且与光电探测器中散粒噪声源和 RIN 源并联，热噪声源的大小可通过改变光电探测器匹配变压器匝数比 N_D^2 进行调节：

$$\langle i_t^2 \rangle = \frac{1}{N_D^2} \frac{kT}{R_{LOAD}} \tag{5.31}$$

结合式（5.17）、式（5.18）和式（5.31），可以得到噪声系数表达式：

$$NF = 10\lg\left(2+\frac{N_D^2 R_{LOAD}}{g_i kT}(i_{rin}^2+i_{sn}^2+i_t^2)\right) \tag{5.32}$$

当式（5.32）中固有增益取极限值时，

$$\lim_{g_i \to \infty} NF = 10\lg(2) = 3\ \text{dB} \tag{5.33}$$

即当模拟光纤链路固有增益无限大时，链路噪声系数为 3 dB。由于输入端口噪声源与链路固有增益无关，链路噪声系数主要由输入端口噪声主导。

当信号源与调制器件间网络满足无源无耗完全匹配时，模拟光纤链路噪声系数的无源无耗匹配极限值均可用式（5.33）表示，与调制方式、调制器件和链路主导噪声类型无关。下文将分别讨论无源、无耗及完全匹配三种条件对模拟光纤链路噪声系数极限值的影响。

在调制信号源与调制器件之间无源无耗阻抗匹配条件下，模拟光纤链路输入端等效电路示意图如图 5.12（a）所示。无源无耗网络中的阻抗为纯电抗，不存在热噪声源，因此在进行噪声分析时可以忽略该匹配网络，图 5.12（b）所示为图 5.12（a）简化电路示意图。当信号源与调制器件电阻阻值相等（即 $R_S=R_{MD}$）时，信号源与调制器件满足阻抗匹配条件，此时，两个电阻所产生的热噪声大小相同，并且链路噪声系数为 3 dB。

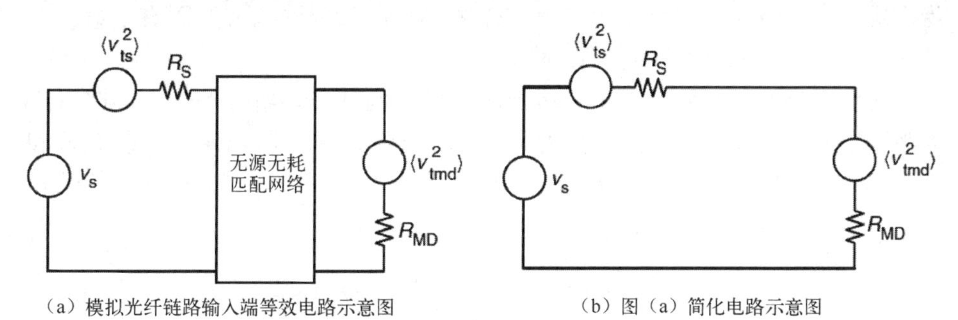

（a）模拟光纤链路输入端等效电路示意图　　（b）图（a）简化电路示意图

图 5.12　模拟光纤链路输入端等效电路示意图及其简化电路示意图

改变无源、无耗和完全匹配中任何一个条件均可以使上述链路噪声系数极限值失效。当匹配网络有源无耗时，链路噪声系数可以低于 3 dB，例如目前商用低噪声放大器的噪声系数低于 1 dB，这是因为有源网络输入阻抗可以为纯电抗，在源电阻匹配时不引入额外热噪声。如果有源网络可以在不引入额外噪声的情况下匹配源电阻，该理想有源网络的噪声系数为 0 dB；实际有源网络总会引入额外噪声，链路噪声系数不会达到 0 dB，附录 5.1 将进行进一步讨论。

此外，当改变无耗或完全匹配条件时，无源无耗匹配极限不再适用，本章 5.5.3 节将对此进行讨论。

5.5.2　无源衰减极限

本节将在调制信号源与调制器件之间满足无源无耗完全匹配的前提下，讨论模拟光纤链路固有增益较低（即链路射频功率损耗较大）时链路噪声系数极限值。

将式（5.31）代入式（5.32）中可以得到在固有增益较低时链路噪声系数极限值：

$$\lim_{\substack{g_i\to 0\\ i_{\text{rin}}^2+i_{\text{sn}}^2\to 0}} \text{NF}=10\lg\left(2+\frac{N_D^2R_{\text{LOAD}}}{g_ikT}(i_{\text{rin}}^2+i_{\text{sn}}^2)+\frac{1}{g_i}\right)=10\lg\left(\frac{1}{g_i}\right) \tag{5.34}$$

如果光电探测器的 RIN 及散粒噪声与其负载电阻热噪声相比可以忽略不计，那么只需要考虑热噪声对链路噪声系数的影响，相应链路噪声系数极限值为链路增益的倒数，即链路噪声系数接近链路射频功率损耗值。在标准参考温度下，无源匹配射频衰减器的噪声系数与其衰减值相等（Pettai，1984 年，第 9.4 节），因此，将低增益模拟光纤链路的噪声系数极限值称为无源衰减极限。

与无源无耗阻抗匹配情况相反，无源衰减极限由模拟光纤链路输出端口噪声决定，在将输出端口噪声等效为输入端口时需要除以链路固有增益，因此无源衰减极限值直接取决于链路增益值。

无源无耗匹配极限、无源衰减极限，以及两种极限组合条件下链路噪声系数与增益之间关系的理论仿真曲线与实验结果如图 5.13 所示。假设 RIN 和散粒噪声项可以忽略不计，从式（5.34）的分析中可以得出两种极限的综合影响（如图 5.13 中实线所示）：

$$\begin{aligned}\lim_{i_{\rm rin}^2+i_{\rm sn}^2\to 0} \mathrm{NF} &= 10\lg\left(2+\frac{N_{\rm D}^2 R_{\rm LOAD}}{g_{\rm i}kT}(i_{\rm rin}^2+i_{\rm sn}^2)+\frac{1}{g_{\rm i}}\right) \\ &= 10\lg\left(2+\frac{1}{g_{\rm i}}\right)\end{aligned} \tag{5.35}$$

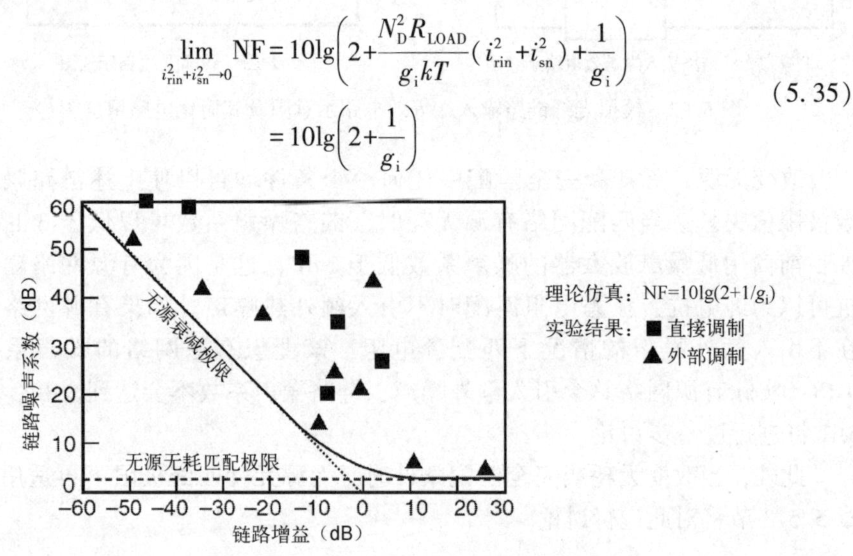

图 5.13　无源无耗匹配极限、无源衰减极限，以及两种极限组合条件下链路噪声系数与增益之间关系的理论仿真曲线与实验结果

（Cox 等，1996 年，图 1，IEEE，经许可可转载）

图 5.13 还给出了一些相关文献中具有代表性的链路增益与噪声系数实测数据，实验结果虽然没有背离理论模型，但是没有在多组增益或噪声条件下对同一链路进行测量，因此上述数据并不能直接验证式（5.35）中两种极限组合的曲线形状。

式（5.35）表明模拟光纤链路与无源网络之间存在显著差异。例如，前文提到 1 dB 无源衰减器的噪声系数为 1 dB，但根据式（5.35）可知当模拟光纤链路损耗为 1 dB 时最佳噪声系数为 5.13 dB，实际噪声系数可能更高。因此，模拟光纤链路并不是无源器件的简单组合，下一节将对式（5.35）进行实验验证。

5.5.3　无源有耗极限

由于无源无耗完全匹配电路较难实现，式（5.35）不适用于实际模拟光纤链路。本节讨论的调制信号源与调制器件之间的阻抗匹配网络仍满足无源条件，但是网络存在功率损耗并且可能无法实现完全匹配，接下来将分别在有耗匹配与有耗失配两种情况下分析模拟光纤链路的噪声系数极限值。

5.5.3.1　无源有耗匹配极限

当调制信号源与调制器件之间为无源有耗阻抗匹配网络时的模拟光纤链路等效电路图如图 5.14 所示，网络损耗主要来源于电阻 R_1 和 R_2，在幅度匹配时要求 $X_{\text{LINK}}=0$ 且 $R_{\text{LINK}}=R_S$，其中

$$R_{\text{LINK}}=R_1+(R_2\parallel R')=R_1+\frac{R_2R'}{R_2+R'} \tag{5.36}$$

为了验证式（5.36），假设匹配网络无耗（即 $R_1=0$ 及 $R_2=\infty$），式（5.36）满足无耗幅度匹配条件（即 $R_{\text{LINK}}=R'=N_{\text{MD}}^2R_{\text{MD}}$）。

参考 Ackerman 等人（1998 年）发表的模型推导过程，将有耗匹配链路增益 $g_{\text{i-lassy}}$ 表示为无耗匹配网络增益与匹配网络损耗 g_{m} 的乘积，即 $g_{\text{i-lossy}}=g_{\text{i}}g_{\text{m}}$。通过简单的网络分析可知，匹配网络损耗可以通过电阻值表示：

$$g_{\text{m}}=\frac{R_{\text{LINK}}-R_1}{R_{\text{LINK}}+R_1} \tag{5.37}$$

同理，匹配网络电阻值也可以通过匹配网络损耗进行表示：

$$R_1=\left(\frac{1-g_{\text{m}}}{1+g_{\text{m}}}\right)R_{\text{LINK}};R_2=\left(\frac{4g_{\text{m}}}{1-g_{\text{m}}^2}\right)R_{\text{LINK}} \tag{5.38}$$

除影响链路增益外，匹配网络损耗还会引入额外噪声源，在图 5.14 所示的网络中有 2 个噪声源。为了计算链路噪声系数，需要将有耗匹配网络中附加噪声源等效到链路输入端口。电阻 R_1 对应的噪声源存在于链路输入端口，而电阻 R_2 对应的噪声源需要除以匹配网络损耗，从而得到附加噪声 n_{add} 表达式（Ackerman，1998 年）：

$$\begin{aligned}n_{\text{add}}=&\frac{1-g_{\text{m}}}{1+g_{\text{m}}}\frac{R_{\text{LINK}}}{R_{\text{S}}}kTg_{\text{i-lossy}}+\frac{1-g_{\text{m}}}{1+g_{\text{m}}}\frac{|Z_{\text{LINK}}+R_{\text{S}}|^2}{4R_{\text{LINK}}R_{\text{S}}}\\&\times\frac{[(1-g_{\text{m}})R_{\text{LINK}}+(1+g_{\text{m}})R_{\text{S}}]^2+(1+g_{\text{m}})^2X_{\text{LINK}}^2}{(R_{\text{LINK}}+R_{\text{S}})^2+X_{\text{LINK}}^2}kTg_{\text{i}}\\&+\frac{R_{\text{MD}}^2|Z_{\text{LINK}}+R_{\text{S}}|^2}{g_{\text{m}}R_{\text{LINK}}R_{\text{S}}|R_{\text{MD}}+Z'_{\text{M}}|^2}kTg_{\text{i}}+(i_{\text{rin}}^2+i_{\text{sn}}^2)R_{\text{LOAD}}+kT\end{aligned} \tag{5.39}$$

将式（5.39）代入式（5.16）中可以得到无源有耗匹配情况下的链路噪声系数表达式：

$$
\begin{aligned}
\mathrm{NF}=10\lg\Bigg(&1+\frac{1-g_{\mathrm{m}}}{1+g_{\mathrm{m}}}+\frac{1}{g_{\mathrm{m}}}\left(\frac{1-g_{\mathrm{m}}}{1+g_{\mathrm{m}}}\right)\\
&+\frac{1}{g_{\mathrm{m}}}+\frac{R_{\mathrm{LOAD}}}{g_{\mathrm{i\text{-}lossy}}kT}(i_{\mathrm{rin}}^{2}+i_{\mathrm{sn}}^{2})+\frac{1}{g_{\mathrm{i\text{-}lossy}}}\Bigg)
\end{aligned}
\tag{5.40}
$$

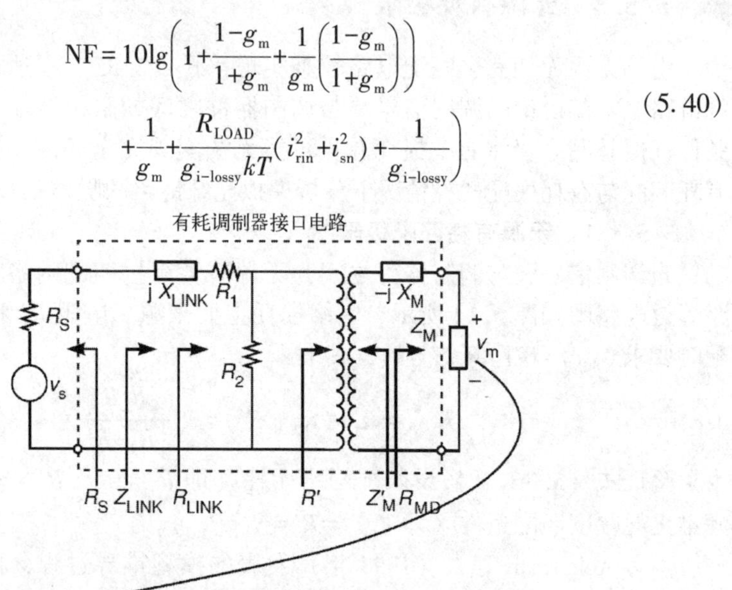

图 5.14 当调制信号源与调制器件之间为无源有耗阻抗匹配网络时的模拟光纤链路等效电路图（Cox 和 Ackerman，1999 年，图 6，International Union of Radio Science，经许可转载）

因此，无源有耗匹配情况下链路噪声系数表达式（5.40）与无源无耗匹配情况下的链路噪声系数表达式（5.34）类似，将式（5.40）化简后可以得到

$$
\mathrm{NF}=10\lg\left(\frac{2}{g_{\mathrm{m}}}+\frac{R_{\mathrm{LOAD}}}{g_{\mathrm{i\text{-}lossy}}kT}(i_{\mathrm{rin}}^{2}+i_{\mathrm{sn}}^{2})+\frac{1}{g_{\mathrm{i\text{-}lossy}}}\right)
\tag{5.41}
$$

将式（5.41）中增益取无限大并忽略 RIN 和散粒噪声，可以得到无源有耗匹配链路的噪声系数极限：

$$
\lim_{\substack{i_{\mathrm{rin}}^{2}+i_{\mathrm{sn}}^{2}\to 0\\ g_{\mathrm{i\text{-}lossy}}\to\infty}} \mathrm{NF}_{\substack{\mathrm{lossy}\\ \mathrm{match}}}=10\lg\left(\frac{2}{g_{\mathrm{m}}}\right)
\tag{5.42}
$$

通常将式（5.42）中极限值称为一般无源匹配极限。

式（5.42）表明，有耗匹配网络在最小噪声系数 3 dB 的基础上增加了匹配网络损耗，可以将有耗匹配链路等效为衰减器与无耗匹配链路级联，衰减器的衰减值等于匹配网络损耗值。

从式（5.35）可以看出，链路噪声系数极限需要调制响应增益足够高并且RIN和散粒噪声可以忽略，图5.15绘制了式（5.35）中链路噪声系数与固有增益之间的关系曲线。其中图5.15（a）绘制了以RIN为参数，调制响应增益为定值（即$N_D^2R_{LOAD}/g_ikT=5\ dB$）时，链路噪声系数与增益之间的关系曲线，由该图可以看出，当RIN低于-160 dB/Hz时，其对实验噪声系数的影响可以忽略不计（目前只有基于半导体泵浦固体激光器的外部调制模拟光纤链路RIN低于-160 dB/Hz）。

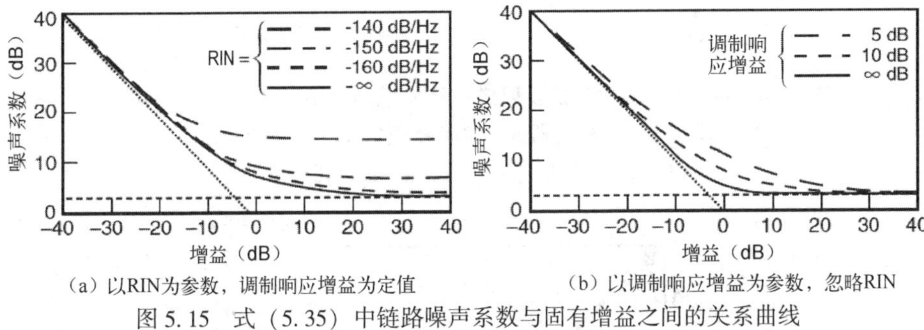

（a）以RIN为参数，调制响应增益为定值　　（b）以调制响应增益为参数，忽略RIN

图5.15 式（5.35）中链路噪声系数与固有增益之间的关系曲线

由于式（5.20）中半波电压（V_π）和平均光功率分别为二次平方项和一次项，因此相较于提高平均光功率，降低V_π对降低链路中散粒噪声影响更有效。图5.15（b）根据式（5.34）绘制了在以调制响应增益为参数并忽略RIN时，链路噪声系数与增益之前的关系曲线，由该图可以看出，随着调制响应增益的增加，链路噪声系数更接近理想情况。

图5.16所示为基于低半波电压的反射式马赫-曾德尔调制器和低RIN高功率半导体泵浦固体激光器的外部调制模拟光纤链路结构框图。通过反射式马赫-曾德尔调制器（Buckley和Sonderegger，1991年）实现低半波电压，由于光波在调制器中两次通过电极（一次沿正常入射方向，一次沿反射方向），因此V_π是基于相同长度电极的标准马赫-曾德尔调制器的一半，利用调制信号源与反射式调制器之间的共轭匹配电路可以进一步降低半波电压；此外，1.3 μm高功率半导体泵浦固体激光器用于输出400 mW的连续光载波信号，光衰减器通过改变链路平均光功率大小来调节链路增益，光环行器的作用是分离连续光载波和调制信号光。

经过实验验证，基于图5.16所示结构的链路噪声系数与增益之间的关系曲线如图5.17所示，图中“▲”代表实验数据，实线为仿真曲线。在一个单独的实验中，匹配网络损耗测量值为0.7 dB，该链路的一般无源匹配极限为3+0.7=3.7 dB，链路噪声系数测量值和理论计算结果一致。

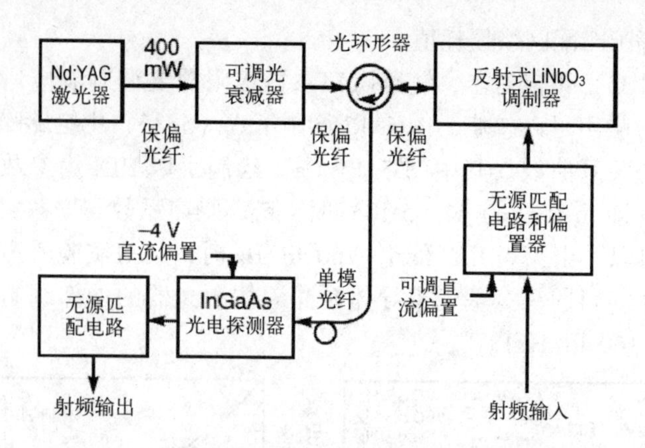

图 5.16　基于低半波电压的反射式马赫–曾德尔调制器和低 RIN 高功率半导体泵浦固体激光器的外部调制模拟光纤链路结构框图（Cox，1996 年，图 4，IEEE，经许可转载）

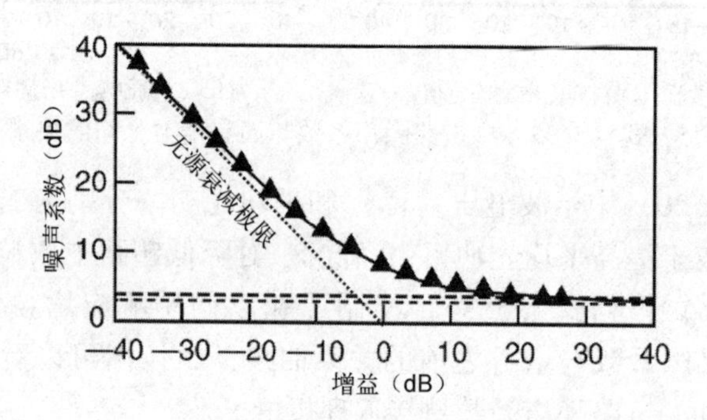

图 5.17　基于图 5.16 所示结构的链路噪声系数与增益之间的关系曲线（Cox 等，1996 年，图 2，IEEE，经许可转载）

因此，为实现足够低的噪声系数，仅使用无耗（即 $G_i = 0$ dB）或低增益的模拟光纤链路是不够的，必须进一步提升链路增益。

5.5.3.2　无源有耗失配极限

前文讨论均以调制信号源与调制器件之间完全匹配为前提条件，然而在实际链路设计过程中通常会引入阻抗失配来降低链路噪声系数。本节将在链路输入端口为无源有耗匹配的情况下，讨论模拟光纤链路噪声系数与输入端口阻抗匹配程度之间的关系。

通常在共轭匹配情况下讨论阻抗失配，无源有耗阻抗失配网络的原理图与图 5.14 相同。与幅度匹配不同，阻抗失配不需要满足式（5.36）所述匹配条件，也不要求满足 $X_{\text{LINK}} = 0$。

有耗失配链路噪声系数的模型非常复杂，我们难以直接得到降低链路噪声系数的有效方法，因此，可以先给出链路在无耗失配时的噪声系数表达式。Ackerman 等人在 1998 年已经提出失配链路噪声系数表达式为式（5.34）的变形，即

$$\mathrm{NF}=10\lg\left[1+\frac{R_{\mathrm{MD}}^2\,|Z_{\mathrm{LINK}}+R_{\mathrm{S}}|^2}{R_{\mathrm{LINK}}R_{\mathrm{S}}\,|R_{\mathrm{MD}}+Z'_{\mathrm{MD}}|^2}+\frac{(i_{\mathrm{rin}}^2+i_{\mathrm{sn}}^2)R_{\mathrm{LOAD}}}{g_{\mathrm{i}}kT}+\frac{1}{g_{\mathrm{i}}}\right] \tag{5.43}$$

与式（5.34）不同，式（5.43）中将常数因子 2 替换为与失配程度有关的因子。在完全匹配条件下 $R_{\mathrm{LINK}}=R_{\mathrm{S}}$，式（5.43）中方括号内第二项等于 1，此时式（5.43）可以简化为式（5.34）。因此，为了使链路噪声系数小于 3 dB，需要设计相应匹配网络使得式（5.43）中方括号内第二项小于 1。此外，由于阻抗失配导致链路固有增益降低，所以在链路设计时需要综合考虑，失配链路的固有增益可以表示为

$$g_{\mathrm{i}}=4g_{\mathrm{m}}\frac{R_{\mathrm{LINK}}R_{\mathrm{S}}}{|Z_{\mathrm{LINK}}+R_{\mathrm{S}}|^2}s_{\mathrm{md}}^2r_{\mathrm{d}}^2 \tag{5.44}$$

上式适用于在任意调制器件情况下的链路固有增益。当匹配电路无耗时（即 $g_{\mathrm{m}}=1$），可以将该链路固有增益表达式代入（5.43）进行计算。

根据式（5.44）可以看出，调制信号源与调制器件之间阻抗失配会导致链路固有增益降低。因此，可采用阻抗失配方式使链路噪声系数小于 3 dB，但也需要综合考虑链路固有增益的下降程度。

如果匹配电路有耗，相应的链路噪声系数表达式如下（Ackerman 等，1998 年）：

$$\begin{aligned}\mathrm{NF}=10\lg\Bigg[&1+\frac{1-g_{\mathrm{m}}}{1+g_{\mathrm{m}}}\frac{R_{\mathrm{LINK}}}{R_{\mathrm{S}}}+\frac{1-g_{\mathrm{m}}}{1+g_{\mathrm{m}}}\frac{|Z_{\mathrm{LINK}}+R_{\mathrm{S}}|^2}{4g_{\mathrm{m}}R_{\mathrm{LINK}}R_{\mathrm{S}}}\\&\times\frac{[(1-g_{\mathrm{m}})R_{\mathrm{LINK}}+(1+g_{\mathrm{m}})R_{\mathrm{S}}]^2+(1+g_{\mathrm{m}})^2X_{\mathrm{LINK}}^2}{(R_{\mathrm{LINK}}+R_{\mathrm{S}})^2+X_{\mathrm{LINK}}^2}\\&+\frac{R_{\mathrm{M}}^2\,|Z_{\mathrm{LINK}}+R_{\mathrm{S}}|^2}{g_{\mathrm{m}}R_{\mathrm{LINK}}R_{\mathrm{S}}\,|R_{\mathrm{M}}+Z'_{\mathrm{M}}|^2}+\frac{1}{g_{\mathrm{i\text{-}lossy}}}+\frac{(i_{\mathrm{rin}}^2+i_{\mathrm{sn}}^2)R_{\mathrm{LOAD}}}{kTg_{\mathrm{i\text{-}lossy}}}\Bigg]\end{aligned} \tag{5.45}$$

Ackerman 等人在 1998 年已经通过实验验证了无源有耗阻抗失配方法有助于实现低于 3 dB 的链路噪声系数，实验链路与图 5.16 中的链路结构大致相同，区别在于调制器端口网络包含用于调整输入阻抗失配程度的可调电感和电容。

当工作频率 $f=130$ MHz 且链路阻抗 $Z_{\mathrm{LINK}}=10.6-\mathrm{j}193\ \Omega$ 时，链路噪声系数的测量值为 2.5 dB。由于 Z'_{M} 很难测量，Ackerman 等人无法计算出在此失配程度下链路噪声系数的理论值。

附录 5.1　有源与无源匹配网络最小噪声系数

本附录将详细介绍无源匹配网络的噪声系数极限并讨论有源网络如何突破这一极限。图 A5.1（a）所示为无源二端口网络模型，热噪声是该无源网络唯一的噪声源，由于没有给定具体网络拓扑结构，所以热噪声源的位置未知。事实证明，网络内部所有噪声源的综合影响可以通过网络外部两个噪声源来表征（Pettai，1984 年，第六章），外部两个等效噪声源分别位于网络输入端口和输出端口，利用一对电压源或电流源进行表示；如果用阻抗参量［Z］表征该网络特性，可得到如图 A5.1（b）所示的无源二端口网络的 Z 阻抗参量模型，图中采用电压源的形式（V_1、V_2）表示外部噪声。

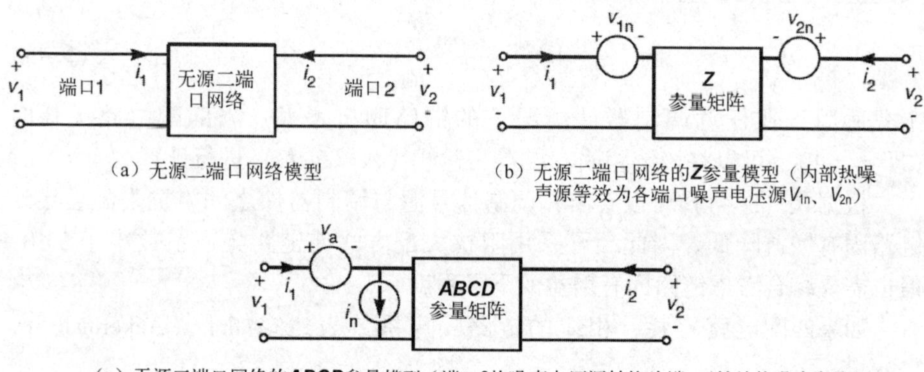

（a）无源二端口网络模型

（b）无源二端口网络的**Z**参量模型（内部热噪声源等效为各端口噪声电压源V_{1n}、V_{2n}）

（c）无源二端口网络的***ABCD***参量模型（端口2热噪声电压源转换为端口1等效热噪声电流源）

图 A5.1　三种无源二端口网络模型

通过网络阻抗参量模型可以将图 A5.1（b）中网络的每对端口电压和电流表示为

$$v_1 = z_{11} i_1 + z_{12} i_2 + v_{1n} \tag{A5.1a}$$

$$v_2 = z_{21} i_1 + z_{22} i_2 + v_{2n} \tag{A5.1b}$$

外部噪声源大小可以通过测量两端口开路电压得到

$$v_{1n} = v_1 \big|_{i_1=i_2=0}, v_{2n} = v_2 \big|_{i_1=i_2=0} \tag{A5.2}$$

由于此处只考虑无源网络，因此外部噪声源必须为热噪声源，即

$$v_n = v_{1n} = v_{2n} = \sqrt{4kTR\Delta f} \tag{A5.3}$$

为了便于分析，假设网络两端口阻抗相同，在无源网络中可以通过理想变压器来满足该条件。

根据戴维南定理，各输入端口阻值分量必须存在电阻 R，即 z_{11} 和 z_{22} 实部

为 R。将输出端口电压源等效为输入端口电流源，可以得到如图 A5.1（c）所示的无源二端口网络的 **ABCD** 参量模型，此时网络方程通常用 **ABCD** 参量进行表示：

$$v_1 = \boldsymbol{A}v_2 - \boldsymbol{B}i_2 + v_a \tag{A5.4a}$$

$$i_1 = \boldsymbol{C}v_2 - \boldsymbol{D}i_2 + i_n \tag{A5.4b}$$

为了确定式（A5.1）与式（A5.4）中等效外部噪声源之间的关系，可以在满足 $v_2=0$ 且 $i_2=0$ 的条件下令式（A5.1a）和式（A5.4a）相等，

$$z_{11}i_1 + v_n = v_a \tag{A5.5a}$$

将 $v_2=0$ 且 $i_2=0$ 代入式（A5.4b）可得

$$i_1 = i_n \tag{A5.5b}$$

利用叠加性定理，可以得到两个噪声源之间的关系为

$$v_n \big|_{i_1=0} = v_a = \sqrt{4kTR\Delta f} \tag{A5.6a}$$

$$i_n \big|_{v_n=0} = \frac{v_a}{z_{11}} = \frac{\sqrt{4kTR\Delta f}}{R} = \sqrt{\frac{4kT\Delta f}{R}} \tag{A5.6b}$$

这两个噪声源的比值被称为噪声电阻：

$$R_{\text{noise}} = \frac{v_n}{i_n} = \sqrt{\frac{4kTR\Delta f}{\frac{4kT\Delta f}{R}}} = R \tag{A5.7}$$

从式（A5.7）可以看出，无源网络噪声电阻等于网络输入电阻。因此，一旦选择用网络输入电阻来匹配源电阻，就只能用相同的电阻值来匹配噪声电阻。然而，有源网络输入电阻和噪声电阻不一定相等，例如双极晶体管的中频噪声模型，该晶体管的等效噪声电压和电流源（Motchenbacher 和 Fitchen，1973 年）可以表示为

$$v_n = \sqrt{4kTr_{bb'}\Delta f + 2qI_C r_e^2 \Delta f}, \tag{A5.8a}$$

$$i_n = \sqrt{2qI_B\Delta f} \tag{A5.8b}$$

从式（A5.8a）可以看出，除热噪声项之外，v_n 还包含散粒噪声项。与式（A5.6b）不同，晶体管噪声电流（A5.8b）主要来自散粒噪声。因此，晶体管的噪声电阻为式（A5.8a）与式（A5.8b）的比值：

$$R_{\text{noise}} = \frac{v_n}{i_n} = \sqrt{\frac{4kTr_{bb'}\Delta f + 2qI_C r_e^2\Delta f}{2qI_B\Delta f}} = \sqrt{\frac{2kTr_{bb'}}{qI_B} + \frac{r_\pi^2}{\beta}} \tag{A5.9}$$

其中 $I_C=\beta I_B$ 且 $r_\pi=\beta r_e$。

另一方面，双极晶体管的输入电阻可以表示为

$$\text{Re}(z_{11}) = r_{bb'} + r_\pi \tag{A5.10}$$

根据上式可见，有源网络中噪声电阻与输入电阻可以不相等。

因此，相比于无源网络，有源网络具有更高自由度，通过合理设计，可以使有源网络输入电阻和噪声电阻不同。例如，选择与源电阻匹配的输入电阻，再将噪声电阻设置为不同数值，从而使链路噪声系数小于 3 dB。与无源器件相比，有源器件（例如晶体管）噪声源虽然更多，但是有源器件噪声系数却可能更小。

参考文献

[1] Ackerman, E. I. 1998. Personal communication.

[2] Ackerman, E. I., Cox, C. H., Betts, G. A., Roussell, H. V., Ray, K. and O' Donnell, F. J. 1998. Input impedance conditions for minimizing the noise figure of an analog optical link, *IEEE Trans. Microwave Theory Tech.*, **46**, 2025-31.

[3] Armstrong, J. A. and Smith, A. W. 1965. Intensity fluctuations in GaAs laser emission, *Phys. Rev.*, **140**, A155-A164.

[4] Bridges, W. B. 2000. Personal communication.

[5] Buckley, R. H. and Sonderegger, J. F. 1991. A novel single-fiber antenna remoting link using a reflective external modulator, *Proc. Photonic Systems for AntennaApplications Conf. (PSAA) 2*, Monterey.

[6] Coldren, L. A. and Corzine, S. W. 1995. *Diode Lasers and Photonic Integrated Circuits*, New York: John Wiley & Sons, Figure 5. 18.

[7] Cox, C. H. 1992. Gain and noise figure in analogue fibre-optic links, *IEE Proc. J*, **139**, 238-42.

[8] Cox, C. H., III and Ackerman, E. I. 1999. Limits on the performance of analog optical links. In *Review of Radio Science 1996 - 1999*, ed. W. Ross Stone, Oxford: Oxford University Press, Chapter 10.

[9] Cox, C. H., III, Ackerman, E. I. and Betts, G. E. 1996. Relationship between gain and noise figure of an optical analog link, *Proc. 1996 IEEE MTT-S InternationalMicrowave Symposium*, paper TH3D-2, San Francisco, CA.

[10] IRE 1960. IRE standards on methods of measuring noise in linear two ports, *Proc. IRE*, **48**, 60-8. Note: the IRE was one of the two professional organizations that merged to form the present IEEE.

[11] Johnson, J. B. 1928. Thermal agitation of electricity in conductors, *Phys. Rev.*, **32**, 97-109.

[12] Lax, M. 1960. Fluctuations from the nonequilibrium steady state, *Rev. Mod. Phys.*, **32**, 25-64.

[13] McCumber, D. E. 1966. Intensity fluctuations in the output of CW laser oscillations,

Phys. Rev., **141**, 306-22.

[14] Motchenbacher, C. D. and Fitchen, F. C. 1973. *Low-Noise Electronic Design*, New York: John Wiley & Sons.

[15] Nyquist, H. 1928. Thermal agitation of electric charge in conductors, *Phys. Rev.*, **32**, 110-13.

[16] Onnegren, J. and Alping, A. 1995. Reactive matching of microwave fiber-optic links, *Proc. MIOP-95*, Sindelfingen, Germany, pp. 458-62.

[17] Petermann, K. 1988. *Laser Diode Modulation and Noise*, Dordrecht, The Netherlands: Kluwer Academic Publishers, Chapter 7.

[18] Pettai, R. 1984. *Noise in Receiving Systems*, New York: John Wiley & Sons.

[19] Prince, J. L. 1998. Personal communication.

[20] Robinson, F. N. H. 1974. *Noise and Fluctuations in Electronic Devices and Circuits*, London: Oxford University Press, Chapter 4.

[21] Schottky, W. 1918. Uber spontane Stromschwankungen in verschiedenen Elektrizitatsleitern, *Ann. Phys.*, 57, 541-67.

[22] Van Valkenburg, M. E. 1964. *Network Analysis*, 2nd edition, Englewood Cliffs, NJ: Prentice-Hall, Inc.

[23] Yamada, M. 1986. Theory of mode competition noise in semiconductor injection lasers, *IEEE J. Quantum Electron.*, 22, 1052-9.

[24] Yamamoto, Y. 1983. AM and FM quantum noise in semiconductor lasers - Part I: Theoretical analysis, *IEEE J. Quantum Electron*, 19, 34-46.

[25] Yamamoto, Y., Saito, S. and Mukai, T. 1983. AM and FM quantum noise in semiconductor lasers - Part II: Comparison of theoretical and experimental results for AlGaAs lasers, *IEEE J. Quantum Electron.*, 19, 47-58.

6 第六章 模拟光纤链路非线性失真

6.1 引　言

本书第五章分析了模拟光纤链路中的多种噪声源，本章将重点研究模拟光纤链路中另一种干扰——非线性失真。与链路噪声不同，链路非线性失真具有确定性；此外，链路噪声始终存在，并且与是否存在信号无关，而非线性失真则要求模拟光纤链路中至少存在一路信号。由于链路非线性失真特性主要取决于电光调制方式，因此，本章将分别讨论直接调制和外部调制模拟光纤链路中的非线性失真。

本章给出非线性器件通用的失真频谱、失真测量及其相互转换等相关结论，这些结论具有普适性，适用于任何类型的模拟光纤链路。本书主要关注模拟光纤链路中的电光调制器件和光电探测器件，利用相关结论分析两种器件的非线性失真特性。此外，由于严重非线性失真会影响高性能系统的正常工作，这促使了各种线性化技术的兴起和发展，本章将围绕模拟光纤链路重点介绍电域和光域两种线性化技术。

模拟光纤链路主要由线性无源光电器件、电光调制器和光电探测器构成，由于线性器件不会导致链路产生非线性失真，因此模拟光纤链路的非线性失真主要来自电光调制器件和光电探测器件。此外，电光调制器件引入的非线性失真通常明显高于光电探测器件，因此，本章将简要介绍光电探测器件的非线性失真特性，并重点关注电光调制器件的非线性失真特性和抑制方法。

6.2　非线性失真模型与测量

6.2.1　幂级数失真模型

本书前几章主要讨论了模拟光纤链路组成器件的线性特性，包括链路增益、工作带宽和噪声系数等性能参数，本章将重点研究模拟光纤链路组成器件的非线性失真特性。

非线性失真的定义是构建模拟光纤链路非线性模型的基础（Bridges，2001年）。图6.1（a）所示为经过低通滤波系统的输入、输出信号时域图，滤波器输入方波信号和输出信号的波形分别用实线和虚线表示，由于输入与输出信号波形不同，滤波器输出波形可能存在非线性失真。该低通滤波过程可以表示为

$$Y_{out}(s)=H(s)Y_{in}(s) \tag{6.1}$$

其中，$Y_{in}(s)$和$Y_{out}(s)$分别为滤波器输入和输出电压（或电流）信号的拉普拉斯变换，$H(s)$为滤波器传递函数（与输入和输出信号无关的复变函数）。因此，滤波器传递函数$H(s)$改变了输入信号$Y_{in}(s)$的振幅和相位，从时域波形看，输出信号$y_{out}(t)$和输入信号$y_{in}(t)$存在很大区别，然而由图6.1（b）所示的输入和输出信号频谱图可以看出，低通滤波器的传递函数$H(s)$并没有引入新的频率成分。

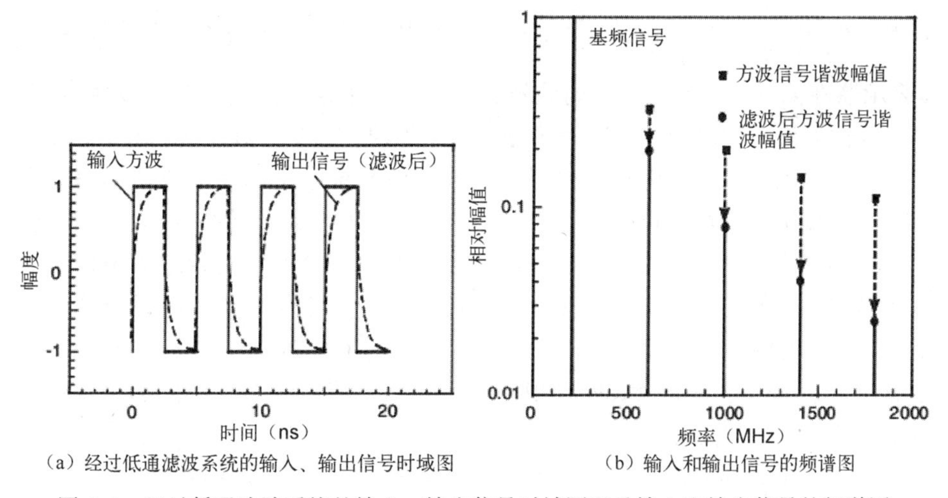

（a）经过低通滤波系统的输入、输出信号时域图　　（b）输入和输出信号的频谱图

图6.1　经过低通滤波系统的输入、输出信号时域图以及输入和输出信号的频谱图

如果系统输出信号相较于输入信号没有产生新的频率分量，那么该系统不存在非线性失真，反之则引入了非线性失真。上述输出信号能够通过“均衡”滤波器对时域波形进行修正，恢复成初始输入信号时域波形，该“均衡”滤波器传递函数为低通滤波器传递函数的反函数$[H(s)]^{-1}$。当输入信号经过传递函数为常数的系统（即系统传输特性与频率无关）时，输出信号波形不会发生变化。

对于实际系统中大部分射频器件而言，输出信号$Y_{out}(s)$与输入信号$Y_{in}(s)$并不是简单的线性关系。例如，当模拟光纤链路中马赫-曾德尔调制器工作于正交偏置点时，将大功率正弦信号调制到光载波上，再通过响应度为r_D的无失真光电探测器进行线性解调，可以得到

$$i_D=\frac{r_D T_{FF} P_I}{2}\left(1+\cos\left(\frac{\pi}{2}+\frac{\pi v_m \sin(\omega t)}{V_\pi}\right)\right) \tag{6.2}$$

当输入信号频率为ω时，输出信号频率包含ω、3ω、5ω、7ω、…分量，各分量幅度由对应阶数的贝塞尔函数决定，由于输出信号产生了新的频率分量，可以认为电光调制器传递函数引入了非线性失真。

当输入小信号时非线性传递函数通常可以通过泰勒级数展开近似表述（Thomas，1968年，18.3节），非线性传递函数的泰勒展开表达式$h(x)$为关于x的无穷阶导数在给定点a处的数值之和，即

$$h(x)=\sum_{k=0}^{\infty}\frac{(x-a)^k}{k!}\left(\frac{d^k h}{dx^k}\right)_{x=a}=1+\sum_{k=1}^{\infty}(x-a)^k a_k \tag{6.3}$$

其中$a_k=\frac{1}{k!}\left(\frac{d^k h}{dx^k}\right)_{x=a}$。当我们将式（6.3）应用于电光调制器或光电探测器时，a表示器件偏置点。此外，泰勒展开表达式可以用来区分线性和非线性器件：对于线性器件传递函数，只有一阶导数为非零项，高阶导数项均为零。

以上讨论以电压或电流为变量，在本书前几章中均以功率或功率增益为变量进行讨论，本章也将继续使用功率变量讨论模拟光纤链路的非线性失真。在分析链路非线性失真时，由于输出信号谐波频率分量没有相应频率信号输入，谐波分量的功率增益为无穷大，因此通常主要考虑输出基频及谐波分量功率与输入基频信号功率之间的关系。为了计算不同频率分量处的信号功率，根据所有频率分量的幂级数展开项，相应频率处的信号功率值分别为每项系数的平方。

在一定调制幅度范围内，有些器件具有完美线性传递函数，但是当调制信号幅度超过线性工作区间时，器件会产生非线性失真；此外，即使调制幅度超过器件线性范围，某些器件的传递函数仍然是完美线性函数，但是也会

产生非线性失真，这种非线性失真通常表现为削波失真。例如，通过设置直调半导体激光器的偏置点和调制幅度，当激光器驱动电流小于阈值时，能够观察到削波失真现象，本章 6.2.2 节将对 CATV 系统中削波失真进行详细讨论。

6.2.2 非线性失真测量

式（6.3）表明输出信号各阶非线性失真分量的幅度取决于输入信号幅值，这将有益于调制深度或调制指数 m 的定义。在本书第二章中，式（2.14）、式（2.24）和式（2.32）中都包含了调制电压（电流）与最大调制电压（电流）的比值，通常可以将该比值定义为调制深度：

$$m \equiv \frac{v}{V} = \frac{i}{I} \tag{6.4}$$

其中 v 和 i 分别表示调制电压和电流，V 和 I 分别表示最大调制电压和电流，由式（6.4）可知，调制深度 m 的取值范围为 $0<m<1$。大部分非线性失真可以用调制深度进行衡量，因此调制深度概念对于模拟光纤链路非线性失真非常重要。

电光调制器的传递函数可以定义为 $h(f_M(t))$（Betts，1986 年），其中 $f_M(t)$ 为加载到电光调制器上的调制电压（电流）。通过调制器传递函数的泰勒展开式（6.3）来分析链路非线性失真特性，需要给出传递函数的显性表达式，然而调制器传递函数的隐性表达式更有利于分析所有类型电光调制器件和光电探测器件的非线性失真特性。

假设调制信号为单频正弦波形，即 $f_M(t) = F_B + f_m\sin(\omega t)$，将其代入式（6.3）右边第二项中，忽略三阶以上高阶项，可以得到

$$\begin{aligned} h(f_M) &\approx 1+h_1 f_m\sin(\omega t)+h_2(f_m\sin(\omega t))^2+h_3(f_m\sin(\omega t))^3 \\ &= 1+h_1 f_m\sin(\omega t)+\frac{h_2 f_m^2}{2}(1-\cos(2\omega t)) \\ &\quad +\frac{h_3 f_m^3}{4}(3\sin(\omega t)-\sin(3\omega t)) \end{aligned} \tag{6.5}$$

根据式（6.5）中基频项系数，通过定义 $f_m = m/h_1$ 能够将调制幅度定义到调制器最大调制区间内，并且各阶分量幅值可以通过所有同频分量的系数之和计算得到。泰勒级数展开后，谐波失真分量（单音信号）和互调失真分量（双音信号）对应系数如表 6.1 所示。

表 6.1　泰勒级数展开后，谐波失真分量（单音信号）和互调失真分量（双音信号）对应系数

	谐波失真分量（单音信号）		互调失真分量（双音信号）	
	幅值	频率	幅值	频率
直流项	$1+\frac{h_2}{2}\left(\frac{m}{h_1}\right)^2$	0	$1+h_2\left(\frac{m}{h_1}\right)^2$	0
基频项	$m+\frac{3h_3}{4}\left(\frac{m}{h_1}\right)^3$	ω	$m+\frac{9h_3}{4}\left(\frac{m}{h_1}\right)^3$	ω_1, ω_2
二阶项	$-\frac{h_2}{2}\left(\frac{m}{h_1}\right)^2$	2ω	$h_2\left(\frac{m}{h_1}\right)^2$	$\omega_1 \pm \omega_2$
三阶项	$-\frac{h_3}{4}\left(\frac{m}{h_1}\right)^3$	3ω	$\mp\frac{3h_3}{4}\left(\frac{m}{h_1}\right)^3$	$2\omega_1 \pm \omega_2$, $2\omega_2 \pm \omega_1$

理论上，调制器件中各非线性失真分量的功率大小可以利用单频正弦信号进行分析，但是在实际应用系统中，器件的非线性失真特性通常采用双频等幅正弦信号进行描述。令双音信号 $f_M(t)=F_B+f_m[\sin(\omega_1 t)+\sin(\omega_2 t)]$，将其代入式（6.3）中并忽略三阶以上高阶项，利用 $f_m=m/h_1$ 可以得到调制器的传递函数

$$
\begin{aligned}
h(f_M)= & 1+m[\sin(\omega_1 t)+\sin(\omega_2 t)]+h_2\left(\frac{m}{h_1}\right)^2\left[\frac{1}{2}(1-\cos(2\omega_1 t))\right.\\
& \left.+\frac{1}{2}(1-\cos(2\omega_2 t))+\cos(\omega_2-\omega_1)t+\cos(\omega_2+\omega_1)t\right]\\
& +h_3\left(\frac{m}{h_1}\right)^3\left[\frac{9}{4}(\sin(\omega_1 t)+\sin(\omega_2 t))-\frac{1}{4}(\sin(3\omega_1 t)+\sin(3\omega_2 t))\right.\\
& \left.-\frac{3}{4}[\sin(2\omega_1+\omega_2)t+\sin(2\omega_2+\omega_1)t-\sin(2\omega_1-\omega_2)t-\sin(2\omega_2-\omega_1)t]\right]
\end{aligned}
\tag{6.6}
$$

式（6.6）和式（6.5）中各阶谐波分量完全相同，由于同时存在双频信号，调制器会产生额外非线性互调失真，其中二阶互调失真分别为双频正弦信号的差频与和频，三阶互调失真分别为一路信号倍频后与另一路信号的差频与和频，相应的二阶和三阶互调失真系数参见表 6.1。

谐波失真分量和互调失真分量产生机制相同，但是两者幅值并不相等。由表 6.1可知，二阶互调失真项系数比二次谐波分量高 3 dB，三阶互调失真项系数比三次谐波分量高 4.77 dB。

幂级数展开表达式（6.6）可以表述各类非线性失真信号，根据幂级数二次展开项得到的非线性失真项包括两类：一类是输入双音信号各自的二次谐

波分量，另一类是输入双音信号之间的互调失真项。根据幂级数三次展开项得到的非线性失真项也包括两种：一种是输入双音信号各自的三次谐波分量，另一种是一路信号二倍频分量与另一路信号之间的互调失真项。由式（6.3）可知，二阶非线性失真信号包括由二次项产生的谐波和互调失真信号，三阶失真信号由所有三次失真项产生，四阶失真信号同理。当考虑三阶以上的 n 阶非线性失真时，双音信号产生的非线性失真分量为 $k\omega_1 \pm l\omega_2$ 项，k 和 l 为满足 $|k|+|l|=n$ 的所有整数值。当 k 与 l 的差值为 1 时，相应的互调失真信号频率与双音信号频率 ω_1 和 ω_2 接近。

由表 6.1 可知，非线性失真也会导致基频和直流处产生附加信号。如式（6.6）所示，当双音信号频率满足 $\omega_1=\omega_2$（即 $\omega_1-\omega_2=0$）时，输出信号中将包含直流分量，而三阶非线性互调信号（$2\omega_1-\omega_2=\omega_1$）将会产生基频分量。当非线性效应较弱时，失真信号对系统的影响可以忽略；当非线性效应较强时，失真信号将对系统产生严重影响。

在表 6.1 所列谐波失真分量中，当三阶互调产生的基频项可以忽略时，基频信号大小与调制深度 m 成正比，二次和三次谐波分量大小分别与调制深度的二次方（m^2）和三次方（m^3）成正比；此外，二阶互调失真与幂级数中二次项系数 h_2 成正比，三阶互调失真同理。

根据上述分析可知，增大调制深度 m 可以提高基频信号功率，而噪声功率与调制深度 m 无关，因此增大调制深度可以有效提升输出信号信噪比。然而，由于高阶非线性失真信号的大小与调制深度的高次幂成正比，增大调制深度将导致非线性失真信号功率增加速度更快。当非线性失真信号功率低于噪底时，可以忽略非线性失真的影响，此时调制深度越大越好。当调制深度较大时，非线性失真信号功率将高于噪底，因此调制深度的取值范围存在上限。在设计模拟光纤链路时，为了实现最大输出信噪比（非线性失真信号功率等于或低于噪底），不仅需要选择设计合适的线性器件或线性化技术，还需要使调制信号功率大小与器件线性工作区相匹配（可以通过设置合适的调制深度值来实现）。

当输入双音信号频率分别为 90 MHz 和 110 MHz，并且输入功率均为0 dBm 时，具有非线性传递函数的射频器件输出信号频谱示意图如图 6.2 所示。各阶谐波项和互调项的幅值与射频器件的非线性特性相关，具体关系由式（6.3）中系数 a_k 确定。由图 6.2 可知，二阶非线性失真信号频率与输入信号频率相距较远。当输入双音信号频率相同时，二阶非线性失真信号将出现在零频和二倍频处，因此，在输入信号频率附近的倍频程内不会出现二阶非线性失真分量。

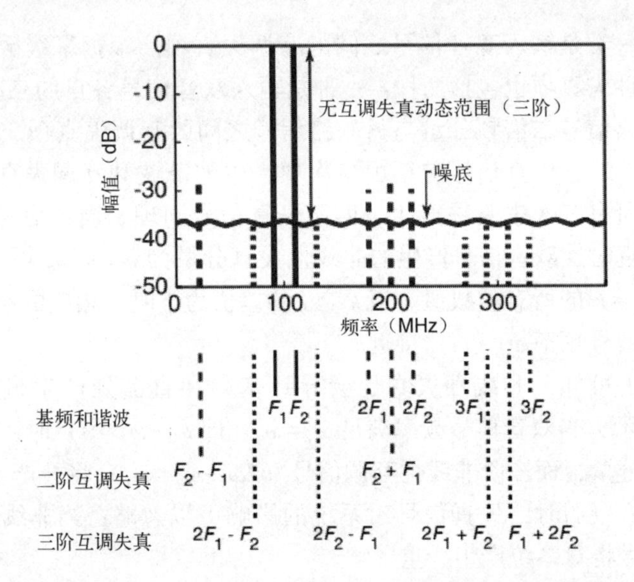

图 6.2　具有非线性传递函数的射频器件输出信号频谱示意图
（其中输入双音信号频率分别为 90 MHz 和 110 MHz）

此外，绝大多数三阶非线性失真信号频率与输入信号频率相距较远，然而，存在两个三阶互调信号，其与输入信号之间的频率差等于输入双音信号之间的频率差。因此，与二阶非线性失真不同，输入信号频率附近的倍频程内存在两个三阶非线性失真分量。

对于工作带宽小于单个倍频程的窄带系统，二阶非线性失真可以直接滤除，只需要考虑三阶非线性失真的影响；在工作带宽大于单个倍频程的宽带系统中，需要同时考虑二阶和三阶非线性失真的影响。

非线性器件的幂级数展开式中通常包含三阶以上高阶项，式（6.3）分母中阶乘项越大，高阶失真项影响越小。对于模拟调制系统，非线性器件传递函数的高阶导数值较小，高阶非线性项可以忽略不计，因此本书只关注二阶和三阶非线性失真项。

根据式（6.6）可以绘制出输出信号各频率分量功率与输入信号功率之间的函数关系曲线，如图 6.3 所示，图中横纵坐标值均采用对数形式。

在线性坐标系中，曲线斜率表示系统功率增益，而在对数坐标系中，曲线斜率表示信号的指数。由于基频信号输出功率与输入信号功率成正比，图 6.3中输出基频信号曲线斜率为 1；同理，由于二阶非线性失真信号功率与输入基频信号功率的平方成正比，图 6.3 中二阶非线性失真信号曲线斜率为 2。

非线性失真程度通常可以用基频信号曲线与失真信号曲线交点对应的功

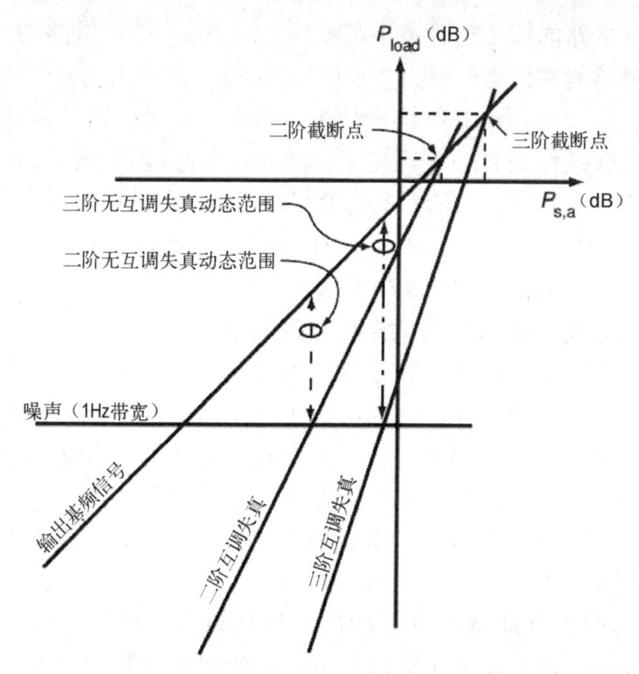

图 6.3　输出信号各频率分量功率与
输入信号功率之间的函数关系曲线（对数坐标）

率（截断点功率）进行衡量。在实际应用中，截断点功率能够有效衡量系统性能，当输入信号功率值小于该点对应输入功率值时，可以显著减小非线性失真程度，输入截断点功率越高，在给定输入信号功率时系统非线性失真越小。由图 6.3 可知，二阶非线性失真和三阶非线性失真的截断点功率不同，截断点可以通过相应的输入或输出功率进行定义，即输入二/三阶截断点和输出二/三阶截断点。

截断点是衡量非线性失真的一个重要参量，并且与器件噪声系数无关。大部分器件输出功率曲线在与失真曲线相交前就已经开始饱和，所以无法直接测量其截断点。在这种情况下，截断点通常被定义为基频信号与失真信号两条曲线的线性外延线交点。

衡量非线性失真的另一个重要参量是无互调失真动态范围。与截断点特性相同，各阶非线性失真对应的无互调失真动态范围不同。此外，与截断点特性不同的是，无互调失真动态范围与器件的非线性失真和噪声系数均有关。在定义无互调失真动态范围时，需要将输出噪声功率添加到图 6.3 中。由于输出噪声功率与输入信号功率无关，输出噪声功率为定值，可以用水平线表示。

模拟光纤链路能够传送的最小基频信号功率 $p_{\min}$ 等于链路输出噪声功率，而模拟光纤链路能够传送的最大基频信号功率 $p_{\max}$ 为当失真信号功率等于输出噪声功率时，对应的输出基频信号功率。理论上，无互调失真动态范围可以通过上述任意非线性失真项进行定义，然而在实际应用中，通常采用二阶和三阶互调非线性失真项，二阶和三阶无互调失真动态范围可以定义为 $p_{\max}/p_{\min}$ 或 $P_{\max}-P_{\min}$（单位为 dB），其中 $p_{\max}$ 取决于非线性互调失真项阶数，二阶和三阶无互调失真动态范围如图 6.3 中所示。

无互调失真动态范围与模拟光纤链路的输出噪声功率有关，并且输出噪声功率取决于模拟光纤链路工作带宽，因此无互调失真动态范围也与光纤链路工作带宽有关。与模拟光纤链路噪声类似，通常讨论单位带宽内无互调失真动态范围，对于实际应用系统，单位带宽内无互调失真动态范围可以转换为工作带宽(BW)内无互调失真动态范围。由于各阶非线性失真曲线斜率不同，各阶无互调失真动态范围随带宽的变化规律不同，并且比噪声随带宽的变化规律更复杂。

二阶无互调失真动态范围（IMF_2）与基频调制信号功率之间的关系如图 6.4（a)所示，输出噪声功率增加 1dB 会使二阶无互调失真动态范围减小 1/2 dB，所以二阶无互调失真动态范围改变量随带宽变化的规律为$(\mathrm{bw})^{\frac{1}{2}}$或(BW)/2（单位为 dB），与二次谐波失真改变量随带宽变化的规律相同。例如，当二阶无互调失真动态范围从 1 Hz 带宽转换为 1 MHz 带宽时，两个带宽之比为 $1/10^6$（即 BW = −60 dB），因此 $\mathrm{IMF_2}(1\,\mathrm{MHz}) = \mathrm{IMF_2}(1\,\mathrm{Hz}) - 30\,\mathrm{dB}$。

此外，三阶无互调失真动态范围（IMF_3）与基频调制信号功率之间的关系如图 6.4（b）所示，输出噪声功率增加 1 dB 会使三阶无互调失真动态范围减小 2/3 dB，所以三阶无互调失真动态范围改变量随带宽变化规律为$(\mathrm{bw})^{\frac{2}{3}}$或$\frac{2}{3}(\mathrm{BW})$（单位为 dB），与三次谐波失真改变量随带宽变化规律相同。例如，当三阶无互调失真动态范围从 1 Hz 带宽转换为 1 MHz 带宽时，同样两个带宽之比为 $1/10^6$（即 BW = −60 dB），因此 $\mathrm{IMF_3}(1\,\mathrm{MHz}) = \mathrm{IMF_3}(1\,\mathrm{Hz}) - 40\,\mathrm{dB}$。

综上所述，n 阶非线性失真的无互调失真动态范围改变量随带宽变化规律为$(\mathrm{bw})^{\frac{n-1}{n}}$或$\frac{n-1}{n}(\mathrm{BW})$（单位为 dB）。

由图 6.3 可知，二阶和三阶非线性截断点与无互调失真动态范围之间的关系式分别为

$$\mathrm{IMF_2} = \frac{1}{2}(\mathrm{IP_2} - N_{\mathrm{out}}) \tag{6.7a}$$

$$\mathrm{IMF}_3=\frac{2}{3}(\mathrm{IP}_3-N_{\mathrm{out}}) \tag{6.7b}$$

其中输出噪声满足 $N_{\mathrm{out}}=G_t+\mathrm{NF}+10\ \lg(kT\Delta f/10^{-3})$，非线性截断点 IP_n 的对应输出功率以 dBm 为单位，无互调失真动态范围 IMF 以 dB 为单位，并且带宽为 Δf。

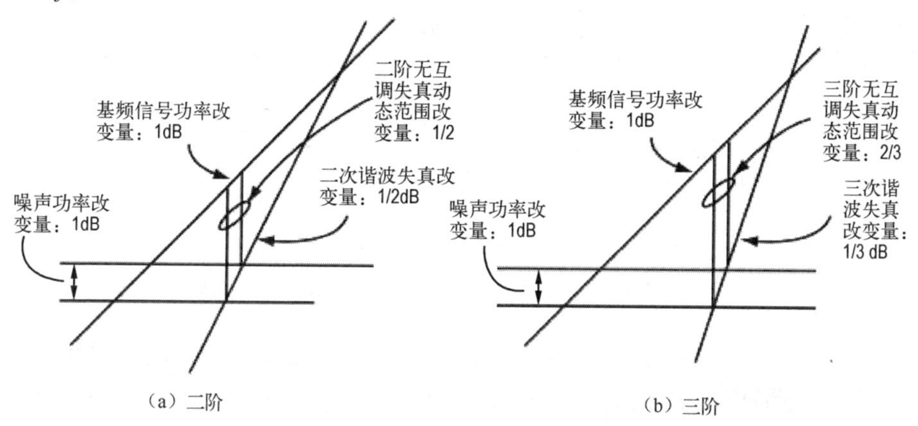

图 6.4　二阶/三阶无互调失真动态范围（IMF）与基频调制信号功率之间的关系

在雷达和通信等系统中，输入信号通常为频率间隔无规律的多频信号，此时二阶和三阶非线性无互调失真对系统影响较大，并且基频信号与其他输入信号的互调失真频率不同。

在有线电视及蜂窝移动通信等应用系统中，多路等间隔载波信号被频分复用到同一光纤链路中进行传输和解调，此时，三阶互调失真信号与输入信号间频率差等于输入信号间频率差，因此，三阶非线性失真信号会落在相邻载波或频道上。等间隔载波频分复用系统中载波和三阶互调失真典型频谱图如图 6.5 所示，由于上述系统中载波频率间隔相同，多个载波对会产生相同频率的互调信号并相互叠加，严重干扰常规载波信号。在这种情况下，需要一种新的失真度量方法对多个互调项的半相干相加进行统计，常用度量方法包括复合二阶差拍（CSO）和复合三阶差拍（CTB）。

与无互调失真动态范围类似，CSO/CTB 失真度量被定义为载波信号与失真信号之间的功率差（单位为 dB）。相同载波间隔意味着最强失真信号也位于载波频率处，因此，在测量 CSO/CTB 参数时需要去除掩盖失真信号的载波信号。

此外，与无互调失真动态范围不同，CSO/CTB 项与系统通带具体频率位置有关，可以通过计算机辅助计算出给定频率复用格式的 CSO/CTB 项，并绘制出其与频率之间的关系。以载波数量为参数，CSO 项和 CTB 项数量与频率

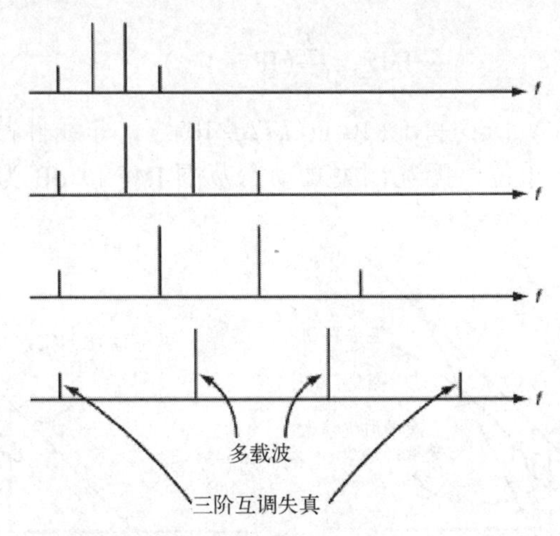

图 6.5　等间隔载波频分复用系统中载波和三阶互调失真典型频谱图

之间的关系曲线（Phillips 和 Darcie，1997 年）如图 6.6 所示，CSO 项和 CTB 项分别在通带两端和中心位置最密集。

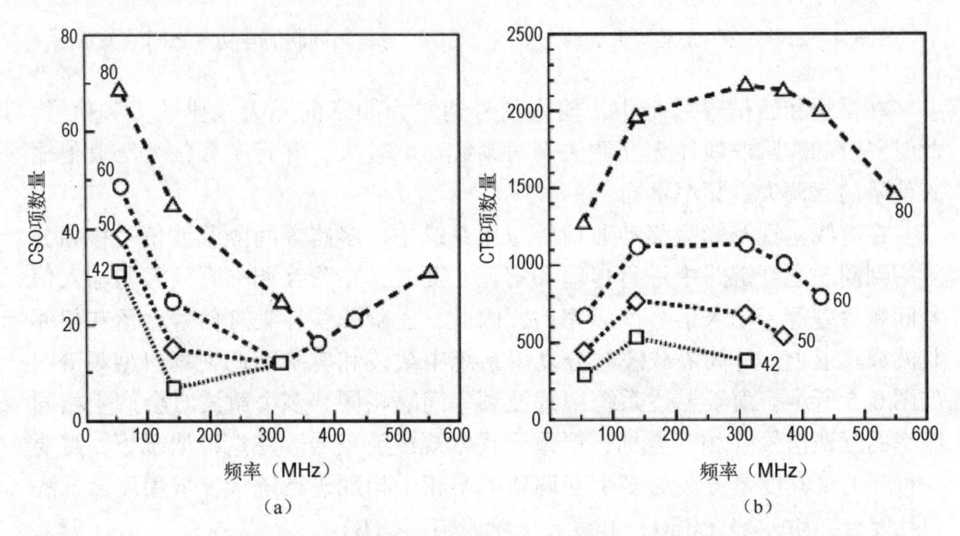

图 6.6　以载波数量为参数，CSO 项和 CTB 项数量与频率之间的关系曲线
（Phillips 和 Darcie，1997 年，表 14.1 和 14.2）

当输入信号包含多个载波频率时，需要确定载波之间相位关系。对于有线电视（CATV）系统，美国国家电视标准委员会将多数载波频率设置在 (109.25+6n)MHz 等频点上（其中 n 为自然数），并且各频点信号相位相对独立，然而，载波之间相位独立性并不能保证所有失真分量相位独立性。

与谐波和互调失真类似，CSO 项和 CTB 项也可以用调制深度和幂级数系数（如表 6.1 所示）进行表示（Phillips 和 Darcie，1997 年）：

$$\mathrm{CSO} = 10\lg(N_{\mathrm{CSO}} h_2^2 m^2) \tag{6.8a}$$

$$\mathrm{CTB} = 10\lg\left(\frac{9}{4} N_{\mathrm{CTB}} h_3^2 m^4\right) \tag{6.8b}$$

其中 N_{CSO} 和 N_{CTB} 分别为在指定载波数时特定频率的二阶和三阶互调失真数量。

CSO/CTB 项是表征非线性失真的另一种方式，根据表 6.1 中的系数，可以用类似式（6.8）的形式来表示二阶和三阶无互调失真动态范围。由于式（6.8a）和式（6.8b）通过射频功率形式进行表示，因此需要对表 6.1 中系数（关于电压或电流的函数）进行求平方计算。此外，CSO/CTB 项衡量相对于基频信号的失真程度，因此，可以引入互调抑制比 IMS_2 和 IMS_3，分别表示二阶和三阶失真系数与基频系数的比值。

将表 6.1 中二阶互调失真系数与基频系数的比值求平方，并且假设 $h_1 = 1$，可以得到二阶互调抑制比：

$$\mathrm{IMS}_2 \propto 10\lg\left(\frac{h_2 m^2}{m}\right)^2 = 10\lg(h_2^2 m^2) \tag{6.9a}$$

类似地，三阶互调抑制比可以表示为

$$\mathrm{IMS}_3 \propto 10\lg\left(\frac{3h_3 m^3}{4m}\right)^2 = 10\lg\left(\frac{9}{16} h_3^2 m^4\right) \tag{6.9b}$$

对比式（6.8）与式（6.9）可知，互调失真抑制比对幂级数系数和调制深度具有相同依赖性。如果 CSO/CTB 项与无互调动态范围之间进行转换，需要利用对数函数性质将式（6.8）中乘积表示为相应对数和，并将式（6.8）中第二个对数项替换为式（6.9）中对数项，可得

$$\mathrm{CSO} = 10\lg(N_{\mathrm{CSO}}) + \mathrm{IMS}_2 \tag{6.10a}$$

$$\mathrm{CTB} = 10\lg(N_{\mathrm{CTB}}) + \mathrm{IMS}_3 + 6\ \mathrm{dB} \tag{6.10b}$$

其中式（6.10b）中 6 dB 是由于在计算 CTB 项时使用了三个频率输入（$f_1 \pm f_2 \pm f_3$），相应互调失真功率值比在计算无互调失真动态范围时［使用两个频率输入（$2f_1 \pm f_2$）］高 6 dB。

只要互调失真项高于噪声，就可以通过上述转换关系比较 CSO/CTB 项和互调抑制比。然而，与测量 CSO/CTB 项不同，无互调失真动态范围需要选择合适的基频功率使得互调失真功率等于噪声功率。

无互调失真动态范围和 CSO/CTB 项之间存在近似转换关系（Betts 等，1991 年；Kim 等，1989 年），例如，IMF_3 与 CNR、CTB 和 N_{CTB} 之间的关系可以表示为

$$\mathrm{IMF}_3(1\ \mathrm{Hz}) \cong \frac{2}{3}(\mathrm{CNR} + 10\lg(\Delta f)) + \frac{1}{3}(|\mathrm{CTB}| + 6 + 10\lg(N_{\mathrm{CTB}})) \tag{6.11}$$

式（6.11）等号右侧第一项用于将CNR的带宽Δf转换为IMF_3的1 Hz带宽，第二项用于校正多个互调项相加产生的额外功率。此外，计算式（6.11）中CNR和CTB的值时，调制深度必须相同，并且式（6.11）仅适用于三阶非线性失真。

对于100通道CATV系统，相应的典型参数值分别为CNR = 55 dB、CTB = 65 dB、Δf = 4 MHz，以及N_{CTB} = 3025，可以计算出无互调失真动态范围IMF_3 = 116dB $Hz^{2/3}$。为了进一步验证式（6.11）的准确性，利用典型射频放大器的参数值IP_3 = 41 dBm和CTB = −61 dBc（该CTB值对应于110通道CATV系统，与100通道CATV系统的CTB值相近，相应的CTB项数量N_{CTB} = 3025）（WJ，1998年），根据式（6.7）和式（6.11）可以得到相同的无互调失真动态范围值IMF_3(1Hz) = 133 dB。

6.3 常见光电器件非线性失真

6.3.1 半导体激光器

本节讨论半导体激光器非线性失真，忽略馈入激光器谐振腔的反射光对激光器非线性失真和噪声的影响，并假定调制信号频率远小于激光器弛豫振荡频率，以便通过激光器直流P–I曲线准确预测其非线性失真特性。本书2.2.1节将调制斜率效率定义为式（2.5）中激光器P–I曲线的斜率：

$$s_\ell(i_L = I_L) \equiv \left.\frac{\partial p_\ell}{\partial i_\ell}\right|_{i_\ell = I_L} \tag{6.12}$$

由本书第三章可知，直接调制模拟光纤链路的固有增益与调制斜率效率成正比（即$g_t \propto s_\ell$），因此，n阶非线性失真项的“增益”与激光器P–I曲线的n阶导数成正比：

$$g_{t,n}(i_L = I_L) \propto \left.\frac{\partial^n p_\ell}{\partial i_\ell^n}\right|_{i_\ell = I_L} \tag{6.13}$$

此外，激光器驱动电流与调制信号源功率成正比（即$i_\ell \propto p_{s,a}$），为了研究半导体激光器的非线性失真特性，可以根据式（6.3）将激光器输出功率展开为驱动电流的幂级数表达式（Petermann，1988年）：

$$p_\ell = \frac{\partial p_\ell}{\partial i_\ell} i_\ell + \frac{1}{2}\frac{\partial^2 p_\ell}{\partial i_\ell^2} i_\ell^2 + \frac{1}{6}\frac{\partial^3 p_\ell}{\partial i_\ell^3} i_\ell^3 + \cdots \tag{6.14}$$

在上述讨论中假设激光器偏置电流为I_L。

理论上，在不同偏置点情况下需要通过不同幂级数表达式来表征半导体激光器的所有非线性失真，当偏置电流和调制电流之和高于激光器阈值时，激光器功率的幂级数表达式为偏置电流的弱函数，可以将该约束条件限制下的非线性失真称为小信号失真。

实际信号的调制方式多种多样（如最常见的用于 CATV 信号分配的副载波复用调制格式），在某些复杂调制方式下，调制信号会使激光器驱动电流低于阈值电流。由于激光器 P–I 曲线斜率在阈值附近会发生变化，此时需要采用不同幂级数表达式来研究激光器非线性失真，该类型非线性失真通常称为大信号失真，在某些特定情况下，也可以称之为削波失真。下文将主要讨论半导体激光器的小信号失真。

典型半导体激光器的 P–I 曲线如图 6.7（a）所示，即使没有激光器 P–I 曲线的解析表达式，也可以根据式（6.14）定性分析激光器非线性失真与偏置电流之间的关系。由式（6.14）可知，基频信号增益（与激光器 P–I 曲线斜率成正比）在阈值以上或以下均相对恒定，并且在阈值以上时增益值更高，P–I 曲线的一阶导数曲线如图 6.7（b）所示。此外，激光器二阶非线性失真与 P–I 曲线斜率的变化率成正比，即与 P–I 曲线的曲率有关，二阶非线性失真在激光器阈值处达到最大值，当驱动电流大于阈值后，二阶非线性失真逐渐降至相对恒定值，P–I 曲线的二阶导数曲线如图 6.7（c）所示。由于二阶非线性失真最大值处为一个拐点，所以该点处 P–I 曲线的三阶导数为零，即在阈值附近三阶非线性失真最小，P–I 曲线的三阶导数曲线如图 6.7（d）所示。

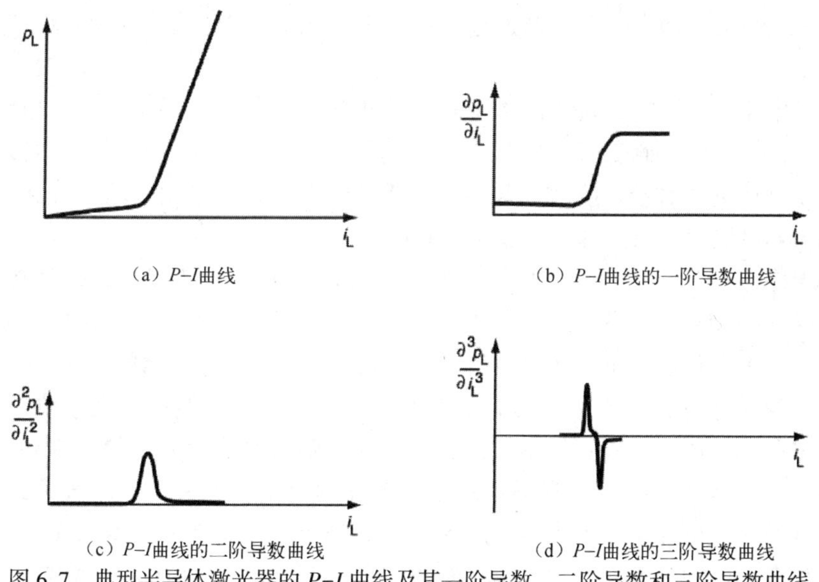

（a）P–I曲线　（b）P–I曲线的一阶导数曲线

（c）P–I曲线的二阶导数曲线　（d）P–I曲线的三阶导数曲线

图 6.7　典型半导体激光器的 P–I 曲线及其一阶导数、二阶导数和三阶导数曲线

半导体激光器非线性失真的实验测量结果验证了上述结论，以调制指数为参数，实验测量的二阶和三阶非线性失真与平均光功率之间的关系曲线如图6.8所示。当调制电流在激光器阈值附近时，二阶非线性失真大于三阶非线性失真；当调制电流大于激光器阈值时，二阶非线性失真开始降至相对恒定值，而三阶非线性失真变化规律较复杂。

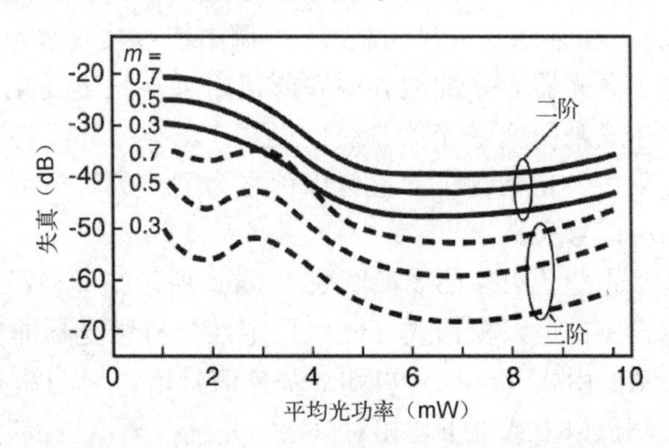

图6.8　以调制指数为参数，实验测量二阶和三阶非线性失真与平均光功率之间的关系曲线（Petermann，1986年，图4.19，Kluwer Academic Publishers，经许可转载）

在直接调制光纤链路的设计过程中，当基频信号不为零时，不存在使得一个或多个非线性失真项为零的“完美”偏置点。因此，为了减小激光器非线性失真，偏置电流应大于阈值以实现信号功率增益最大化，并且避免产生二阶非线性失真。此外，激光器偏置电流也不宜过大，以免造成信号增益降低和非线性失真增大。上述结论适用于本书2.2.1节中介绍的各类型半导体激光器。

半导体激光器的非线性失真理论上可以通过计算实测 P–I 曲线的导数进行估算，但是由于测量过程中噪声对失真的影响，该估算方法并不可行。因此，只要将调制信号直接加载到半导体激光器上，并测量相应的谐波和互调失真，就可以获得较为准确的非线性失真结果。

半导体激光器的直流和低频非线性失真在原则上可以通过本书附录2.1中 P–I 曲线的解析表达式进行预测，但是在一般链路工作频率范围内，激光器动力学中失真效应不能忽略，因此通常并不采用该方法。更有效的研究方法是扩展本书附录4.1中的交流速率方程，使其包含非线性失真影响因素，并根据激光器速率方程直接推导出相应的非线性失真表达式，但是推导过程比较烦琐，具体过程将在本书附录6.1中详细讨论，本节只给出最终结论。事实证明，理论计算结果与Darcie等人在1985年得到的实验结果类似，以调制频率与弛豫振荡频率之比、调制指数 m 为关键参数，相应二次谐波、三次谐波和三阶互调失真的归一化基频响应可以分别表示如下：

$$\frac{\mathrm{HD}_2}{F} \cong 10\lg\left\{m\frac{\left(\frac{f_1}{f_r}\right)^2}{g(2f_1)}\right\} \tag{6.15a}$$

$$\frac{\mathrm{HD}_3}{F} \cong 10\lg\left\{\frac{3m^2}{2}\frac{\left(\frac{f_1}{f_r}\right)^4-\frac{1}{2}\left(\frac{f_1}{f_r}\right)^2}{g(2f_1)g(3f_1)}\right\} \tag{6.15b}$$

$$\frac{\mathrm{IMF}_3}{F} \cong 10\lg\left\{\frac{m^2}{2}\frac{\left(\frac{f_1}{f_r}\right)^4-\frac{1}{2}\left(\frac{f_1}{f_r}\right)^2}{g(f_1)g(2f_1)}\right\} \tag{6.15c}$$

其中激光器增益与频率相关，

$$\frac{1}{g(f)}=\left\{\left(\left(\frac{f}{f_r}\right)^2-1\right)^2+\left(\frac{2\pi\varepsilon f}{g_0}\right)^2\right\}^{-\frac{1}{2}} \tag{6.16}$$

上式中 g_0 为未压缩增益；ε 为由光子密度 N_p 引起的增益压缩因子。上述参数构成了包含压缩效应的增益表达式：

$$g(N_p)=\frac{g_0}{1+\varepsilon N_p} \tag{6.17}$$

当激光器驰豫振荡频率 $f_r=5.3$ GHz 时，根据式（6.15a）、式（6.15b）和式（6.15c）可绘制出二次、三次谐波失真和三阶互调失真与调制频率之间关系的理论预估曲线，如图 6.9 中实线部分所示。ε/g_0 的值为综合考虑实验中基频响应和式（6.17)后的最佳取值。从图中可以看出，所有非线性失真的测量值从低频处开始单调递增，在调制频率为弛豫振荡频率的一半时谐波失真达到峰值，之后单调递减。而互调失真在调制频率高于弛豫振荡频率一半后开始下降，并在弛豫振荡频率处增加到最大值，因此无互调动态范围是衡量半导体激光器非线性失真的主要参数。

图 6.9 中还绘制了 Darcie 等人的实验测量结果，这与理论预估曲线相吻合。对其他结构的半导体激光器（如增益导引型和折射率导引型激光器）、不同谐振腔的激光器（如法布里-珀罗和分布反馈式半导体激光器）及不同芯片生长技术制造的激光器进行类似实验测量可以得出，相应的非线性失真曲线主要取决于上文提到的多个参数。

式（6.15a）、式（6.15b）和式（6.15c）仅在调制频率接近弛豫振荡频率时有效。例如，令$f_1=0$，此时低频处的非线性失真为零，这与实际情况相矛盾。在典型的 CATV 系统中，激光器的弛豫振荡频率为最大调制频率的 5~10 倍。

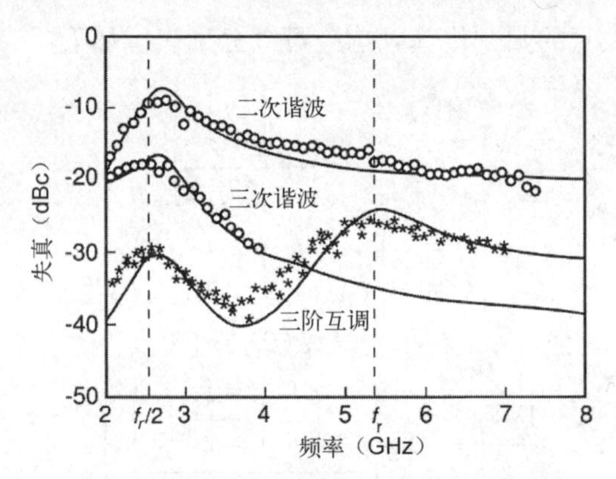

图 6.9 二次、三次谐波失真和三阶互调失真与调制频率之间关系的理论预估曲线与实验测量结果

（T. E. Darcie 等，1985 年，Electron. Lett.，经许可转载）

6.3.2 马赫-曾德尔调制器

由本书第四章可知，马赫-曾德尔调制器的调制频率响应不存在半导体激光器中的固有器件谐振现象。在理想情况下，马赫-曾德尔调制器的传递函数与频率无关，因此相应的非线性失真也与频率无关。Betts 等人于 1990 年通过实验表明，在一定误差允许范围内，当工作频率小于 20 GHz 时，马赫-曾德尔调制器的三阶非线性互调失真幅度与频率无关。

马赫-曾德尔调制器的偶数阶非线性失真受偏置点影响较大，而奇数阶非线性失真受偏置点影响较小（Bulmer 和 Burns，1983 年）。与半导体激光器不同，马赫-曾德尔调制器的传递函数有明确表达式，可以通过简化传递函数表达式（2.12）来分析非线性失真与偏置点之间的关系。简化后的传递函数表达式为

$$p_{\mathrm{M,O}}=\frac{T_{\mathrm{FF}}P_{\mathrm{I}}}{2}\left(1+\cos\left(\frac{\pi v_{\mathrm{M}}}{V_{\pi}}\right)\right) \tag{6.18}$$

与半导体激光器分析方法相同，通过表达式（6.18）中一阶、二阶和三阶导数可以分别得到基频信号增益、二阶及三阶非线性失真与调制器偏置角之间的关系，结果如下：

$$\frac{\partial p_{\mathrm{M,O}}}{\partial V_{\mathrm{M}}}=-\frac{T_{\mathrm{FF}}P_{\mathrm{I}}}{2}\frac{\pi}{V_{\pi}}\sin\left(\frac{\pi v_{\mathrm{M}}}{V_{\pi}}\right) \tag{6.19a}$$

$$\frac{\partial^{2}p_{\mathrm{M,O}}}{\partial V_{\mathrm{M}}^{2}}=-\frac{T_{\mathrm{FF}}P_{\mathrm{I}}}{2}\left(\frac{\pi}{V_{\pi}}\right)^{2}\cos\left(\frac{\pi v_{\mathrm{M}}}{V_{\pi}}\right) \tag{6.19b}$$

$$\frac{\partial^3 p_{M,O}}{\partial V_M^3}=-\frac{T_{FF}P_I}{2}\left(\frac{\pi}{V_\pi}\right)^3\sin\left(\frac{\pi v_M}{V_\pi}\right) \tag{6.19c}$$

式（6.19）中基频信号、二阶及三阶非线性失真分量与马赫-曾德尔调制器偏置角之间关系的理论仿真曲线和实验测量结果如图 6.10 所示，可以看出实验测量结果与理论仿真曲线相吻合。正如本书 2.2.2.1 节中所分析的，当马赫-曾德尔调制器工作于正交偏置点 $V_M=kV_\pi/2$（k 为整数）时，其增益值最大，此时调制器二阶非线性失真为零。由于马赫-曾德尔调制器的传递函数关于正交偏置点具有奇对称性［即 $p_{M,O}(v_M-V_M)=-p_{M,O}(-(v_M-V_M))$］，所以偶数阶非线性失真项在正交偏置点处均为零。

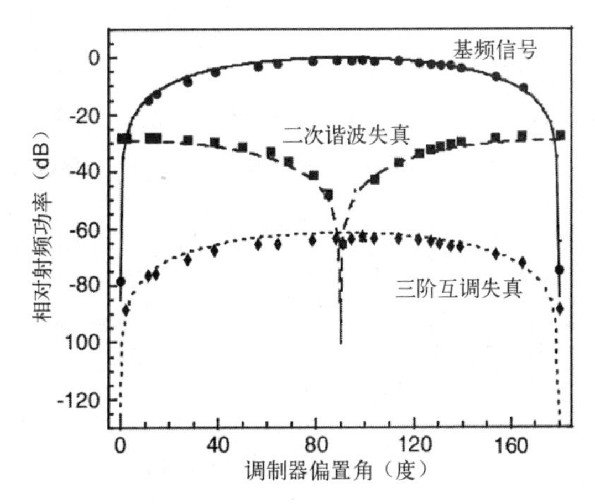

图 6.10　式（6.19）中基频信号、二阶及三阶非线性失真分量与马赫-曾德尔调制器偏置角之间关系的理论仿真曲线和实验测量结果（Roussell，2001 年，经许可转载）

此外，三阶非线性失真项在偏置点 $V_M=kV_\pi$ 处为零，由于马赫-曾德尔调制器的传递函数关于上述偏置点具有偶对称性［即 $p_{M,O}(v_M-V_M)=p_{M,O}(-(v_M-V_M))$］，所有奇数阶非线性失真项在偏置点 $V_M=kV_\pi$ 处均为零，因此基频信号（即最小奇数阶分量）在上述偏置点处也为零，最小三阶非线性失真对应的偏置点并没有实际意义。

综上所述，模拟光纤链路可以通过合理设置马赫-曾德尔调制器偏置点来消除二阶非线性失真，而无法通过设置马赫-曾德尔调制器偏置点完全消除三阶非线性失真，本章 6.4 节将利用该特性结合三阶线性化方案设计出具有低二阶、三阶失真的宽带模拟光纤链路。

最后，由于马赫-曾德尔调制器的传递函数为周期函数，因此不会产生削波失真。对于调制器的大信号非线性失真，需要通过本书 3.4 节中马赫-曾德尔调制器的大信号增益表达式重新推导非线性失真表达式。

6.3.3 定向耦合调制器

定向耦合调制器与马赫-曾德尔调制器类似，非线性失真特性均与偏置点有关而与工作频率无关，但是这两种电光调制器的非线性失真与偏置点之间的对应关系存在明显差异。

在本书 2.2.2.2 节中，定向耦合调制器的传递函数由式（2.19）给出：

$$p_{\mathrm{D,O}}=T_{\mathrm{FF}}P_{\mathrm{I}}\frac{\sin^2\left[\dfrac{\pi}{2}\sqrt{1+3\left(\dfrac{v_{\mathrm{M}}}{V_{\mathrm{S}}}\right)^2}\right]}{1+3\left(\dfrac{v_{\mathrm{M}}}{V_{\mathrm{S}}}\right)^2} \tag{6.20}$$

为了得到基频增益、二阶及三阶非线性失真信号功率与偏置点之间的对应关系，需要求得式（6.20）的前三阶导数（Prince，1998 年）：

$$\begin{aligned}\frac{\partial p_{\mathrm{D,O}}}{\partial V_{\mathrm{M}}}=T_{\mathrm{FF}}P_{\mathrm{I}}\frac{3V_{\mathrm{S}}^2V_{\mathrm{M}}}{2\left(V_{\mathrm{S}}^2+3V_{\mathrm{M}}^2\right)^2}&\left[-2+2\cos\left(\pi\sqrt{1+3\left(\frac{V_{\mathrm{M}}}{V_{\mathrm{S}}}\right)^2}\right)\right.\\&\left.+\pi\sqrt{1+3\left(\frac{V_{\mathrm{M}}}{V_{\mathrm{S}}}\right)^2}\sin\left(\pi\sqrt{1+3\left(\frac{V_{\mathrm{M}}}{V_{\mathrm{S}}}\right)^2}\right)\right]\end{aligned} \tag{6.21a}$$

$$\begin{aligned}\frac{\partial^2 p_{\mathrm{D,O}}}{\partial V_{\mathrm{M}}^2}=T_{\mathrm{FF}}P_{\mathrm{I}}\frac{3}{2\left(V_{\mathrm{S}}^2+3V_{\mathrm{M}}^2\right)^3}&\left[V_{\mathrm{S}}^2\left(-2V_{\mathrm{S}}^2+18V_{\mathrm{M}}^2\right)\right.\\&+\left(2V_{\mathrm{S}}^4+\left(3\pi^2-18\right)V_{\mathrm{S}}^2V_{\mathrm{M}}^2+9\pi^2V_{\mathrm{M}}^4\right)\cos\left(\pi\sqrt{1+3\left(\frac{V_{\mathrm{M}}}{V_{\mathrm{S}}}\right)^2}\right)\\&\left.+\pi V_{\mathrm{S}}^2\left(V_{\mathrm{S}}^2-12V_{\mathrm{M}}^2\right)\sqrt{1+3\left(\frac{V_{\mathrm{M}}}{V_{\mathrm{S}}}\right)^2}\sin\left(\pi\sqrt{1+3\left(\frac{V_{\mathrm{M}}}{V_{\mathrm{S}}}\right)^2}\right)\right]\end{aligned} \tag{6.21b}$$

$$\begin{aligned}\frac{\partial^3 p_{\mathrm{D,O}}}{\partial V_{\mathrm{M}}^3}=T_{\mathrm{FF}}P_{\mathrm{I}}\frac{27V_{\mathrm{M}}}{2\left(V_{\mathrm{S}}^2+3V_{\mathrm{M}}^2\right)^4}&\left[-8\left(V_{\mathrm{S}}^4-3V_{\mathrm{S}}^2V_{\mathrm{M}}^2\right)+\left[\left(8-\pi^2\right)V_{\mathrm{S}}^4\right.\right.\\&\left.+\left(3\pi^2-24\right)V_{\mathrm{S}}^2V_{\mathrm{M}}^2+18\pi^2V_{\mathrm{M}}^4\right]\cos\left(\pi\sqrt{1+3\left(\frac{V_{\mathrm{M}}}{V_{\mathrm{S}}}\right)^2}\right)\\&\left.+\pi\sqrt{1+3\left(\frac{V_{\mathrm{M}}}{V_{\mathrm{S}}}\right)^2}\left[5V_{\mathrm{S}}^4+\left(\pi^2-18\right)V_{\mathrm{S}}^2V_{\mathrm{M}}^2+3\pi^2V_{\mathrm{M}}^4\right]\right.\\&\left.\times\sin\left(\pi\sqrt{1+3\left(\frac{V_{\mathrm{M}}^2}{V_{\mathrm{S}}}\right)^2}\right)\right]\end{aligned} \tag{6.21c}$$

式（6.21）中基频信号、二阶及三阶非线性失真分量与定向耦合调制器偏置点之间关系的理论仿真曲线和实验测量结果如图6.11所示，从图中可以看出实验测量结果（Roussell，1995年）与理论仿真曲线相吻合。与图6.10中曲线类似，在偏置点 $V_M=0.438$ 时，链路增益最大，二次谐波失真为零，此时偏置电压略小于马赫-曾德尔调制器的相应偏置电压。与马赫-曾德尔调制器不同，定向耦合调制器的传递函数与偏置电压之间的关系曲线不具有周期性，因此相应偏置条件不存在多个取值；此外，该偏置点只是拐点而非奇对称点，因此，在该偏置点处更高偶数阶非线性失真通常不为零。

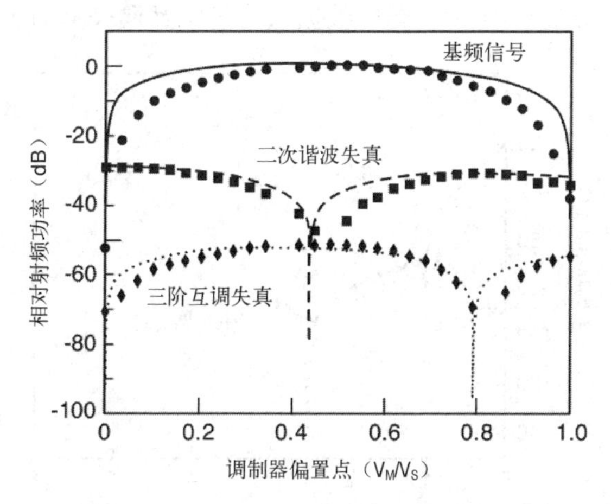

图6.11　式（6.21）中基频信号、二阶及三阶非线性失真分量与定向耦合调制器偏置点之间关系的理论仿真曲线和实验测量结果（Roussell，1995年，经许可转载）

由图6.11可知，在偏置点 $V_M=0.7954$ 处，定向耦合调制器三阶非线性失真趋于零。由于定向耦合调制器的传递函数在三阶导数为零的偏置点处不具有偶对称性，此时基频信号功率既不是最大值也不为零，因此标准定向耦合调制器具有较大的三阶无互调失真动态范围。由于窄带系统中二阶非线性失真可以直接滤除，因此定向耦合调制器非常适用于窄带模拟光纤链路；然而，定向耦合调制器无法通过设置偏置点来同时消除二阶和三阶非线性失真，因此它很少被应用于宽带模拟光纤链路中。

6.3.4　电吸收调制器

由本书2.2.2.3节中表达式（2.27）可知，电吸收调制器的传递函数可

以表示为

$$p_{A,O}=T_{FF}P_I e^{-\Gamma L\Delta a(v_M)} \tag{6.22}$$

与马赫-曾德尔调制器和定向耦合调制器类似，可以通过对传递函数表达式（6.22）逐次求导来研究电吸收调制器的非线性失真特性。式（6.22）中指数部分表示电吸收调制器的吸收系数，该系数是关于调制电压的 Airy 函数（微分形式）。尽管 Airy 函数的导数具有解析解，但是形式较复杂，对模拟光纤链路设计没有实际指导意义。因此，本节将借鉴半导体激光器幂级数展开式（6.14），使其作为偏置点的函数来研究电吸收调制器的非线性失真（互调失真）特性，基频信号、二阶及三阶互调失真分量与电吸收调制器偏置点之间的关系曲线如图 6.12 所示，图中数据点为三阶互调失真的实验测量结果。

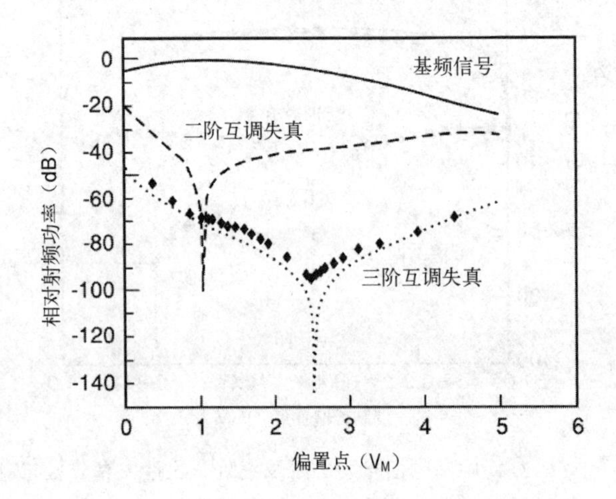

图 6.12　基频信号、二阶及三阶互调失真分量与电吸收调制器偏置点之间的关系曲线（Welstand 等，1999 年，经许可转载）

与定向耦合调制器类似，电吸收调制器能够通过设置偏置点使二阶或三阶非线性失真最小，同时保证基频信号较大。从图 6.12 中可以看出三阶互调失真的实验测量结果与理论计算结果一致。电吸收调制器的设计决定了该类调制器的非线性失真与偏置点之间的特殊依赖关系。

6.3.5　光电二极管

光电二极管的非线性失真主要来源于二阶或更高阶非线性效应，其非线性失真现象早期已经被实验验证（Ozeki 和 Hara，1976 年；Esman 和 Williams，1990 年；Williams 等，1993 年），也有学者对其进行过理论分析（Dentan 和 de

Cremoux，1990；Williams 等，1996 年）。理论上，光电二极管为严格线性器件，因此无法通过传递函数的导数来分析其非线性失真特性。

光电二极管内部存在多种影响非线性失真水平的因素，例如光电二极管有源层掺杂水平或缓冲层厚度，然而在模拟光纤链路设计过程中，通常无法通过改变这些内部参量来降低链路非线性失真程度。

对于光电二极管外部参量，反向偏置电压和入射平均光功率也会影响光电二极管的非线性失真程度。当平均探测光电流为 1 mA 时，PIN 光电二极管的基频信号（5 GHz）和二次、三次、四次谐波失真功率与探测器反向偏置电压之间关系的测量结果如图 6.13 所示，当基频信号频率为 5 GHz 时，1 mA 平均探测光电流导致的非线性失真可以忽略。

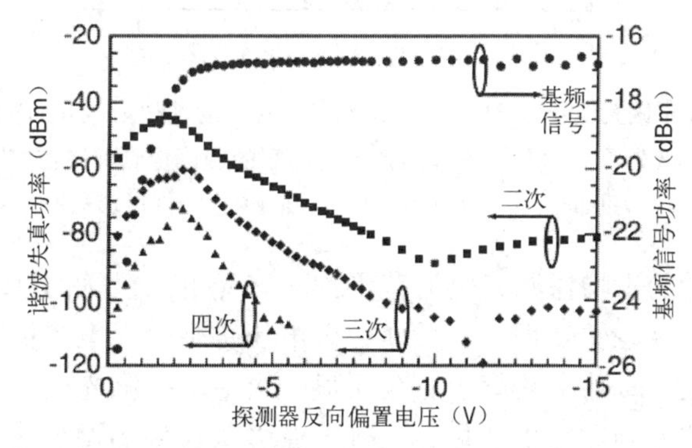

图 6.13　当平均探测光电流为 1mA 时，PIN 光电二极管的基频信号（5 GHz）和二次、三次、四次谐波失真功率与探测器反向偏置电压之间关系的测量结果（Williams，1996 年，图 5，IEEE，经许可转载）

由图 6.13 可知，反向偏置电压的增大会导致光电二极管结电容值减小，较小的结电容使得基频信号分流较少，更多基频信号功率能够到达光电二极管负载。当偏置电压从零增大时，基频信号功率和谐波失真功率均随之增大；当偏置电压增大到一定程度时，基频信号功率将不再增大。因此，如果仅考虑偏置电压的影响，为了得到最大输出射频功率，可以选择设置使基频信号功率饱和的任意偏置电压值。

此外，谐波失真功率在饱和偏置电压范围内持续减小，而基频信号功率基本保持恒定，即使进一步增加光电二极管反向偏置电压，基频信号及谐波失真功率都将与偏置电压大小无关。因此，最小非线性失真对应的反向偏置电压显著高于最大基频信号功率所需偏置电压。

为了得到光电二极管的非线性失真特性与平均探测光电流之间的关系，可以将反向偏置电压固定设为 5 V，同时调节输入光电二极管的平均探测光功率大小，PIN 光电二极管的基频信号（5 GHz）和二次、三次、四次谐波失真功率与平均探测光电流之间的理论仿真曲线与实际测量结果如图 6.14 所示（Williams 等，1996 年）。

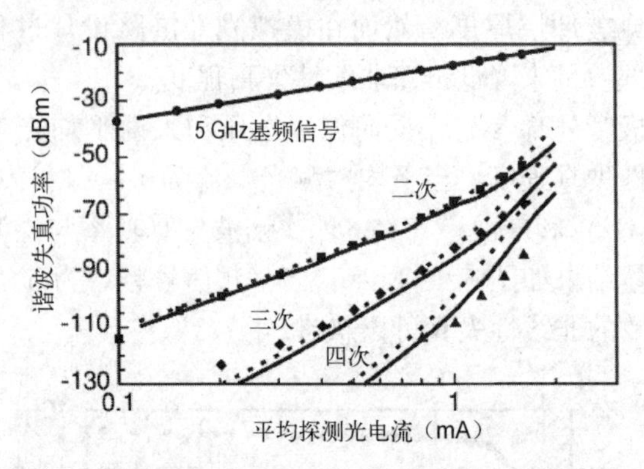

图 6.14　当反向偏置电压为 5V 时，PIN 光电二极管的基频信号（5 GHz）和二次、三次、四次谐波失真功率与平均探测光电流之间的理论仿真曲线与实际测量结果（Williams 等，1996 年，图 7，IEEE，经许可转载）

在实验测量的平均探测光电流范围内，该光电二极管的基频输出信号没有出现功率饱和现象，然而，与反向偏置电压类似，光电二极管传递函数的线性偏离对谐波失真功率的影响更为明显。当平均探测光电流大于 1 mA 时，光电二极管的传递函数发生变化，所有谐波失真功率的增长速度都比平均探测光电流小于 1 mA 时更快。

由于直接调制和外部调制模拟光纤链路通常工作于较高平均光功率水平，在实际链路设计过程中需要考虑上述问题。当调制信号频率较低时，通过将光功率分布到更大的探测面积上，可以有效避免较高平均光功率的限制。Williams 等人在上述实验测量过程中使用的两种探测器的探测端面直径均小于 10 μm，拥有较大探测端面直径（如 50~300 μm）的光电二极管可以承受 30 mA 光电流，由于光电二极管的非线性失真主要取决于光功率密度而非总功率大小，此时模拟光纤链路的非线性失真仍然主要受限于电光调制器件（Ackerman 等，1998 年）。正如 Yu 在 1998 年指出的，光电探测器内部某个位置处的最大光功率密度取决于该处焦耳热效应和探测器的几何形状，因此在实际设计过程中，光电探测器可承受最大输入光功率受到多个参量的共同影响。

正如本书 2.3 节中所述，随着调制信号频率的增大，光电二极管探测端面的面积需要减小；然而，为了减小非线性失真，光电二极管的探测端面面积需要增大以保持较低的光功率密度。因此，在保证高频光电二极管线性度的同时，研究增大其最大光电流的技术非常重要（Giboney 等，1997 年；Lin 等，1997 年；Jasmin 等，1997 年；Williams 等，1996 年）。Lin 等人于 1997 年分析了三种光电二极管（表面受光、波导型和速度匹配光电二极管）的最大饱和光电流与探测带宽之间的关系，相应的理论仿真曲线与实际测量结果如图 6.15 所示，结果表明表面受光光电二极管的最大饱和光电流随着探测带宽的增大而迅速减小。

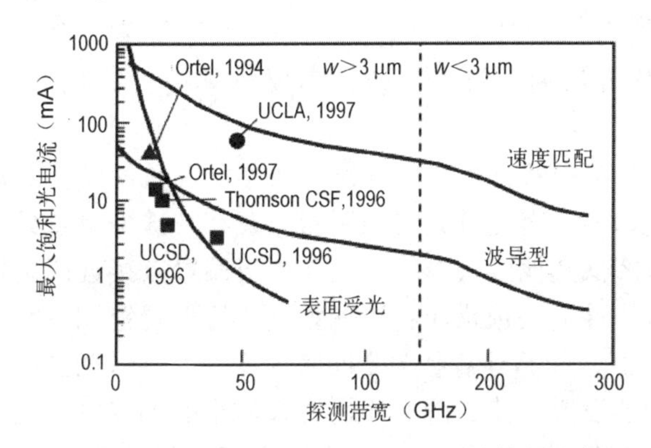

图 6.15　对于表面受光、波导型和速度匹配光电二极管的最大饱和电流与探测带宽之间关系的理论仿真曲线与实际测量结果（实验数据来自于 Prince，1998 年）●速度匹配■波导型▲表面受光（Lin 等，1997 年，IEEE，经许可转载）

行波光电二极管结构能够显著改善最大饱和电流随频率增大而减小的现象，由于行波结构光波导的吸收体积增大及行波电极的存在，行波光电二极管不会出现带宽减小现象。

大多数光电二极管非线性失真程度小于电光调制器，通常可以忽略不计，然而在本章 6.4 节中将会考虑光电二极管非线性失真的影响。

6.4　非线性失真的抑制方法

对于蜂窝移动通信和个人通信等系统，本章前文所分析的非线性失真水平已经足够低，但是雷达和 CATV 等系统通常需要更低的非线性失真水平。为了进一步降低链路非线性失真水平以满足雷达和 CATV 等应用需求，本节将分析并讨论多种模拟光纤链路的线性化技术。

模拟光纤链路线性化技术的分类标准包括三种：第一种是线性化技术的

实施频段，可以在电域或光域上对非线性失真进行抑制；第二种是线性化技术的工作带宽，宽带线性化技术主要用于降低二阶及三阶非线性失真，窄带线性化技术主要用于降低三阶非线性失真（通常以恶化二阶非线性失真为代价）；第三种是线性化技术的抑制阶次，线性化技术可以面向特定阶次非线性失真，也可以面向所有阶次非线性失真。

本书将重点讨论第一种分类标准，并简单介绍另外两种分类标准。

由于模拟光纤链路中的非线性失真主要是由电光调制器引起的，所以目前发展线性化技术的重点主要集中在研究电光调制器上。通常可以采用以下方法进行线性化：首先，设置一个偏置点，确定该偏置点附近的传递函数；然后，设计线性化方案，将总失真降低到可接受的水平。然而这种线性化方法通常过于复杂，需要将其进行简化后才能解决实际问题。

正如本章 6.3 节中所分析的，电光调制器可以通过设置偏置点使二阶或三阶非线性失真为零，因此首先将调制器设置在特殊偏置点处，然后再设计失真抑制方法来降低其他阶次非线性失真。当偏置点接近调制器件偏置范围中心时，二阶非线性失真值最小；当偏置点接近偏置范围中某极值时，三阶非线性失真值最小。由于当偏置点接近偏置范围中心时调制指数更高，所以通常将电光调制器设置在使二阶非线性失真最小的偏置电压处，之后通过线性化方法来降低三阶非线性失真，下文所介绍的线性化技术将主要遵循该思路。

电域线性化技术主要根据给定调制器传递函数，通过电子电路设计来补偿模拟光纤链路非线性失真；光域线性化技术则主要通过设计线性度更高的调制器件或组合来降低链路非线性失真。下面将详细介绍电域和光域两种线性化技术。

6.4.1 电域线性化技术

图 6.16 所示为电域线性化技术的三种基本方法，这三种方法已经被应用于模拟光纤链路的直接调制和外部调制器件中。

图 6.16（a）所示为最常用的失真线性化方法——预失真技术（Bertelsmeier 等，1984 年；Wilson 等，1998 年）。如果限制链路无互调失真动态范围的非线性传递函数已知，可以在调制器输入端引入具有相反非线性特性的预失真电路，通过级联两个非线性器件可以有效提升链路系统的总线性度，该非线性失真抑制方法效果显著。Wilson 等人设计了一种三阶和五阶校正量可调节的预失真电路，能够使系统复合三阶差拍失真降低 22.6 dB。

电域预失真技术是一种“开环”方法，预失真电路的非线性特性固定，无法补偿不同器件的非线性失真。当调制器件非线性传递函数发生变化时，预失真电路不能有效改善链路系统的无互调失真动态范围，甚至会减小链路系统的无互调失真动态范围。电域预失真技术简单易实现，在电路工作频率范围内能够有效抑制调制器件的非线性失真。

预失真电路的工作带宽需要覆盖非线性失真频率范围。例如，三阶电域预失真电路的工作带宽至少为基频信号频率的三倍，五阶预失真电路则要求工作带宽至少为基频信号频率的五倍，高阶电域预失真电路的工作带宽依次类推。因此，对于基频信号带宽为500 MHz 的 CATV 系统，三阶线性化预失真电路的工作带宽至少为 1.5 GHz，五阶线性化时则要求预失真电路的工作带宽大于 2.5 GHz。

第二种电域线性化技术的方法采用反馈技术（Straus，1978 年），如图 6.16（b）所示。这种方法适用于变化的非线性传递函数，其基本工作原理如下：部分光调制信号经过光电探测后与原射频调制信号进行比较（光电探测器的非线性失真通常可以忽略），反馈回路将这两路信号之间的差值驱动到零，最终使调制光载波信号与调制信号源信号完全相同。调制器件的任何非线性失真都能被消除，器件的非线性函数变化仅改变反馈环回路工作点，但是始终保证调制信号的线性度。

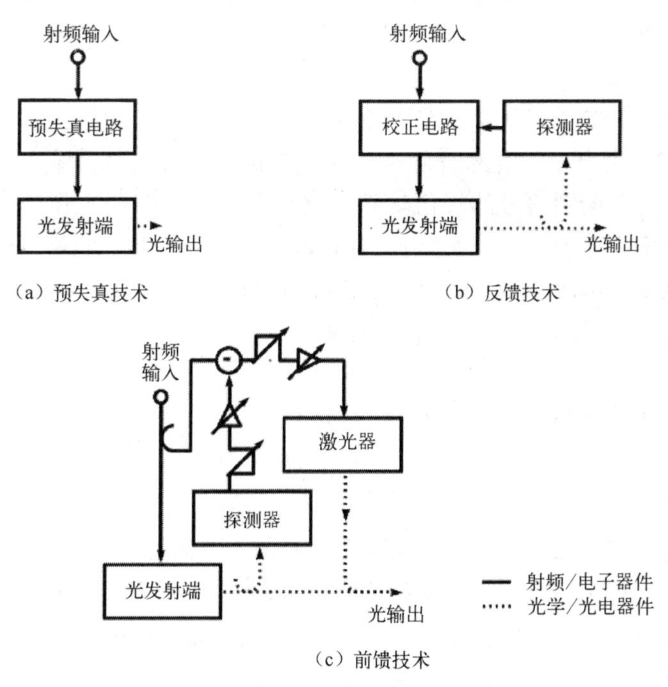

（a）预失真技术　（b）反馈技术

（c）前馈技术

图 6.16　电域线性化技术的三种基本方法

假设反馈回路中包含一个理想的积分器，该反馈回路能够将直流误差信号驱动为零。在这种反馈回路中，直流误差信号的平均值必须为零，否则积分器将对有限误差进行积分，直到积分器达到其积分极限，这一极限值通常由电源决定。

反馈线性化技术的局限在于，首先，为了保证线性反馈回路稳定工作，反馈回路相位延迟不宜过大；此外，缺少带宽大于 400 MHz 且增益足够高的反馈放大器。因此高频反馈在以下两方面需要进行大量研究开发工作：反馈放大器设计及其与调制器件单片集成。

第三种电域线性化技术的方法采用前馈技术（Frankart 等，1983 年；deRidder 和 Korotky，1990 年），如图 6.16（c）所示。这种方法需要利用两个电光调制器件，实现方式最复杂，其基本工作原理如下：第一个调制器产生的非线性失真分为两路，其中一路电域失真通过第二个调制器与另一路光域失真反相相加，由于较低幅度调制信号产生的失真水平非常低，因此第二个调制器的输入电域失真不会引入新的失真分量，最终系统失真能够得到显著抑制。

前馈线性化方法的缺点在于两路信号需要在光电探测器上叠加后消除非线性失真（不要求满足光学相干条件）。当在色散系数较大的波长处长距离传输高频调制信号时，各频率分量将产生不同相移，当调制器输出端完全反相的频率信号到达探测器时不再严格反相，这将导致最终非线性失真的抑制效果较差。

理论上，第二个调制器仅需要注入较小的调制信号功率，但是 Nazarathy 等人在 1993 年指出，为了校正第一个调制器的非线性失真，第二个调制器需要能够承受复合调制信号的峰值功率，这与预失真电路的工作带宽需要覆盖谐波失真频率的原因类似。如果调制信号由 N 个频率为 f_i 的相位随机射频信号组成，该复合调制信号可以视为平稳高斯随机过程，其功率谱表示为

$$S(f)=\frac{1}{2}\sum_{i=1}^{N}\left(\frac{\pi v_{\mathrm{m}}}{V_{\pi}}\right)^{2}\delta(f-f_i) \tag{6.23}$$

其中 $\delta(f)$ 为冲激函数。式（6.23）的标准差为

$$\sigma=\frac{\pi v_{\mathrm{m}}}{V_{\pi}}\sqrt{\frac{N}{2}} \tag{6.24}$$

由高斯分布的基本性质可知，调制信号峰值 $v_{\mathrm{M,P}}$ 落在 $\pm 3\sigma$ 范围内的概率为 99%。峰值失真 Δ_{P} 表示调制器实际传递函数与理想线性传递函数之间的差值，并且失真的峰-峰值为 $2\Delta_{\mathrm{P}}$，因此第二个调制器的峰值功率为 $2\Delta_{\mathrm{P}}P_{\mathrm{M}}$，$P_{\mathrm{M}}$ 为第一个调制器输出的平均光功率。

以基于马赫-曾德尔调制器的CATV系统为例，常用参数为 $N=60$，$m=\pi v_m/V_\pi=3.6\%$ 和 $P_M=10\,\mathrm{mW}$，将这些数值代入式（6.24）中可以得到 $\sigma=0.2$，进而可得 $v_{M,P}=0.6$。根据调制器的实际传递函数与理想线性传递函数之间的差异估计 Δ_P 值，对于具有正弦传递函数的马赫-曾德尔调制器，Δ_P 的表达式为

$$\Delta_P=\sin\left(\frac{\pi v_{M,P}}{V_\pi}\right)-\frac{\pi v_{M,P}}{V_\pi} \tag{6.25}$$

将 $v_{M,P}=0.6$ 代入式（6.25）中可以得到 $\Delta_P=3.54\%$，因此第二个调制器的峰值功率为 $2\Delta_P P_M=0.71\,\mathrm{mW}$。根据第二路与第一路调制信号间的功率比例，第二个调制器实际峰值功率典型值范围为1.36~2.72 mW，实验峰值功率值可能更高。

基于反馈技术和前馈技术的两种线性化方法的共同点在于能够补偿任意阶非线性失真，而基于预失真技术的方法只能补偿特定阶非线性失真。

为了有效抑制非线性失真，也可以将上述技术结合使用。例如，可以将预失真技术与反馈技术结合（Nazarathy等，1993年），得到预失真技术与反馈技术的电域混合线性化方法，如图6.17所示。用反馈回路克服预失真技术不能适应非线性传递函数变化的缺点，可用预失真电路来克服反馈技术的频率限制。反馈是通过比较输入和反馈信号来实现的，而这种结合后的方法是通过探测失真总量并用直流信号去控制预失真量来实现的。如果器件非线

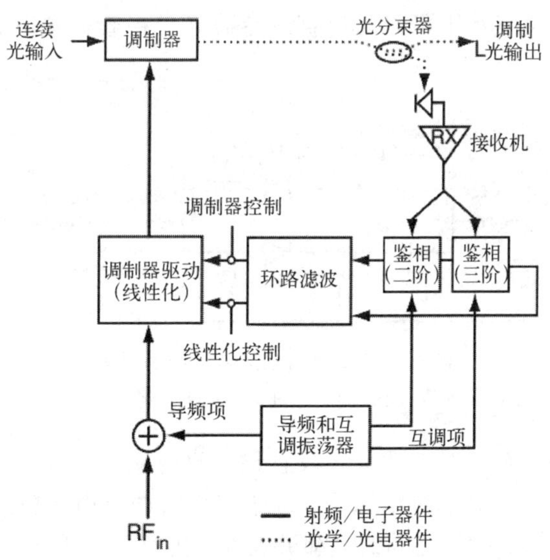

图6.17 预失真技术与反馈技术的电域混合线性化方法
（Nazarathy等，1993年，图19，IEEE，经许可转载）

性与频率无关（如马赫-曾德尔调制器），则该方法可行，Nazarathy 等人于 1993 年使用这种结合方法使链路的 CTB 失真值减小了 26 dB。根据 Wilson 等人于 1998 年建立的相关理论，本书将详细介绍面向电吸收调制器的电域预失真电路设计。本章 6.3.4 节中电吸收调制器传递函数的解析表达式（6.22）十分复杂，可以将其表示为调制电压 v_m 的幂级数形式：

$$p_{a,o}=T_{FF}P_I(a_1v_m+a_2v_m^2+a_3v_m^3+a_4v_m^4+\cdots) \tag{6.26}$$

选择特定偏置点使 $a_2=0$，并且通过相应预失真电路消除电吸收调制器的三阶非线性失真。

预失真链路的传递函数可以表示为 v_{in} 的幂级数形式，即

$$v_o=b_1v_{in}+b_2v_{in}^2+b_3v_{in}^3+b_4v_{in}^4+\cdots \tag{6.27}$$

预失真电路输出电压为电吸收调制器调制电压，将式（6.27）代入式（6.26）中并假设 $b_2=0$，奇数阶仅保留至三阶非线性项，可以得到

$$p_{a,o}\cong T_{FF}P_I(a_1b_1v_{in}+(a_1b_3+a_3b_1^3)v_{in}^3) \tag{6.28}$$

从上式可以看出，当 $a_1b_3=-a_3b_1^3$ 时，三阶非线性失真被完全消除。

系数 a 可以通过电吸收调制器传递函数的测量值来确定，在设计相应预失真电路时，将 a 视为定值，因此预失真电路的目标是设计系数 b 值，以产生期望的非线性失真。

预失真电路通常利用一对极性相反的并联二极管（Childs 和 O´Byrne，1990 年）产生所需非线性失真，二极管预失真电路示意图如图 6.18 所示，并联二极管电路的优点在于可以通过直流参数（二极管偏置电流）改变预失真函数。

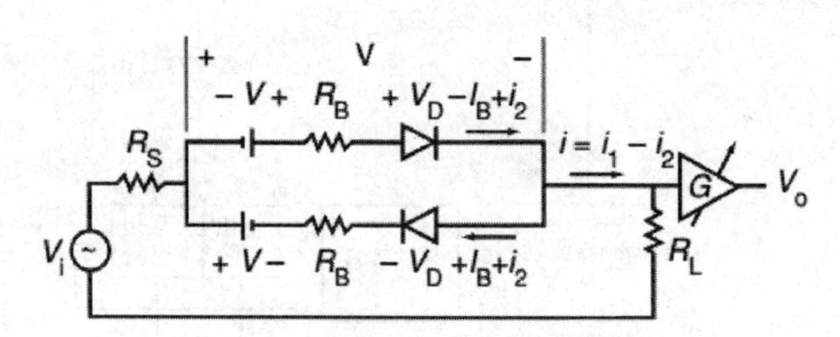

图 6.18　二极管预失真电路示意图
（Wilson 等，1998 年，图 4，IEEE，经许可转载）

当信号频率足够低时，理想二极管预失真电路中与频率相关的元件（如结电容）可以忽略。在这种情况下，理想二极管两端电压（$v_D=v_d+V_D$）与通过二极管的电流（$i_D=i_d+I_D$）之间的关系可以表示为（Gray 和 Searle，1969 年）

$$i_D=I_S(e^{v_D/V_T}-1) \tag{6.29}$$

其中 I_S 为饱和电流，即反向偏压下的二极管“漏”电流；$V_T=kT/q$ 为热电压

（室温下约为 25 mV）。从式（6.29）中可以看出，当 $v_D \leq 0$ 时，有 $i_D \approx I_S$。

为了分析调制频率下的预失真电路，可以忽略二极管偏置电压的影响。根据基本电路理论有二极管电压 $v_d = v - i_d R_B$，将其代入式（6.29）中可以得到

$$i_D = I_S\left(e^{(v - i_d R_B)/V_T} - 1\right) \tag{6.30}$$

上式对于图 6.18 中的两个二极管均成立。

从式（6.30）中解出电压值为

$$\frac{v}{V_T} = \ln\left[1 + \left(\frac{i_d}{I_S}\right)\right] + \frac{I_S R_B}{V_T}\left(\frac{i_d}{I_S}\right) \tag{6.31}$$

将式（6.31）展开可得

$$\frac{v}{V_T} = \left(1 + \frac{I_S R_B}{V_T}\right)\left(\frac{i_d}{I_S}\right) - \frac{1}{2}\left(\frac{i_d}{I_S}\right)^2 + \frac{1}{3}\left(\frac{i_d}{I_S}\right)^3 - \frac{1}{4}\left(\frac{i_d}{I_S}\right)^4 + \cdots \tag{6.32}$$

在实际设计过程中，$I_S R_B / V_T$ 的值通常远小于 1，因此可以将其忽略。结合另一个二极管类似表达式可以得到预失真电路传递函数的幂级数展开形式：

$$\frac{v_i}{V_T} = \left(1 + \frac{2 I_S R}{V_T}\right)\left(\frac{i_d}{2 I_S}\right) - \frac{1}{6}\left(\frac{i_d}{2 I_S}\right)^3 + \cdots \tag{6.33}$$

上式仅列出三阶以内系数项。

预失真电路输出电压（即调制器电压）等于输出电流与负载电阻 R_L 的乘积，将式（6.33）两边同时乘以热电压 V_T，并比较式（6.33）与式（6.27）中的系数可以得到

$$b_1 = \left(1 + \frac{2 I_S R}{V_T}\right)\left(\frac{V_T R_L}{2 I_S}\right) \tag{6.34a}$$

$$b_3 = \frac{V_T}{6}\left(\frac{R_L}{2 I_S}\right)^3 \tag{6.34b}$$

其中 $R = R_S + R_L$。

Wilson 等人分别测量了与二极管预失真电路级联前后的电吸收调制器失真，其中，电吸收调制器工作于最小二阶非线性失真偏置点（由 CSO 参数测量）。当光调制深度为 2.7%时，在 CATV 频带中第 2 通道处（约 55 MHz）测得的 CSO 值最高为−61.3 dB，由于预失真电路只能减小三阶非线性失真，因此 CSO 项并不是关于预失真电路偏置电压的函数。

在未级联二极管预失真电路的情况下，在 CATV 频带中第 40 通道处测得的 CTB 值最高约为−42.8 dB；在级联二极管预失真电路的情况下，第 40 通道处 CTB 值降低至−65.4 dB，改善了 22.6 dB，CATV 频带边缘的非线性失真改善程度稍低，如在第 2 和第 76 通道中 CTB 值仅改善 19.8 dB 左右。

任何线性化方法都需要考虑其性能对温度、偏置电流等参量变化的敏感

程度，Wilson 在实验中通过半导体制冷器来稳定电光调制器工作温度。级联二极管预失真电路的电吸收调制器 CTB 值与预失真器偏置电流之间关系的测量结果如图 6.19 所示，由该图可知，预失真线性化电路存在“最佳”偏置电流，当偏置电流的大小在 4~7.5 μA 范围内时，电吸收调制器的 CTB 值相对于最佳 CTB 值仅恶化 1 dB，并且该偏置电流范围很容易通过控制电路实现，然而，遗憾的是目前还没有有关预失真电路性能与电吸收调制器偏置电流之间关系的研究数据。

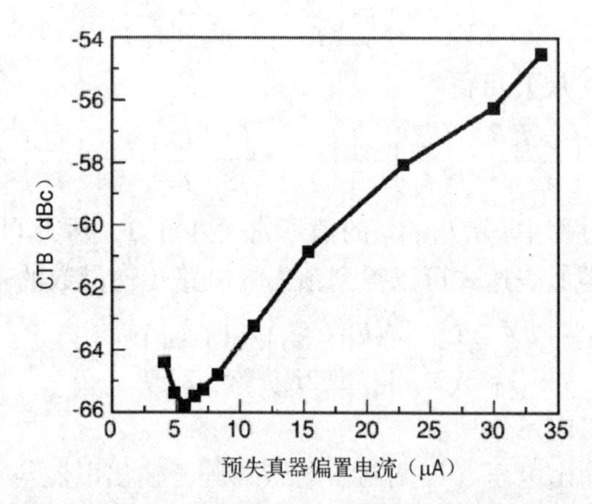

图 6.19　级联二极管预失真电路的电吸收调制器 CTB 值与预失真器偏置电流之间关系的测量结果（Wilson 等，1998 年，图 10，IEEE，经许可转载）

6.4.2　光域线性化技术

与电域线性化技术不同，光域线性化技术通常利用外部电光调制器来实现，其中级联调制器是最典型的光域线性化方法，通过改变其直流偏置电压，使得级联电光调制器传递函数的线性度高于标准调制器。Bett 等人在 1995 年对一些主要的光域线性化方法进行了分类，分类依据是初始调制器类型（马赫-曾德尔调制器或定向耦合调制器）及线性化技术抑制阶次，分类结果如图 6.20 所示。

图 6.20 中标注的无互调失真动态范围来自 Bridges 和 Schaffner（1995 年）的仿真计算结果，数据表明无互调失真动态范围可以增大 15 dB。由于上述方案中电光调制器的直流偏置电压需要保持不变，并且在某些情况下还需要满足特定射频功率比值，这也大大降低了这类线性化技术的实用性。

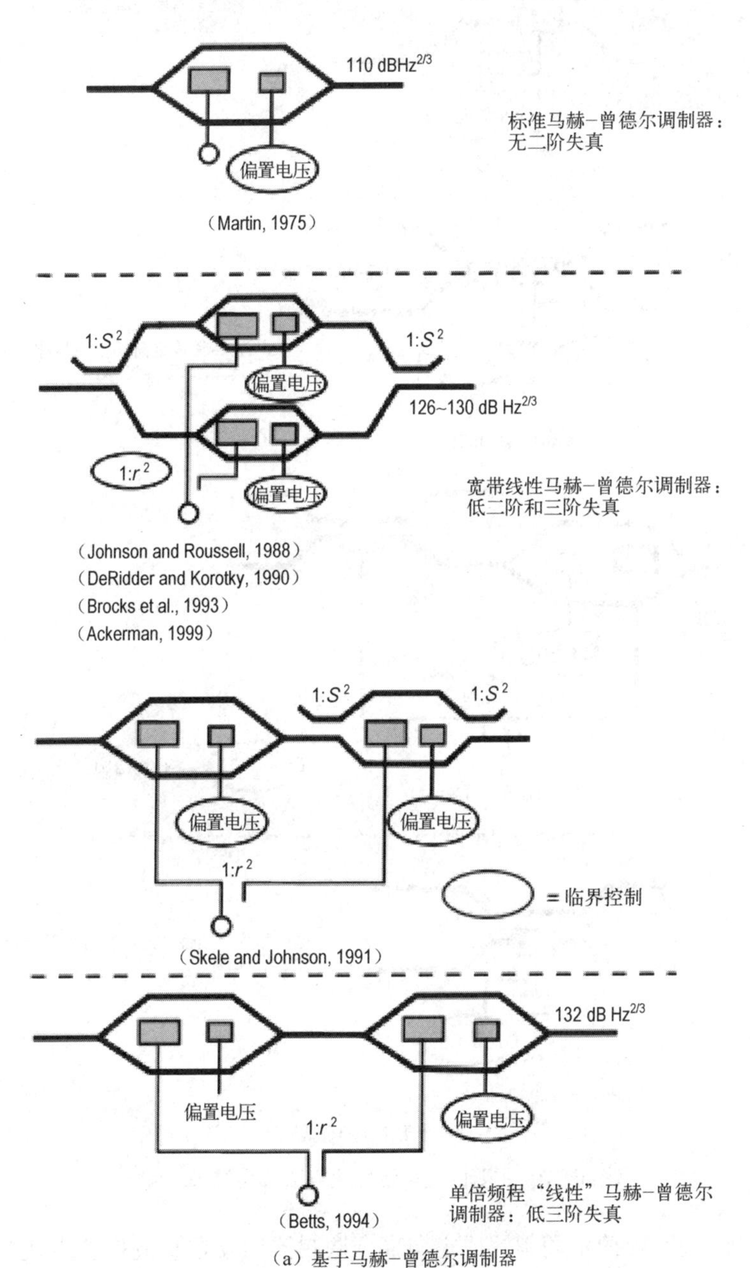

（a）基于马赫-曾德尔调制器

图 6.20　主要的光域线性化方法分类结果

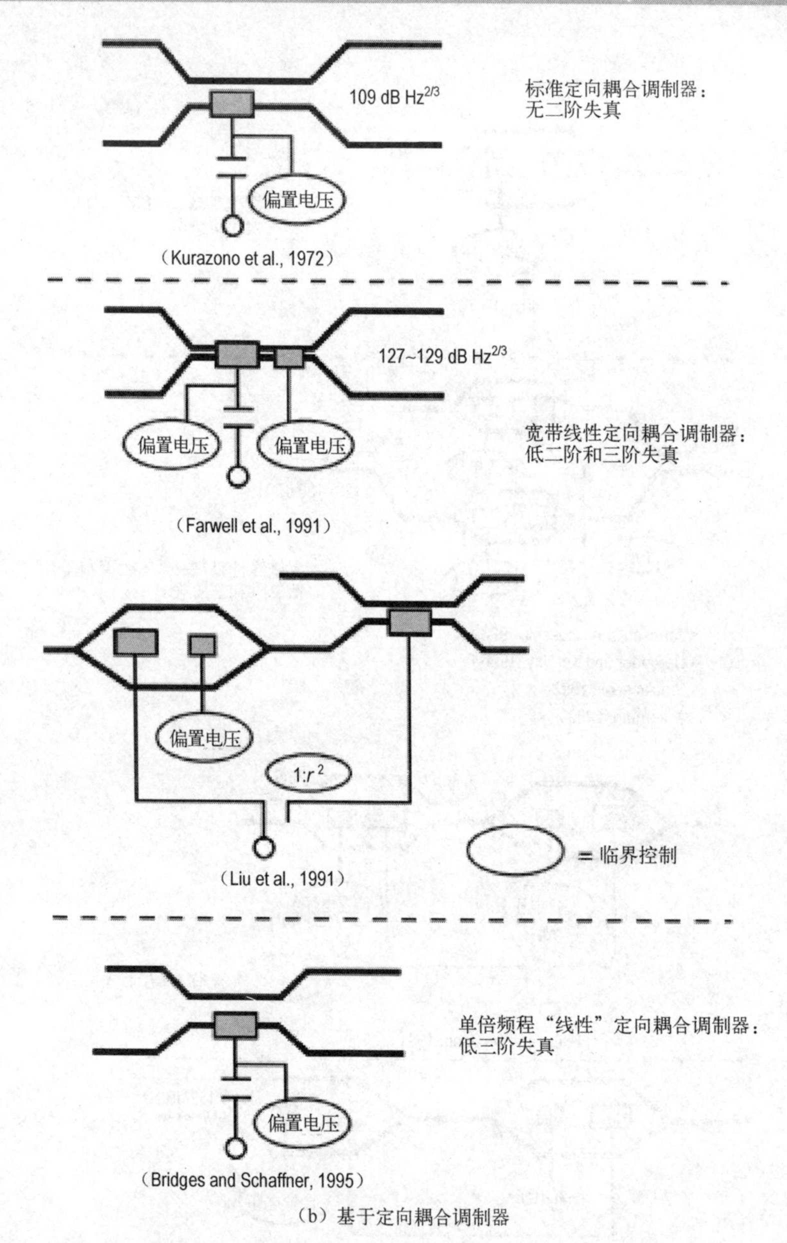

（b）基于定向耦合调制器

图 6.20　主要的光域线性化方法分类结果（续）

标准马赫-曾德尔调制器或定向耦合调制器均存在直流偏置点使其二阶非线性失真为零，如果要同时消除二阶和三阶非线性失真，需要串联或并联两个电光调制器。这类线性化方法的基本思想是利用第二个调制器产生与第一个调制器幅度相等、相位相反的非线性失真，从而使最终组合调制器的总非线性失真为零。在抑制非线性失真时，尽管调制基频信号的幅度会有所降低，但是需要保证其始终存在。

在某些情况下，两个电光调制器可能共用同一波导，例如双极化马赫-曾德尔调制器（Johnson 和 Roussell，1988 年）、双波长马赫-曾德尔调制器（Ackerman，1999 年），以及多电极定向耦合调制器（Farwell 等，1991 年）。

本节将详细讨论基于双级联马赫-曾德尔调制器的光域线性化方法，Skeie 和 Johnson 在 1991 年首次提出并验证了该方案，该方案采用宽带线性结构，可同时抑制二阶和三阶失真，如图 6.21（a）所示。在此结构中，级联调制器的第二、第三和第四 Y 分支耦合器均被设计成可调耦合区，为了均衡第四耦合器各分支输出功率的比例，需要通过控制施加在各耦合区电极上的偏置电压来调节其耦合比。该方案设计存在多个自由度，包括两个调制器的偏置点、可调耦合器的耦合比，以及两个调制器之间的射频功分比。对于典型有线电视应用系统，控制选择两个调制器的直流偏置有助于同时抑制二阶和三阶非线性失真，并且调节各耦合比和射频功分比能够进一步优化系统性能。

由于需要控制多处直流偏置电压，上述调制器的结构较复杂。Betts 在 1994 年提出了一种更简单的双级联马赫-曾德调制器结构，如图 6.21（b）所示，这种结构为窄带（单倍频程内）线性结构，仅能抑制三阶失真。虽然该方案没有采用可调耦合器，但是仍然能够实现三阶非线性抑制，并且已经在单倍频程窄带系统（如雷达系统）中得到实际应用。

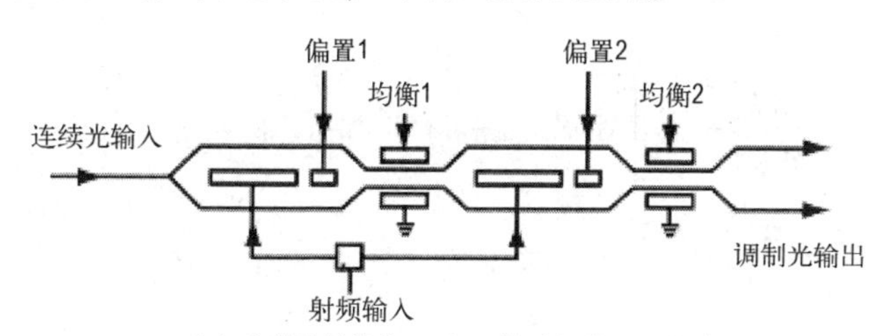

（a）宽带线性结构，可同时抑制二阶和三阶失真

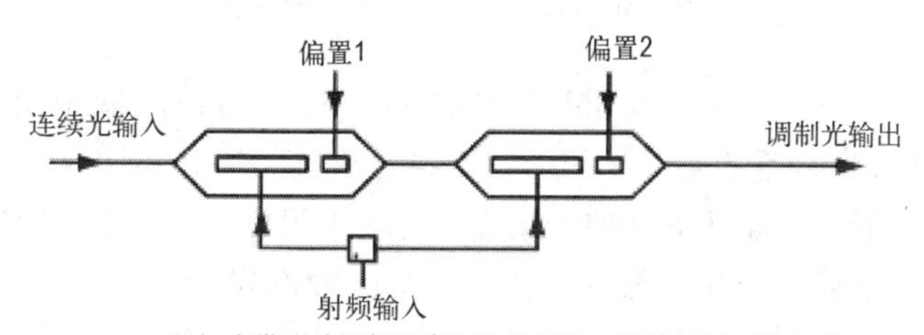

（b）窄带（单倍频程内）线性结构，仅能抑制三阶失真

图 6.21　两种双级联马赫-曾德尔调制器

双级联马赫-曾德尔调制器结构会增大二阶非线性失真。图 6.21（a）所示线性化结构可以支持宽带系统，能够同时抑制二阶和三阶非线性失真，也是更通用的线性化方案。然而，综合考虑到直流偏置电压控制的复杂性以及非线性失真和噪声系数之间的均衡，该方法应用范围并没有图 6.21（b）所示的窄带线性化方案广泛。

在双级联马赫-曾德尔调制器结构中，可以将第一个调制器视为第二个调制器的光学预失真器。与预失真电路相比，外界条件（如温度、器件老化等）的变化不会影响光学预失真器的传递函数，仅能改变其偏置电压大小。

双级联马赫-曾德尔调制器的传递函数可以表示为（Betts，1998 年）

$$\begin{aligned} h(\phi_1,\phi_2,r) &= \frac{1}{4}[1+\cos(\phi_1+m)+\cos(\phi_2+rm)] \\ &+\frac{1}{8}[\cos(\phi_1+\phi_2+(1+r)m)+\cos(\phi_1-\phi_2+(1-r)m)] \end{aligned} \tag{6.35}$$

其中 ϕ_1 和 ϕ_2 分别为第一个调制器和第二个调制器的直流偏置点，r 为第二个调制器与第一个调制器的调制射频电压之间的相对相位。

式（6.35）中存在上述三个变量，该方案目标是通过改变三个变量值来实现三阶非线性失真最小化。假设两个电光调制器使用同一电极（即 $r=1$），并且假设偏置电压相同（即 $\phi_1=\phi_2$），因此只需要使用单个偏压控制器，双级联马赫-曾德调制器和标准马赫-曾德调制器具有相同的外部接口。

此时，双级联马赫-曾德调制器的传递函数式（6.35）的前三阶偏导数分别为

$$\frac{\partial h}{\partial V_M}=-\frac{1}{2}\left[\sin(\phi_1+\pi m)+\frac{1}{2}\sin(2\phi_1+2\pi m)\right] \tag{6.36a}$$

$$\frac{\partial^2 h}{\partial V_M^2}=-\frac{1}{2}[\cos(\phi_1+\pi m)+\cos(2\phi_1+2\pi m)] \tag{6.36b}$$

$$\frac{\partial^3 h}{\partial V_M^3}=\frac{1}{2}[\sin(\phi_1+\pi m)+2\sin(2\phi_1+2\pi m)] \tag{6.36c}$$

根据式（6.36a）、式（6.36b）和式（6.36c）可以绘制出窄带双级联线性马赫-曾德尔调制器的基频信号、二次谐波失真及三阶互调失真与偏置点之间关系的仿真曲线，如图 6.22 中所示。从图中可知，第二级马赫-曾德尔调制器将系统传递函数的线性部分扩展至正交偏置点附近，而当标准马赫-曾德尔调制器工作于正交偏置点时三阶非线性失真较大。在给定约束条件下，当两个调制器均偏置于 104.48°时三阶非线性失真最小，此时基频信号功率不为零，因此该最小三阶非线性失真偏置点有效。

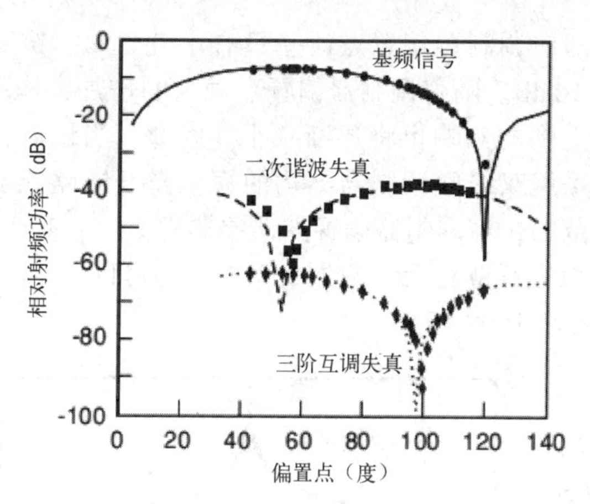

图 6.22　窄带双级联线性马赫-曾德尔调制器的基频信号、二次谐波失真及三阶互调失真与偏置点之间关系的仿真曲线和实际测量结果（Betts，1998 年，经许可转载）

从图 6.22 中可以看出，在最佳偏置点处三阶互调失真最小但不为零。三阶互调失真指频率为 $2f_1-f_2$ 和 $2f_2-f_1$ 的信号分量，主要来自泰勒级数展开式中的三次项，但这并不是引起三阶互调失真的唯一原因，其他高阶奇数项（如五次项）也是造成三阶互调失真的原因之一。上述最佳偏置点计算仅考虑了三次项，此时三阶互调失真得到明显抑制，但并未完全消除。

虽然最小三阶非线性（互调）失真偏置点（$\phi_1=108.48°$）与最小二阶非线性失真偏置点（$\phi_1=90°$）相近，但是两种偏置情况对应不同的偏置电压，因此无法同时消除二阶和三阶非线性失真，该调制器结构不适用于跨倍频程宽带模拟光纤链路中。

Betts 在相同条件下分别测量了基于标准和双级联马赫-曾德尔调制器的模拟光纤链路无互调失真动态范围，测量结果分别为 109 dB $Hz^{2/3}$ 和 132 dB $Hz^{2/3}$，双级联调制链路无互调失真动态范围方案相较于标准链路方案提高约 23 dB。该动态范围改善结果不仅符合 Bridges 和 Schaffner 于 1995 年对多电极定向耦合调制器的理论预测，还与 Wilson 等人于 1998 年基于电预失真技术的电吸收调制器实验结果基本相同。

此外，图 6.22 中还绘制了上述窄带双级联线性马赫-曾德尔调制器的基频信号、二次谐波失真及三阶互调失真与偏置点之间关系的实际测量结果（Betts，1998 年），由于实验装置进行了一定优化，因此最小三阶非线性失真偏置点的测量值与计算值存在一定偏差。

与电预失真电吸收调制器相同，基于双级联调制器的模拟光纤链路无互调失真动态范围与偏置点有关。图 6.23 分别绘制了基于标准和双级联马赫-曾德尔调制器的模拟光纤链路三阶无互调失真动态范围与偏置点误差之间的关系曲线，即使调制器偏置点误差只有十分之一，链路无互调失真动态范围也会减小 10 dB。随着调制器偏置点误差的增加，模拟光纤链路无互调失真动态范围受到的影响也将逐渐减小。因此，当调制器偏置角在几度范围内变化时，采用双级联调制器结构的模拟光纤链路能够有效增大系统无互调失真动态范围；当调制器偏置点误差非常大时，基于双级联马赫-曾德尔调制器的模拟光纤链路无互调失真动态范围可以小于标准马赫-曾德尔调制器方案（Betts，1998 年）。

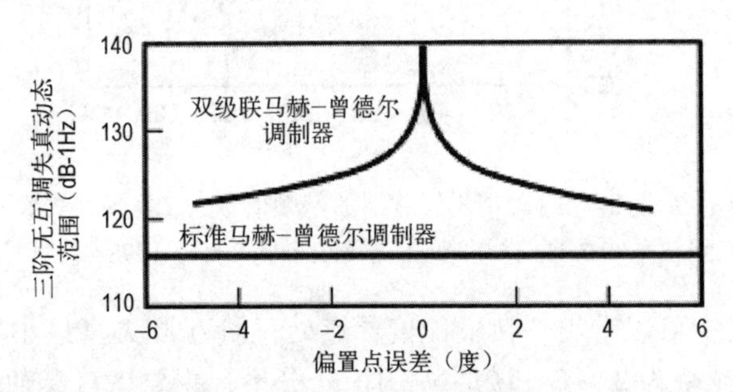

图 6.23　基于标准和双级联马赫-曾德尔调制器的模拟光纤链路三阶无互调失真动态范围与偏置点误差之间的关系曲线（Betts，1994 年，图 7，IEEE，经许可转载）

图 6.23 中对应带宽为 1 Hz，而实际系统工作带宽通常大于 1 Hz，因此调制器偏置点误差导致的链路无互调失真动态范围的减小程度并不明显，但是链路最大线性化改善程度也受到了极大限制。

前文并未考虑当模拟光纤链路无互调失真动态范围增大时对应的频率范围。如本书第四章所述，在调制信号频率较高时，调制信号与光载波之间需要通过行波电极调制器实现速度匹配。Cummings 和 Bridges（1998 年）对标准（非线性）马赫-曾德尔调制器、定向耦合调制器，以及相应线性化结构进行了模拟仿真，得到了几种马赫-曾德尔调制器和定向耦合调制器的无互调失真动态范围与调制频率之间的关系曲线，如图 6.24 所示。此外，上述结论适用于特定电极长度（10 mm）的速度不匹配铌酸锂调制器（光波导和行波电极之间不满足速度匹配条件 $n_{\text{electriodes}} - n_{\text{optical}} = \Delta n = 1.8$），当调制器电极长度（相对于 10 mm）和速度匹配程度发生变化时，可以按比例对频率轴进行缩放。

理论上，标准马赫-曾德尔调制器的无互调失真动态范围与工作带宽无关，图 6.24 中模拟仿真结果与此结论一致。此外，双并联马赫-曾德尔调制器线性方案通过并联马赫-曾德尔调制器输出光信号在光电探测器上非相干叠加实现，因此该线性化调制器的无互调失真动态范围也与工作带宽无关。

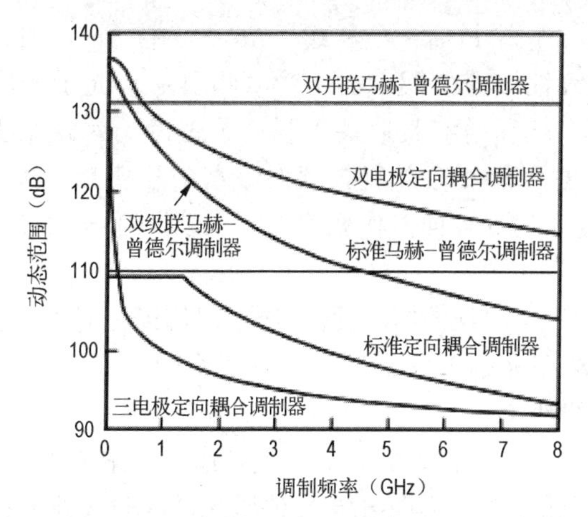

图 6.24　几种马赫-曾德尔调制器和定向耦合调制器的无互调失真动态范围与调制频率之间的关系曲线（Cummings 和 Bridges，1998 年，图 10，IEEE，经许可可转载）

由图 6.24 可以看出，双级联马赫-曾德尔调制器的无互调失真动态范围曲线随着调制频率的增大而显著下降，这是由于图中假设两个调制器均由速度不匹配行波电极驱动，两路调制路径之间存在时延。如果双级联马赫-曾德尔调制器的两路射频调制信号到达光输出端时延相同，则可以消除其频率依赖性，Betts 和 O'Donnell 于 1996 年通过实验成功验证了此结论。

此外，由图 6.24 可知，多电极定向耦合调制器的线性度受调制频率影响最大，主要原因是定向耦合调制器与马赫-曾德尔调制器的强度调制原理不同。在马赫-曾德尔调制器中，两臂分别完成相位调制后，在两臂耦合节点处通过干涉实现强度调制；而在定向耦合调制器中，强度调制和相应互调失真消除沿电极分布。因此，为了保持一定的线性化水平，定向耦合调制器对速度匹配程度要求相比工作带宽更为严格。

附录 6.1　半导体激光器非线性失真速率方程模型

通过本书附录 2.1 可知，半导体激光器的宏观行为可以通过一组描述载流子密度和光子密度之间相互作用的方程表示如下：

$$\frac{\mathrm{d}n_{\mathrm{U}}}{\mathrm{d}t}=\frac{\eta_{\mathrm{i}}i_{\mathrm{L}}}{qV_{\mathrm{E}}}-\frac{n_{\mathrm{U}}}{\tau_{\mathrm{U}}}-r_{\mathrm{SP}}-v_{\mathrm{g}}g(N_{\mathrm{U}},N_{\mathrm{P}})n_{\mathrm{P}} \tag{A6.1}$$

$$\frac{\mathrm{d}n_{\mathrm{P}}}{\mathrm{d}t}=\Gamma v_{\mathrm{g}}g(N_{\mathrm{U}},N_{\mathrm{P}})n_{\mathrm{P}}+\Gamma\beta_{\mathrm{SP}}r_{\mathrm{SP}}-\frac{n_{\mathrm{P}}}{\tau_{\mathrm{P}}} \tag{A6.2}$$

根据式（A6.1）中最后一项和式（A6.2）中第一项可以看出，该速率方程组为一对非线性微分方程。由于受激辐射项与光子密度和增益的乘积成正比，而光子密度和增益又取决于载流子密度，因此非线性特性主要来自受激辐射项。虽然自发辐射复合项对于载流子密度也具有非线性特性，但是当驱动电流大于阈值且工作频率高于几兆赫兹时，其非线性非常弱，可以忽略不计。

附录4.1给出了当半导体激光器工作于阈值以上时的小信号频率响应模型，推导过程忽略了非辐射复合和自发辐射影响以及方程中非线性失真项，进而使速率方程线性化。

本附录保留了小信号频率响应中占主导作用的乘积项，即增益中一阶变量与光子密度的乘积，从而推导出半导体激光器的非线性失真表达式。此外，由于非辐射复合和自发辐射的动力学过程会影响低频率处各种失真机制的抵消作用，所以本附录将继续忽略非辐射复合和自发辐射影响，所得结果只适用于弛豫振荡附近频率。如果没有上述假设，这种方法所预测失真将远低于根据直流 L–I 曲线幂级数展开的准稳态分析方法所预测失真。

对非线性速率方程求解可以得到三阶互调失真的多种表达式，通常这些表达式之间的区别在于推导过程中简化近似程度的不同，保留项（例如非辐射复合和自发辐射项）越多，公式越复杂，结果越精确。半导体激光器的三阶互调失真动态范围与频率之间的关系如图A6.1所示，图中点画线代表在简化近似程度较高时的三阶互调失真动态范围（Innone 和 Darcie 曲线），但是与实验数据相比较，该模型夸大了在弛豫振荡频率和半弛豫振荡频率峰值之间的失真减少量。图A6.1中还绘制了两个简化近似程度较低的理论预测模型所对应的曲线（Helms，1991年；Wang 等，1993年），该理论预算结果与实验数据更匹配。

本附录其余部分将概述本书第六章中半导体激光器失真响应相对简化的计算过程，相关方法由 Lau 和 Yariv 于1984年首次提出，该方法与非线性光学中非线性偏振响应的计算分析类似。下面将基于 Lee（2001年）的相关工作进行扩展，首先假设如下：

（1）系统响应主要表现线性特性，并且非线性作用只能产生谐波和互调失真分量。这是由于在小信号情况下，线性响应（低阶）比非线性响应（高阶）强得多。在附录4.1中推导小信号频率响应时也使用了该假设。

（2）高次谐波和高阶互调失真分量功率比低次谐波和低阶互调失真分量小几个数量级。根据低频幂级数分析结果、受激辐射项泰勒展开式和调制激光器输出光谱可知，这一假设完全合理。根据低阶项条件能够计算出谐波和互调失真分量的幅度和相位，例如，如果要计算 2ω 频率处的二次谐波失真，由于更高阶项对于二阶失真的贡献可以忽略不计，因此只需要考虑包含 $e^{j\omega t}e^{j\omega t}$ 的项，而忽略 $e^{j3\omega t}e^{j\omega t}$ 和 $e^{j5\omega t}e^{j3\omega t}$ 等项的影响。

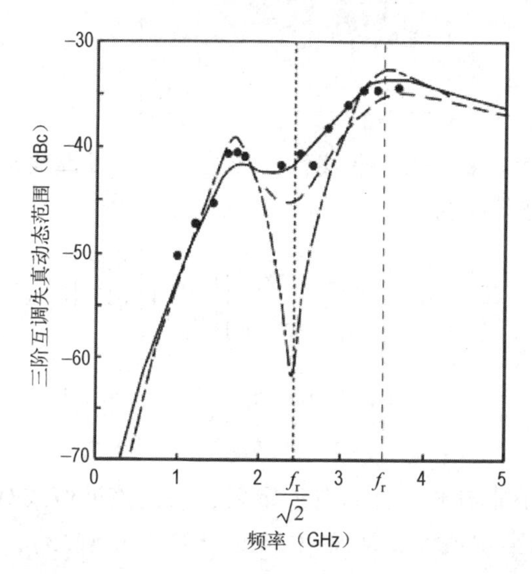

图 A6.1　半导体激光器的三阶互调失真动态范围与频率之间的关系（点画线：Iannone 和 Darcie 曲线；虚线：Helms 模型曲线；实线：Wang 等模型曲线；点：Helms 实验数据）

在上述两个假设条件下，可以以分阶方式求解基频信号和失真项，按照线性响应、二阶失真（依据线性响应）和三阶失真（依据线性响应和二阶失真）先后顺序求解，以此类推。在进行速率方程线性化之前，附录 4.1 中小信号速率方程表达式为

$$\begin{aligned}\frac{dn_U}{dt}=&-v_g a_N N_P n_u-(v_g g(N_U,N_P)-v_g a_P N_P)n_P\\&+\frac{\eta_i i_\ell}{qV_E}-v_g a_N n_u n_P+v_g a_P n_P^2\end{aligned} \tag{A4.5a}$$

$$\begin{aligned}\frac{dn_P}{dt}=&\Gamma v_g a_N N_P n_u+\left(\Gamma v_g g(N_U,N_P)-\frac{1}{\tau_P}-\Gamma v_g a_P N_P\right)n_P\\&+\Gamma v_g a_N n_u n_P-\Gamma v_g a_P n_P^2\end{aligned} \tag{A4.5b}$$

对于典型增益参数值，占主导的非线性项为式（A4.5）和式（A4.5b）中 $v_g a_N n_u n_P$ 和 $v_g a_P n_P^2$ 项，因此上式忽略了所有涉及高阶增益导数的非线性失真项。此时，式（A4.5a）和式（A4.5b）可以简化为

$$\frac{\mathrm{d}}{\mathrm{d}t}\begin{bmatrix} n_{\mathrm{u}} \\ n_{\mathrm{p}} \end{bmatrix} = \begin{bmatrix} -v_{\mathrm{g}}a_{\mathrm{N}}N_{\mathrm{P}} & -v_{\mathrm{g}}g_{\mathrm{o}}+v_{\mathrm{g}}a_{\mathrm{P}}N_{\mathrm{P}} \\ \Gamma v_{\mathrm{g}}a_{\mathrm{N}}N_{\mathrm{P}} & -\Gamma v_{\mathrm{g}}a_{\mathrm{P}}N_{\mathrm{P}} \end{bmatrix}\begin{bmatrix} n_{\mathrm{u}} \\ n_{\mathrm{p}} \end{bmatrix} + \begin{bmatrix} \dfrac{\eta_{\mathrm{i}}i_{\ell}}{qV_{\mathrm{E}}} \\ 0 \end{bmatrix} + \cdots$$
$$+\underbrace{\begin{bmatrix} -v_{\mathrm{g}}a_{\mathrm{N}}n_{\mathrm{P}}n_{\mathrm{u}} \\ \Gamma v_{\mathrm{g}}a_{\mathrm{N}}n_{\mathrm{P}}n_{\mathrm{u}} \end{bmatrix}}_{\text{固有}} + \underbrace{\begin{bmatrix} v_{\mathrm{g}}a_{\mathrm{P}}n_{\mathrm{P}}^2 \\ -\Gamma v_{\mathrm{g}}a_{\mathrm{P}}n_{\mathrm{P}}^2 \end{bmatrix}}_{\text{增益压缩}} \tag{A6.3}$$

其中第一组非线性项来自固有非线性，而第二组非线性项来自增益压缩非线性。上式可进一步简化为

$$\frac{\mathrm{d}}{\mathrm{d}t}\begin{bmatrix} n_{\mathrm{u}} \\ n_{\mathrm{p}} \end{bmatrix} = \begin{bmatrix} -\gamma_{\mathrm{NN}} & -\gamma_{\mathrm{NP}} \\ \gamma_{\mathrm{PN}} & -\gamma_{\mathrm{PP}} \end{bmatrix}\begin{bmatrix} n_{\mathrm{u}} \\ n_{\mathrm{p}} \end{bmatrix} + \begin{bmatrix} \dfrac{\eta_{\mathrm{i}}i_{\ell}}{qV_{\mathrm{E}}} \\ 0 \end{bmatrix} + \cdots$$
$$+\begin{bmatrix} -v_{\mathrm{g}}a_{\mathrm{N}}n_{\mathrm{P}}n_{\mathrm{u}} \\ \Gamma v_{\mathrm{g}}a_{\mathrm{N}}n_{\mathrm{P}}n_{\mathrm{u}} \end{bmatrix} + \begin{bmatrix} v_{\mathrm{g}}a_{\mathrm{P}}n_{\mathrm{P}}^2 \\ -\Gamma v_{\mathrm{g}}a_{\mathrm{P}}n_{\mathrm{P}}^2 \end{bmatrix} \tag{A6.4}$$

本附录忽略了非辐射复合和自发辐射，因此该近似式对其中两个矩阵元素（γ_{PP}和 γ_{NN}）影响最大。从式（A4.5）到式（A6.3），可以得到近似值 $\Gamma v_{\mathrm{g}}g-1/\tau_{\mathrm{P}}=0$，但是由式（A2.1.16a）可知 $\Gamma v_{\mathrm{g}}g-1/\tau_{\mathrm{P}}=-\Gamma\beta r_{\mathrm{SP}}/N_{\mathrm{P}}$，因此有 $\gamma_{\mathrm{PP}}=\Gamma v_{\mathrm{g}}a_{\mathrm{P}}N_{\mathrm{P}}+\Gamma\beta r_{\mathrm{SP}}/N_{\mathrm{P}}$，而不是 $\gamma_{\mathrm{PP}}=\Gamma v_{\mathrm{g}}a_{\mathrm{P}}N_{\mathrm{P}}$。类似地，在式（A6.3）的推导过程中，如果保留非辐射复合和自发辐射项，可以得到 $\gamma_{\mathrm{NN}}=v_{\mathrm{g}}a_{\mathrm{N}}N_{\mathrm{P}}+1/\tau_{\mathrm{n}}'$ 而不是 $\gamma_{\mathrm{NN}}=v_{\mathrm{g}}a_{\mathrm{N}}N_{\mathrm{P}}$。在后文中将会看到，这些简化将影响低频非线性失真的计算。

速率方程非线性失真的计算过程可以概述如下：首先，选择包含基频、谐波和互调失真分量的小信号载流子密度和光子密度响应的合适测试解，将测试解代入式（A6.4）中，并与非线性项相乘后，将具有相同频率的分量进行归类并合并到单独方程组中。然后，利用上述假设消除高阶项，并以分阶方式按照线性响应、二阶失真和三阶失真顺序依次求解所得方程组。

为了说明上述过程，首先计算单基频信号的二次谐波失真，然后使用这些结果继续计算双音信号的三阶互调失真。

为了计算二次谐波失真，可以选择如下测试解：

$$n_{\mathrm{u}}(t)=n_{\mathrm{u1}}\mathrm{e}^{\mathrm{j}\omega t}+n_{\mathrm{u2}}\mathrm{e}^{\mathrm{j}2\omega t},\quad n_{\mathrm{P}}(t)=n_{\mathrm{P1}}\mathrm{e}^{\mathrm{j}\omega t}+n_{\mathrm{P2}}\mathrm{e}^{\mathrm{j}2\omega t},\quad i_1(t)=i_1\mathrm{e}^{\mathrm{j}\omega t} \tag{A6.5}$$

将式（A6.5）代入式（A6.4）中并将相同频率项归类后，利用上述两个假设可以分解出两个方程组，一组用于求解基频响应［式（A6.6）］，另一组用于求解二次谐波响应［式（A6.10）］。

对于线性响应而言，$n_{\mathrm{u}}n_{\mathrm{p}}$ 项不会对基频信号产生影响，因此下式不会出现非线性项，

$$\begin{bmatrix} j\omega+\gamma_{NN} & +\gamma_{NP} \\ -\gamma_{PN} & j\omega+\gamma_{PP} \end{bmatrix}\begin{bmatrix} n_{u1} \\ n_{p1} \end{bmatrix}=\begin{bmatrix} \dfrac{\eta_i i_\ell}{qV_E} \\ 0 \end{bmatrix} \tag{A6.6}$$

这与附录4.1中介绍的线性小信号频率响应方程组完全相同，基频信号响应不会受到高次谐波影响，利用2×2矩阵的逆矩阵可以求解上述系统，

$$\begin{bmatrix} A & B \\ C & D \end{bmatrix}^{-1}=\frac{1}{AD-BC}\begin{bmatrix} D & -B \\ -C & A \end{bmatrix} \tag{A6.7}$$

式（A6.6）中系统矩阵的逆矩阵为

$$\begin{bmatrix} j\omega+\gamma_{NN} & +\gamma_{NP} \\ -\gamma_{PN} & j\omega+\gamma_{PP} \end{bmatrix}^{-1}=\frac{H(\omega)}{\omega_r^2}\begin{bmatrix} j\omega+\gamma_{PP} & -\gamma_{NP} \\ +\gamma_{PN} & j\omega+\gamma_{NN} \end{bmatrix} \tag{A6.8}$$

因此基频频率 ω 处载流子和光子密度的线性小信号频率响应为

$$\begin{aligned} n_{u1} &= (j\omega+\gamma_{PP})\frac{\eta_i i_1 H(\omega)}{qV_E \quad \omega_r^2} \\ n_{P1} &= \gamma_{PN}\frac{\eta_i i_1 H(\omega)}{qV_E \quad \omega_r^2} \end{aligned} \tag{A6.9}$$

其中 $H(\omega)/\omega_r^2$ 为系统矩阵行列式的倒数。

对于二次谐波响应，再次利用上文所述两个假设条件。在这种情况下，由于 $n_{u1}e^{j\omega t}n_{p1}e^{j\omega t}=(n_{u1}n_{p1}e^{j\omega t})/2+(n_{u1}n_{p1})/2$，并且 n_{p1}^2 项具有相同展开形式，因此，所有谐波频率分量项都是一阶频率响应的产物。以频率分量 2ω 项为例，二次谐波响应的系统方程为

$$\begin{bmatrix} j2\omega+\gamma_{NN} & +\gamma_{NP} \\ -\gamma_{PN} & j2\omega+\gamma_{PP} \end{bmatrix}\begin{bmatrix} n_{u2} \\ n_{p2} \end{bmatrix}=\frac{1}{2}\begin{bmatrix} -v_g a_N n_{u1} n_{P1} \\ \Gamma v_g a_N n_{u1} n_{P1} \end{bmatrix}+\frac{1}{2}\begin{bmatrix} v_g a_P n_{p1}^2 \\ -\Gamma v_g a_P n_{p1}^2 \end{bmatrix} \tag{A6.10}$$

使用式（A6.7），可以得到式（A6.10）的解：

$$\begin{aligned} n_{u2} = &-v_g a_N[(j2\omega+\gamma_{PP})+\gamma_{NP}\Gamma]\frac{H(2\omega)}{\omega_r^2}\frac{n_{u1}n_{p1}}{2}+\cdots \\ &+v_g a_P[(j2\omega+\gamma_{PP})+\gamma_{NP}\Gamma]\frac{H(2\omega)}{\omega_r^2}\frac{n_{P1}^2}{2} \end{aligned} \tag{A6.11a}$$

$$\begin{aligned} n_{p2} = &\ v_g a_N[\Gamma(j2\omega+\gamma_{NN})-\gamma_{PN}]\frac{H(2\omega)}{\omega_r^2}\frac{n_{u1}n_{p1}}{2}+\cdots \\ &-v_g a_P[\Gamma(j2\omega+\gamma_{NN})-\gamma_{PN}]\frac{H(2\omega)}{\omega_r^2}\frac{n_{P1}^2}{2} \end{aligned} \tag{A6.11b}$$

当忽略非辐射复合和自发辐射时，$\Gamma\gamma_{NN}-\gamma_{PN}=0$，并且可以从式（A6.4）

中得到 $\Gamma\gamma_{NP}+\gamma_{PP}=1/\tau_P$，利用这两个关系可以将式（A6.11）简化为

$$n_{u2}=-v_g(a_N n_{u1}-a_P n_{p1})\left(j2\omega+\frac{1}{\tau_P}\right)\frac{H(2\omega)}{\omega_r^2}\frac{n_{p1}}{2} \tag{A6.12a}$$

$$n_{p2}=v_g(a_N n_{u1}-a_P n_{p1})\Gamma(j2\omega)+\frac{H(2\omega)}{\omega_r^2}\frac{n_{p1}}{2} \tag{A6.12b}$$

此外，当忽略自发辐射和非辐射复合时，与 a_N 成正比的低频固有失真和与 a_P 成正比的增益压缩失真可以相互抵消，如下式所示：

$$\begin{aligned}(a_N n_{u1}-a_P n_{p1})&=[a_N(j\omega+\gamma_{PP})-a_P\gamma_{PN}]\frac{\eta_i i_1 H(\omega)}{qV_E\ \ \omega_r^2}\\&=a_N j\omega\frac{\eta_i i_1 H(\omega)}{qV_E\ \ \omega_r^2}\end{aligned} \tag{A6.13}$$

将式（A6.13）代入式（A6.12）可以得到二次谐波分量的载流子和光子密度表达式：

$$n_{u2}=\left(\omega^2-\frac{j\omega}{2\tau_P}\right)v_g a_N\frac{\eta_i i_1 H(\omega)H(2\omega)}{qV_E\ \ \omega_r^2\ \ \ \omega_r^2}\left[\gamma_{PN}\frac{\eta_i i_1 H(\omega)}{qV_E\ \ \omega_r^2}\right] \tag{A6.14a}$$

$$n_{p2}=-\omega^2\Gamma v_g a_N\frac{\eta_i i_1 H(\omega)H(2\omega)}{qV_E\ \ \omega_r^2\ \ \ \omega_r^2}\left[\gamma_{PN}\frac{\eta_i i_1 H(\omega)}{qV_E\ \ \omega_r^2}\right] \tag{A6.14b}$$

其中括号项为基频频率处的光子密度响应。

当考虑非辐射复合和自发辐射影响时，需要对式（A6.12）和式（A6.13）中的 n_{P2} 项进行修正。在式（A6.12）中，将 $(j2\omega)$ 项替换为 $(j2\omega+1/\tau'_n)$ 项，并且在式（A6.13）中，将 $(j\omega)$ 项替换为 $(j2\omega+\Gamma Br_{sp}/N_P)$ 项，这会导致频率响应零点偏离直流。因此，非辐射复合和自发辐射只影响非线性失真响应的低频部分。

将式（A6.14）除以基频响应式（A6.9），可以得到与基频响应相关的二次谐波失真最终表达式（Darcie 等，1985 年）：

$$\begin{aligned}\frac{n_{P2}}{n_{P1}}&=-\Gamma v_g a_N\omega^2\frac{\eta_i i_1 H(\omega)H(2\omega)}{qV_E\ \ \omega_r^2\ \ \ \omega_r^2}\\&=-(\mathrm{OMD})\omega^2\frac{H(2\omega)}{\omega_r^2}\end{aligned} \tag{A6.15}$$

其中光学调制深度（OMD）的定义为 n_{p1}/N_P。

为了将光子密度转换为可测量参数（如射频功率），需要将光子密度转换为输出光功率，并将光功率转换为光电流，最后将电流转换为射频功率。然而，在这种情况下，这些转换会同时影响式（A6.15）中分子和分母，最终

相互抵消，因此式（A6.15）的平方也是二阶失真与基频射频功率之比。

在推导三阶互调失真表达式时，假设存在两个基频信号，此时光子密度可以表示为

$$\begin{aligned} n_{\mathrm{P}} = & n_{\mathrm{P1}}\mathrm{e}^{\mathrm{j}\omega_1 t}+n_{\mathrm{P1}}\mathrm{e}^{\mathrm{j}\omega_2 t}+n_{\mathrm{P21}}\mathrm{e}^{\mathrm{j}(\omega_1+\omega_2)t}+n_{\mathrm{P22}}\mathrm{e}^{\mathrm{j}(\omega_1-\omega_2)t}+n_{\mathrm{P23}}\mathrm{e}^{\mathrm{j}2\omega_1 t} \\ & +n_{\mathrm{P23}}\mathrm{e}^{\mathrm{j}2\omega_2 t}+n_{\mathrm{P31}}\mathrm{e}^{\mathrm{j}(2\omega_1-\omega_2)t}+n_{\mathrm{P31}}\mathrm{e}^{\mathrm{j}(2\omega_2-\omega_1)t}+n_{\mathrm{P32}}\mathrm{e}^{\mathrm{j}(2\omega_1+\omega_2)t} \\ & +n_{\mathrm{P32}}\mathrm{e}^{\mathrm{j}(2\omega_2+\omega_1)t}+n_{\mathrm{P33}}\mathrm{e}^{\mathrm{j}3\omega_1 t}+n_{\mathrm{P34}}\mathrm{e}^{\mathrm{j}3\omega_2 t} \end{aligned} \tag{A6.16}$$

假设频率 ω_1 与 ω_2 非常接近，并对具有相同幅度的频率分量使用相同变量名称。载流子密度表示形式相同，可用下标 u 来表示。

下文将计算由非线性项 $n_u n_p$ 和 n_p^2 导致的三阶互调失真 n_{p31}/n_{p1}。利用与二次谐波失真的相同推导过程以及本附录前文所列假设条件，对于 $n_u n_p$ 项和 n_p^2 项，$(2\omega_1-\omega_2)$项分别由 $1/[2(n_{u1}^* n_{p23}+n_{p1}^* n_{u23})]$和 $n_{p1}^* n_{p23}$生成。此外，复共轭项对应于互调失真的$-\omega_2$ 分量，当忽略非辐射复合和自发辐射时，$\omega_1-\omega_2$ 频率处响应非常小，因此可以忽略 $n_{u22}n_{p1}$项。

将式（A6.16）的解代入式（A6.4），归类合并$(2\omega_1-\omega_2)$频率分量项后，通过下面方程组可以求得互调失真项 n_{p23}，

$$\begin{bmatrix} \mathrm{j}\omega+\gamma_{\mathrm{NN}} & +\gamma_{\mathrm{NP}} \\ -\gamma_{\mathrm{PN}} & \mathrm{j}\omega+\gamma_{\mathrm{PP}} \end{bmatrix}\begin{bmatrix} n_{\mathrm{u31}} \\ n_{\mathrm{p31}} \end{bmatrix} = \frac{1}{2}\begin{bmatrix} -v_g a_{\mathrm{N}}(n_{\mathrm{u1}}^* n_{\mathrm{P23}}+n_{\mathrm{P1}}^* n_{\mathrm{u23}}) \\ \Gamma v_g a_{\mathrm{N}}(n_{\mathrm{u1}}^* n_{\mathrm{P23}}+n_{\mathrm{P1}}^* n_{\mathrm{u23}}) \end{bmatrix}+\cdots + \begin{bmatrix} v_g a_{\mathrm{P}} n_{\mathrm{P1}}^* n_{\mathrm{P23}} \\ -\Gamma v_g a_{\mathrm{P}} n_{\mathrm{P1}}^* n_{\mathrm{P23}} \end{bmatrix} \tag{A6.17}$$

利用式（A6.7）并遵循类似式（A6.10）到式（A6.12）的推导过程，可以求得三阶互调失真方程的解：

$$n_{\mathrm{P31}} = v_g[(a_{\mathrm{N}} n_{\mathrm{u1}}^* n_{\mathrm{P31}} - a_{\mathrm{P}} n_{\mathrm{P1}}^* n_{\mathrm{P23}}) + a_{\mathrm{N}} n_{\mathrm{P1}}^* n_{\mathrm{u23}} - a_{\mathrm{P}} n_{\mathrm{P1}}^* n_{\mathrm{P23}}]\frac{\Gamma}{2}(\mathrm{j}\omega)\frac{H(\omega)}{\omega_r^2} \tag{A6.18}$$

代入简化式（A6.13）并合并同频项后可以得到

$$\begin{aligned} n_{\mathrm{P31}} &= v_g a_{\mathrm{N}}\left[-\mathrm{j}\omega\frac{\eta_1 i_1^*}{qV_{\mathrm{E}}}\frac{H(\omega)^*}{\omega_r^2}n_{\mathrm{P23}}+n_{\mathrm{P1}}^* n_{\mathrm{u23}}-\frac{a_{\mathrm{P}}}{a_{\mathrm{N}}}n_{\mathrm{P1}}^* n_{\mathrm{P23}}\right]\frac{\Gamma}{2}(\mathrm{j}\omega)\frac{H(\omega)}{\omega_r^2} \\ &= v_g a_{\mathrm{N}}\frac{\eta_1 i_1^*}{qV_{\mathrm{E}}}\frac{H(\omega)^*}{\omega_r^2}\left[\gamma_{\mathrm{PN}} n_{\mathrm{u23}}-\left(\mathrm{j}\omega+\frac{a_{\mathrm{P}}}{a_{\mathrm{N}}}\gamma_{\mathrm{PN}}\right)n_{\mathrm{P23}}\right]\frac{\Gamma}{2}(\mathrm{j}\omega)\frac{H(\omega)}{\omega_r^2} \end{aligned} \tag{A6.19}$$

n_{P23}和 n_{u23}项的表示形式与式（A6.14）中二次谐波失真项相同，因此将式（A6.13）代入式（A6.19），化简后除以式（A6.9），可以得到互调失真

项 n_{p31}/n_{p1} 的表达式，

$$\frac{n_{P31}}{n_{P1}}=\frac{1}{2}|\mathrm{OMD}|^2H(\omega)H(2\omega)\left[\frac{1}{2}\left(\frac{\omega}{\omega_r}\right)^2-\left(\frac{\omega}{\omega_r}\right)^4+\mathrm{j}\left(\frac{\omega}{\omega_r}\right)^3\omega_r\tau_P\left(1+\frac{\Gamma a_P}{a_N}\right)\right] \tag{A6.20}$$

其中，$\omega_r^2=v_g a_N N_P/\tau_p$，$\mathrm{OMD}=n_{P1}/N_P$。

将式（A6.20）的仿真计算结果绘制在图 A6.2 中，图 A6.2 中还绘制了另外几种模型的三阶互调失真和基频信号比值与频率之间的关系曲线，包括一种更精确模型曲线（Wang，1993 年）以及半解析数值解曲线（Lee，2001 年），图中均假设调制电流为恒定值。

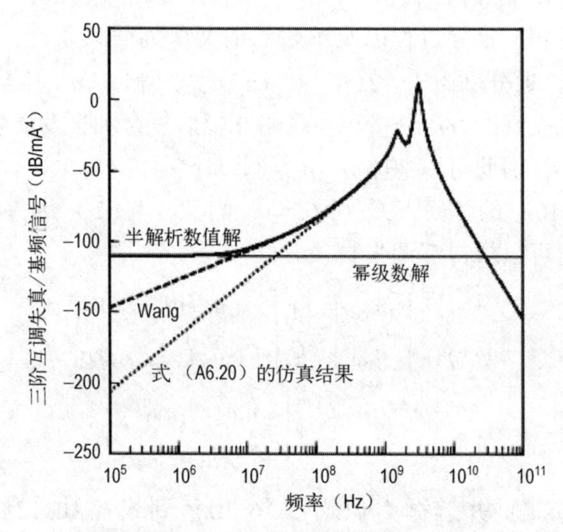

图 A6.2　几种不同模型的三阶互调失真和基频信号比值与频率之间的关系曲线（Lee，2001 年，经许可转载）

从式（A6.20）中可以看出，在理想情况下，当基频信号频率为零时，非线性失真也为零。但是如前文所述，上述结论是在忽略非辐射复合和自发辐射的情况下得到的，此时频率响应零点偏离直流处。

失真频率响应曲线与系统非线性物理机制有关，主要受到本征受激辐射非线性影响。受激辐射速率与增益和光子密度的乘积成正比，在小信号调制情况下，由于光子密度对载流子密度的负反馈机制，系统响应为线性，反之亦然。激光器稳定性取决于增益稳定性：增益钳制程度越高，系统响应线性度越高。因此，当载流子密度调制程度在弛豫振荡处升高时，增益钳制程度低，系统响应线性度低。由于调制电流增大导致载流子密度调制程度升高，系统非线性失真程度也随着调制电流增大而升高。

在三阶互调失真表达式（A6. 20）中，非线性失真具有前面讨论的谐振峰值特性，并且非线性失真程度在频率高于或低于谐振频率时都随着频偏而降低。当频率高于谐振频率时，由于载流子密度和光子密度响应速度不够快，并且受激辐射非线性可以忽略，因此非线性失真程度随着频率增大而降低。当频率低于谐振频率时，非线性失真程度也随着频率降低而降低。在初始阶段，该滚降特性由于较低频率处的增益钳制得到改善（较低载流子密度响应），然而，由于增益压缩效应，增益钳制在直流处并不理想，这将导致存在残余失真。由式（A6. 11）、式（A6 . 12）和式（A6. 13）可知，非线性失真程度的持续降低是由于低频处载流子密度和光子密度的失真响应相互抵消（消除固有和增益压缩非线性）。如上所述，如果激光器动态模型包含非辐射复合和自发辐射项，失真响应抵消并不完美。Wang 等人的模型考虑了非辐射复合和自发辐射影响，可以改进低频处失真响应拟合，由于一些附加近似忽略了自发辐射项，系统在直流处仍然存在非线性失真。

当频率非常低时，非线性失真不为零。因为激光器 $L-I$ 曲线代表直流传输特性，因此非线性失真应该接近 $L-I$ 曲线幂级数展开式给定值。由于直流失真模型与频率无关，因此，$L-I$ 曲线幂级数失真模型在低频时较准确，并且由于忽略了由增益钳制减小引起的失真恶化情况，所以在高频处的失真会小于实际失真。本附录所描述的微扰分析可以扩展至在考虑非辐射复合、自发辐射及附加项($n_{u22}n_{p1}$)影响时，低频非线性失真的推导过程，然而，附录中激光器模型忽略了在低频时的一些重要物理效应，如温度变化对增益的影响，因此这种扩展并不合理。

参考文献

[1] Ackerman, E. 1999. Broadband linearization of a Mach-Zehnder electro-optic modulator, *IEEE Trans. Microwave Theory Tech.*, 47, 2271-9.

[2] Ackerman, E. I., Cox, C. H. III, Betts, G. E., Roussell, H. V., Ray, K. and O' Donnell, F. J. 1998. Input impedance conditions for minimizing the noise figure of an optical link, *IEEE Trans. Microwave Theory Tech.*, 46, 2025-31.

[3] Bertelsmeier, M. and Zschunke, W. 1984. Linearization of broadband optical transmission systems by adaptive predistortion, *Frequenz*, 38, 206-12.

[4] Betts, G. E. 1994. Linearized modulator for suboctave-bandpass optical analog links, *IEEE Trans. Microwave Theory Tech.*, 42, 2642-9.

[5] Betts, G. E. 1998. Personal communication.

[6] Betts, G. E. and O' Donnell, F. J. 1996. Microwave analog optical links using suboctave

linearized modulators, *IEEE Photon. Technol. Lett.*, 8, 1273-5.

[7] Betts, G. E., Walpita, L. M., Chang, W. S. C. and Mathis, R. F. 1986. On the linear dynamic range of integrated electrooptical modulators, *IEEE J. Quantum Electron.*, 22, 1009-11.

[8] Betts, G. E., Cox, C. H. III and Ray, K. G. 1990. 20 GHz optical analog link using an external modulator, *IEEE Photon. Technol. Lett.*, 2, 923-5.

[9] Betts, G. E., Johnson, L. M. and Cox, C. H. III 1991. Optimization of externally modulated analog optical links, *Devices for Optical Processing*, *Proc. SPIE*, 1562, 281-302.

[10] Betts, G. E., O'Donnell, F. J. and Ray, K. G. 1995. Sub-octave-bandwidth analog link using linearized reflective modulator, *PSAA-5 Proceedings*, pp. 269-99.

[11] Bridges, W. B. 2001. Personal communication.

[12] Bridges, W. B. and Schaffner, J. H. 1995. Distortion in linearized electrooptic modulators, *IEEE Trans. Microwave Theory Tech.*, 43, 2184-97.

[13] Brooks, J., Maurer, G. and Becker, R. 1993. Implementation and evaluation of a dual parallel linearization system for AM-SCM video transmission, J. *Lightwave Technol.*, 11, 34.

[14] Bulmer, C. H. and Burns, W. K. 1983. Linear interferometric modulators in Ti: $LiNbO_3$, *J. Lightwave Technol.*, 2, 512-21.

[15] Childs, R. B. and O'Byrne, V. A. 1990. Multichannel AM video transmission using a high-power Nd: YAG laser and linearized external modulator, *IEEE J. Selected Areas Commun.*, 8, 1376-96.

[16] Cummings, U. V. and Bridges, W. B. 1998. Bandwidth of linearized electro-optic modulators, *J. Lightwave Technol.*, 16, 1482-90.

[17] Darcie, T. E., Tucker, R. S. and Sullivan, G. J. 1985. Intermodulation and harmonic distortion in InGaAsP lasers, *Electron. Lett.*, 21, 665-6. See also correction in vol. 22, p. 619.

[18] Dentan, M. and de Cremoux, B. 1990. Numerical simulation of the nonlinear response of a p-i-n photodiode under high illumination, *J. Lightwave Technol.*, 8, 1137-44.

[19] deRidder, R. M. and Korotky, S. K. 1990. Feedforward compensation of integrated optic modulator distortion, *Proc. Optical Fiber Communications Conference*, paper WH5.

[20] Esman, R. D. and Williams, K. J. 1990. Measurement of harmonic distortion in microwave photodetectors, *IEEE Photon. Technol. Lett.*, 2, 502-4.

[21] Farwell, M. L., Lin, Z. Q., Wooten, E. and Chang, W. S. C. 1991. An electrooptic intensity modulator with improved linearity, *IEEE Photon. Technol. Lett.*, 3, 792-5.

[22] Frankart *et al.* 1983. Analog transmission of TV-channels on optical fibers, with nonlinearities corrected by regulated feedforward, *Proc. European Conference on Optical Communications (ECOC)*, pp. 347-50.

[23] Giboney, K. S., Rodwell, M. J. W. and Bowers, J. E. 1997. Traveling-wave photode-

tector theory, *IEEE Trans. Microwave Theory Tech.*, 45, 1310–19.

[24] Gray, P. E. and Searle, C. L. 1969. *Electronic Principles Physics, Models, and Circuits*, New York: John Wiley & Sons, Inc., Section 4. 3. 2.

[25] Helms, J. 1991. Intermodulation and harmonic distortions of laser diodes with optical feedback, J. *Lightwave Technol.*, 9, 1567–75.

[26] Iannone, P. and Darcie, T. 1987. Multichannel intermodulation distortion in high-speed GaInAsP lasers, *Electron. Lett.*, 23, 1361–2.

[27] Jasmin, S., Vodjdani, N., Renaud, J. -C. and Enard, A. 1997. Diluted- and distributed-absorption microwave waveguide photodiodes for high efficiency and high power, *IEEE Trans. Microwave Theory Tech.*, 45, 1337–41.

[28] Johnson, L. M. and Roussell, H. V. 1988. Reduction of intermodulation distortion in interferometric optical modulators, *Opt. Lett.*, 13, 928–30.

[29] Kim, E. M., Tucker, M. E. and Cummings, S. L. 1989. Method for including CTBR, CSO and channel addition coefficient in multichannel AM fiber optic system models, *NCTA Technical Papers*, p. 238.

[30] Kurazono, S., Iwasaki, K. and Kumagai, N. 1972. A new optical modulator consisting of coupled optical waveguides, *Electron. Comm. Jap.*, 55, 103–9.

[31] Lau, K. Y. and Yariv, A., 1984. Intermodulation distortion in a directly modulated semiconductor injection laser, *Appl. Phys. Lett.*, 45, 1034–6.

[32] Lee, H. 2001. *Direct Modulation of Multimode Vertical Cavity Surface Emitting Lasers*, Master of Science Thesis, MIT, Cambridge, MA.

[33] Lin, L. Y., Wu, M. C., Itoh, T., Vang, T. A., Muller, R. E., Sivco, D. L. and Cho, A. Y. 1997. High-power high-speed photodetectors - Design, analysis and experimental demonstrations, *IEEE Trans. Microwave Theory Tech.*, 45, 1320–31.

[34] Liu, P., Li, B. and Trisno, Y. 1991. In search of a linear electrooptic amplitude modulator, *IEEE Photon. Technol. Lett.*, 3, 144–6.

[35] Martin, W. 1975. A new waveguide switch/modulator for integrated optics, *Appl. Phys. Lett.*, 26, 562–4.

[36] Nazarathy, M., Berger, J., Ley, A. J., Levi, I. M. and Kagan, Y. 1993. Progress in externally modulated AM CATV transmission systems, J. *Lightwave Technol.*, 11, 82–105.

[37] Ozeki, T. and Hara, E. H. 1976. Measurements of nonlinear distortion in photodiodes, *Electron. Lett.*, 12, 80.

[38] Petermann, K. 1988. *Laser Diode Modulation and Noise*, Dordrecht, The Netherlands: Kluwer Academic Publishers, Section 4. 7.

[39] Phillips, M. R. and Darcie, T. E. 1997. Lightwave analog video transmission. In *Optical Fiber Communications IIIA*, I. P. Kaminow and T. L. Koch, eds., San Diego, CA: Academic Press, Chapter 14.

[40] Prince, J. L. 1998. Personal communication.

[41] Roussell, H. V. 1995. Personal communication. 2001. Personal communication.

[42] Skeie, H. and Johnson, R. V. 1991. Linearization of electro - optic modulators by a cascade coupling of phase modulating electrodes, *Proc. SPIE*, 1583, 153-64.

[43] Straus, J. 1978. Linearized transmitters for analog fiber links, *Laser Focus*, October, 54-61.

[44] Thomas, G. B. 1968. *Calculus and Analytical Geometry*, Reading, MA: Addison-Wesley Publishing Co.

[45] Wang, J., Haldar, M. K. and Mendis, F. V. C., 1993. Formula for two-carrier third-order intermodulation distortion in semiconductor laser diodes, *Electron. Lett.*, 29, 1341-3.

[46] Welstand, R. B., Zhu, J. T., Chen, W. X., Yu, P. K. L. and Pappert, S. A. 1999. Combined Franz-Keldysh and quantum-confined Stark effect waveguide modulator for analog signal transmission, J. *Lightwave Technol.*, 17, 497-502.

[47] Williams, A. R., Kellner, A. L. and Yu, P. K. L. 1993. High frequency saturation measurements of an InGaAs/InP waveguide photodetector, *Electron. Lett.*, 29, 1298-9.

[48] Williams, K. J., Esman, R. D. and Dagenais, M. 1996. Nonlinearities in p-i-n microwave photodiodes, J. *Lightwave Technol.*, 14, 84-96.

[49] Wilson, G. C., Wood, T. H., Gans, M., Zyskind, J. L., Sulhoff, J. W., Johnson, J. E., Tanbun - Ek, T. and Morton, P. A. 1998. Predistortion of electroabsorption modulators for analog CATV systems at 1.55 _ m, J. *Lightwave Technol.*, 15, 1654-61.

[50] WJ 1998. Preliminary data sheet for the AH22 High Dynamic Range Amplifier, WJ Wireless Products Group.

[51] Yu, P. K. L. 1998. Personal communication.

7 第七章 模拟光纤链路综合权衡设计

7.1 引　　言

模拟光纤链路的性能指标主要包括功率增益、工作带宽、噪声系数和动态范围。本书前面分别讨论了模拟光纤链路中各个参数对这些性能指标的具体影响，但并未对这些指标之间的相互影响进行分析。在实际的链路设计中，必须考虑各指标之间的关系，并权衡各因素对系统性能的综合影响。

本章将分析在无级联射频放大器的模拟光纤链路中主要指标之间的权衡设计，从而实现模拟光纤链路的综合性能优化。然而，为了满足实际需求通常需要级联前置或后置射频放大器来提升模拟光纤链路的性能，后面将进一步讨论射频放大器与模拟光纤链路参数之间的权衡关系。

7.2　模拟光纤链路固有参数权衡设计

7.2.1　直接调制模拟光纤链路

7.2.1.1　半导体激光器偏置电流

由图 2.2 可知，当半导体激光器的偏置电流稍大于阈值电流时，其调制斜率效率最大。随着偏置电流进一步增大，调制斜率效率将逐渐减小，并且减小速度随着偏置电流增大越来越快。因此，为了使直接调制模拟光纤链路的固有增益达到最大值，半导体激光器偏置电流应稍大于阈值电流。

由式（4.4）可知，半导体激光器的弛豫振荡频率（对应最大调制频率）与高于阈值部分的偏置电流的平方根成正比。因此，宽带或高频窄带模拟光纤链路要求激光器偏置电流远大于阈值电流。例如，为了实现宽带信号调制，激光器偏置电流值通常应设置为阈值电流的十倍。理论上，增大偏置电流可以无限增大模拟光纤链路的工作带宽，但是由于激光器散热等实际因素的限制，实际应用中该方法对链路工作带宽的提升效果有限。由图 5.11 可知，当模拟光纤链路的主导噪声为热噪声时，链路噪声系数与激光器偏置电流的大小无关。然而在由 RIN 主导的模拟光纤链路中，链路噪声系数随着半导体激光器偏置电流的增大而恶化，因此，为了降低链路噪声系数，激光器偏置电流应稍大于阈值电流。由图 6.8 可知，无二阶互调失真和无三阶互调失真的动态范围与高于阈值部分的偏置电流之间的函数关系较为复杂。当半导体激光器偏置电流远大于阈值电流并低于饱和电流值时，模拟光纤链路的动态范围达到最大值。

直接调制模拟光纤链路的关键性能指标及半导体激光器的最佳偏置电流选择如表 7.1 所示。较小的偏置电流能够提高模拟光纤链路增益，而较大偏置电流能够提高模拟光纤链路工作带宽，此外，偏置电流的选择也需要权衡考虑链路噪声系数与无互调失真动态范围，最佳偏置电流应该使直接调制模拟光纤链路的噪声系数值最小，并且使无互调失真动态范围最大。

表 7.1　直接调制模拟光纤链路的关键性能指标及半导体激光器的最佳偏置电流选择

参　量	最佳偏置电流
增益	小
带宽	大
噪声系数	小到适中
无互调失真动态范围	适中

在设计模拟光纤链路时，应该优先考虑其中一项关键指标。例如，激光器工作带宽只能通过偏置电流调节，因此在设置偏置电流的大小时，首先应满足激光器工作带宽需求。如果此时链路增益不满足要求，可以通过其他技术来提高链路增益。在窄带模拟光纤链路中，可以通过 4.3.2.2 节中介绍的带通阻抗匹配、级联射频放大器或二者相结合的方法来提高链路增益，而宽带模拟光纤链路只能采用级联射频放大器的方法来提高链路增益。在 7.3 节中将进一步讨论在级联射频放大器的模拟光纤链路中各关键性能的权衡设计。

前文介绍的理论模型可用于量化模拟光纤链路中各项性能指标之间的权衡关系。例如，在设置激光器偏置电流时，应权衡考虑模拟光纤链路的噪声系数和无互调失真动态范围（Ackerman，1998 年）。当激光器偏置电流大于阈值电流时，平均探测光电流与偏置电流之间近似为线性关系，因此，当 $T_{FF}=1$ 时，有 $P_{O,D}=P_{L,O}$，此时激光器偏置电流与平均探测光电流之间的关系可以表示为 $I_D=r_dP_{O,D}=r_dP_{L,O}=r_ds_\ell(I_L-I_T)$。根据本书第五章内容可知，直接调制模拟光纤链路的主导噪声通常为激光器 RIN，将式（5.12）代入式（5.17）可以得到模拟光纤链路噪声系数与激光器偏置电流之间的关系：

$$\mathrm{NF_{RIN}}=10\lg\left(2+\frac{\langle I_{\mathrm{D}}\rangle^{2}\,10^{\frac{\mathrm{RIN}}{10}}R_{\mathrm{LOAD}}}{2s_{\ell}^{2}r_{\mathrm{d}}^{2}kT}\right) \tag{7.1}$$

式（7.1）表明，当激光器偏置电流较小时，模拟光纤链路噪声系数趋于常数。当偏置电流较大时，链路噪声系数将随着偏置电流的平方增加。根据表 5.1 中参数值，假定激光器 RIN=−155 dB/Hz，可以得到如图 7.1 所示的以激光器调制斜率效率为参数，直接调制模拟光纤链路的噪声系数、无互调失真动态范围与平均探测光电流之间的关系曲线。

当分析模拟光纤链路噪声系数与无互调失真动态范围之间的关系时，需要研究无互调失真动态范围与激光器偏置电流之间的关系。如果忽略光电探测器引入的互调失真，并且激光器 P–I 曲线在阈值以上的部分严格线性，则模拟光纤链路的输出三阶截断点随激光器偏置电流与阈值电流之间差值的平方而增大，

$$\mathrm{IP_{3}}=10\lg\left(\frac{(I_{\mathrm{L}}-I_{\mathrm{T}})^{2}R_{\mathrm{L}}}{2}\right) \tag{7.2}$$

上式可以用来分析模拟光纤链路无互调失真动态范围的变化趋势，但是无互调失真动态范围的理论值通常比实际值高 20 dB 左右。

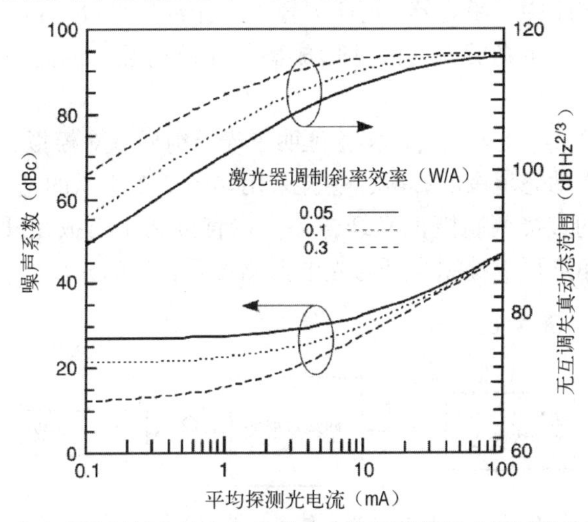

图 7.1　以激光器调制斜率效率为参数，直接调制模拟光纤链路的噪声系数、无互调失真动态范围与平均探测光电流之间的关系曲线

将激光器偏置电流与平均探测光电流的关系式代入式（7.2）中，可以得到模拟光纤链路的输出三阶截断点与平均探测光电流之间的关系，

$$\mathrm{IP}_3 = 10\lg\left(\frac{I_\mathrm{D}^2 R_\mathrm{LOAD}}{2s_\ell^2 r_\mathrm{d}^2}\right) \tag{7.3}$$

根据本书 6.2.2 节所述，模拟光纤链路的输出三阶截断点、噪声系数和无三阶互调失真动态范围之间的关系可以表示为

$$\mathrm{IMF}_3 = \frac{2}{3}[\mathrm{IP}_3 - (G + \mathrm{NF} + kT\Delta f)] \tag{7.4}$$

根据第五章所述，在 1 Hz 带宽内和 290 K 标准温度下，式（7.4）中最后一项数值约为-204 dBW。将模拟光纤链路的输出三阶截断点、增益和噪声系数的表达式（7.3）、式（3.7）和式（7.1）分别代入式（7.4）中，可以得到链路噪声系数、无互调失真动态范围与平均探测光电流之间的关系曲线，如图 7.1 所示。当偏置电流不影响链路噪声系数时，无互调失真动态范围随激光器偏置电流的平方而增大；当偏置电流继续增大时，链路噪声系数随激光器偏置电流的平方而增大，而无互调失真动态范围将趋于定值。

在实际工程设计中，当偏置电流大于阈值电流时，激光器 RIN 将随着偏置电流的平方而减小，此时链路性能指标的权衡设计将更为复杂。

7.2.1.2 光回波损耗

增益是半导体激光器的重要指标之一。如本书第二章中所述，激光器谐振腔内具有增益介质，获得增益的模式在腔内多次反射谐振后输出激光。在实际模拟光纤链路中，激光器-光纤耦合处、光纤连接处，以及光纤-光电探测器耦合处都会产生光反射回波并形成额外光反射腔，因此需要尽量减小光反射回波。

1997 年，Roussell 等人通过实验证明了光反射回波对模拟光纤链路噪声系数及无互调失真动态范围的影响，实验采用如图 7.2 所示的基于法布里-珀罗半导体激光器的直接调制模拟光纤链路。在直接调制模拟光纤链路中，通过改变光纤熔接角度可以控制光纤与光电探测器耦合处的光反射。

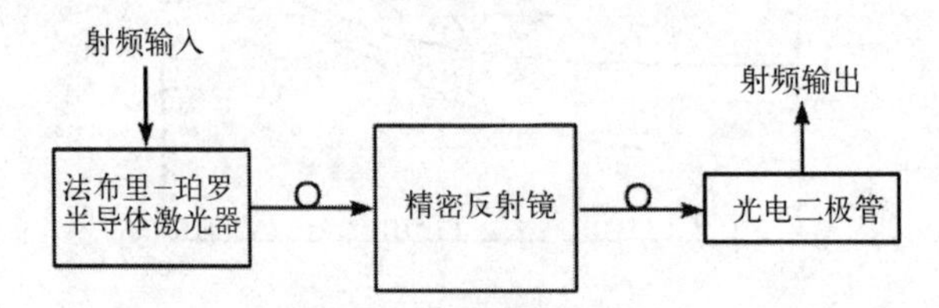

图 7.2　基于法布里-珀罗半导体激光器的直接调制模拟光纤链路

直接调制模拟光纤链路的噪声系数、无互调失真动态范围与光回波损耗之间的关系曲线如图 7.3 所示。从图中可知，光回波损耗在-40 dB 以下（即小于 0.01%）才能保证良好的模拟光纤链路性能。玻璃-空气界面处的反射率

约为4%，为了降低光纤端面的光反射回波对模拟光纤链路性能的影响，可以在链路中采用斜头光纤或在光纤端面处涂覆增透膜。但这些方法在降低光学反射回波的同时也会增加链路额外损耗，因此需要权衡考虑。

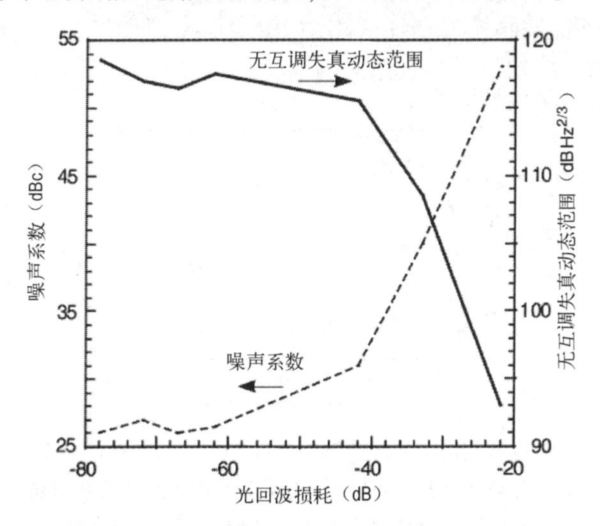

图 7.3　直接调制模拟光纤链路的噪声系数、无互调失真动态范围与光回波损耗之间的关系曲线

（Roussell 等，1997 年，图 3，IEEE，经许可转载）

7.2.2　外部调制模拟光纤链路

7.2.2.1　电光调制器偏置电压

铌酸锂电光调制器的调制带宽与偏置电压无关。如本书 6.3.2 节中所述，当电光调制器工作于传递函数正交偏置点处或附近时，外部调制模拟光纤链路具有最高链路增益和最小二阶非线性失真。当电光调制器偏置电压远离正交偏置点时，模拟光纤链路噪声系数较低（Ackerman、Betts 和 Farwell 等，1993 年）。

前面在推导链路增益与噪声系数表达式时均假设电光调制器工作于特定偏置点，为了分析电光调制器偏置点对模拟光纤链路性能指标的影响，需要推导出在任意偏置点处增量调制效率的表达式。在任意偏置点处，马赫-曾德尔调制器的增量调制效率都可以用正交偏置点（即 $\phi_B = 90°$）处的增量调制效率与$\sin^2(\phi_B)$因子的乘积进行表示（Betts 和 O′Donnell，1993 年），即

$$\frac{p_{m,o}^2}{p_{s,a}}(\phi_B) = \frac{s_{mz}^2}{R_s}\sin^2(\phi_B) \tag{7.5}$$

式（3.10）中模拟光纤链路增益与电光调制器偏置角之间的关系为

$$g_{\text{mzpd}}(\phi_B)=s_{\text{mz}}^2 r_d^2 \sin^2(\phi_B) \tag{7.6}$$

当电光调制器工作于正交偏置点时，增量调制效率与模拟光纤链路增益达到最大值。外部调制模拟光纤链路中 RIN 功率、散粒噪声功率和相对增益与马赫-曾德尔调制器电压偏置角之间的关系曲线如图 7.4 所示。

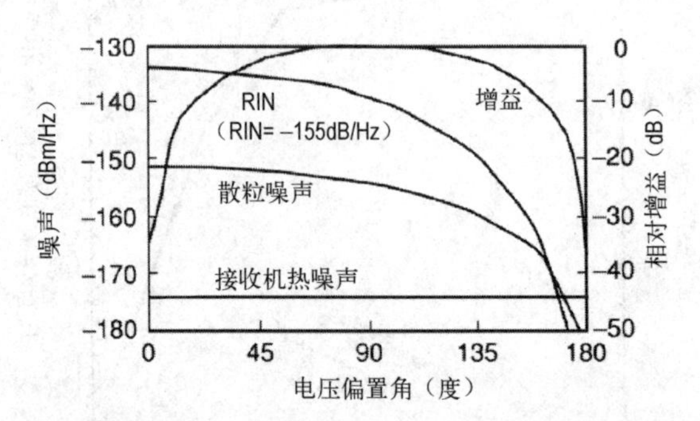

图 7.4　外部调制模拟光纤链路中 RIN 功率、散粒噪声功率和相对增益与马赫-曾德尔调制器电压偏置角之间的关系曲线（Betts 等，1997 年，图 14，IEEE，经许可转载）。

式（5.32）为当电光调制器工作于正交偏置点时的外部调制模拟光纤链路噪声系数表达式，而式（7.7）表示当电光调制器工作于任意偏置点时的外部调制模拟光纤链路噪声系数。

$$\text{NF}(\phi_B)=10\lg\left\{2+\frac{N_D^2 R_{\text{LOAD}}}{g_i kT}\left[\langle i_{\text{rin}}^2\rangle\left(\frac{(1+\cos(\phi_B))^2}{\sin^2(\phi_B)}\right)+\langle i_{\text{sn}}^2\rangle\left(\frac{1+\cos(\phi_B)}{\sin^2(\phi_B)}\right)+\langle i_t^2\rangle\left(\frac{1}{\sin^2(\phi_B)}\right)\right]\right\} \tag{7.7}$$

上式中$\sin^2()$项关于正交偏置点对称，$1+\cos(\phi_B)$在偏置电压高于正交偏置点时较低。因此，如图 7.4 所示，当电光调制器偏置电压高于正交偏置点时，能够有效减小散粒噪声及激光器 RIN 对模拟光纤链路噪声系数的影响。

在不同激光器 RIN 水平下，模拟光纤链路噪声系数与电光调制器偏置角之间的关系曲线如图 7.5 所示。将电光调制器偏置电压设置为高于正交偏置点，可以有效减小模拟光纤链路的噪声系数，但是当其接近最大偏置点（$\phi_B=180°$）时，模拟光纤链路噪声系数不降反升。此时接收端主要受限于除散粒噪声和 RIN 以外的其他噪声，因此，偏置角度的进一步增大不仅不会降低噪声，还将降低链路增益，进而恶化链路噪声系数。

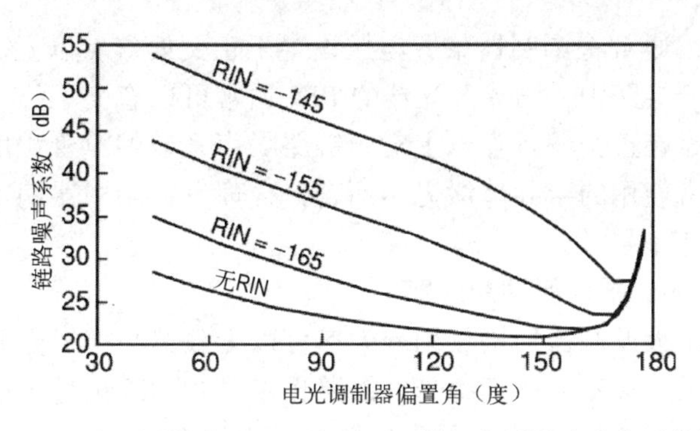

图 7.5　在不同激光器 RIN 水平下，模拟光纤链路噪声系数与电光调制器偏置角之间的关系曲线
（Betts 等，1997 年，图 15，IEEE，经许可转载）

模拟光纤链路无互调失真动态范围与电光调制器偏置角之间的关系曲线可以通过互调失真抑制比进行分析。由前面介绍过的图 6.10 中可以看出，当马赫-曾德尔调制器工作于正交偏置点时，模拟光纤链路不存在二阶非线性失真分量；当电光调制器的偏置电压远离正交偏置点时，模拟光纤链路的二阶非线性失真随偏移量增大而增加，二阶互调抑制比（即二阶互调非线性失真与基频信号功率的比值）也随之降低。模拟光纤链路二阶互调抑制比为式（6.19b）与式（6.19a）的比值，其与电光调制器偏置电压之间的关系为

$$\frac{p_{\text{2nd}}}{p_{\text{fund}}} \propto \left(\frac{\pi}{V_{\pi}}\right)\cot\left(\frac{\pi V_{\text{M}}}{V_{\pi}}\right) \tag{7.8}$$

当电光调制器偏置电压工作于最大或最小传输点时，模拟光纤链路不存在三阶非线性失真分量。当电光调制器偏置电压远离这两个传输点时，模拟光纤链路三阶互调非线性失真将随偏移量而增大增加。模拟光纤链路三阶互调抑制比为式（6.19c）与式（6.19a）的比值，即

$$\frac{p_{\text{3nd}}}{p_{\text{fund}}} \propto \left(\frac{\pi}{V_{\pi}}\right)^{2} \tag{7.9}$$

由上式可知，模拟光纤链路的三阶互调抑制比与电光调制器偏置电压无关。因此，电光调制器偏置电压应高于正交偏置点以减小模拟光纤链路噪声系数，进而增大电光调制器的无三阶互调失真动态范围。在由散粒噪声主导的模拟光纤链路中，即使将电光调制器设置在最佳偏置点处，也只能将其动态范围改善 3 dB。在由 RIN 主导的模拟光纤链路中，若探测接收端噪声小于 RIN，将电光调制器设置在最佳偏置点处可有效增大链路动态范围。

当调制信号带宽小于单个倍频程时，模拟光纤链路二阶非线性失真分量可以通过射频滤波器滤除。为了降低模拟光纤链路噪声系数并提高其无互调

失真动态范围，通常将调制器偏置电压设置于正交偏置点以上。然而，在外部调制模拟光纤链路中，固体激光器的 RIN 通常可以忽略不计，因此将调制器偏置电压设置在正交偏置点以上对于链路噪声系数的改善程度有限。对于实际链路中经常使用的半导体激光器而言，合理设置调制器偏置电压可以有效减小 RIN 带来的影响。

7.2.2.2　调制器增量调制效率

理论上，增大调制器的增量调制效率可以无限提高模拟光纤链路增益并降低链路噪声系数。然而，模拟光纤链路噪声系数的理论最小值为 0 dB，因此提高增量调制效率并不能无限降低链路噪声系数。由本书 5.5.1 节可知，在某些模拟光纤链路中，当调制效率或固有增益无限大时，链路噪声系数极限值为 3 dB。如本书 2.2.2.1 节中所述，影响马赫-曾德尔调制器增量调制效率的主要因素包括激光器平均光功率和电光调制器半波电压 V_π，因此本节主要研究电光调制器半波电压 V_π 与平均光功率对模拟光纤链路噪声系数的影响。在由散粒噪声主导的模拟光纤链路中，噪声系数可以表示为

$$\mathrm{NF}=10\lg\left(2+\frac{2qR_{\mathrm{LOAD}}}{\left(\dfrac{\pi R_{\mathrm{s}}}{2V_\pi}\right)^2 T_{\mathrm{FF}}P_{\mathrm{I}}r_{\mathrm{d}}kT}\right)\propto 10\lg(2+aV_\pi^2) \tag{7.10}$$

其中 a 为常数。为了研究链路噪声系数与半波电压 V_π 之间的关系，假定平均光功率为定值。

以平均光功率为参数，外部调制模拟光纤链路的噪声系数、三阶无互调失真动态范围与调制器半波电压 V_π 之间的关系曲线如图 7.6 所示，提高增量调制效率（降低 V_π）可以改善模拟光纤链路的小信号探测接收能力。模拟光纤链路的最小可检测信号功率取决于输入热噪声，因此，链路的最小可检测信号功率高于输入热噪声是研究链路增益性能的前提。提高调制器的增量调制效率（降低 V_π）也会影响模拟光纤链路的无互调失真动态范围，由式（7.9）可知，三阶互调失真抑制比与调制器半波电压的平方 V_π^2 成反比。当链路噪声系数与调制器半波电压 V_π 无关时，模拟光纤链路的无互调失真动态范围将随着 V_π^2 增大而增大；而当链路噪声系数与 V_π^2 成正比时，模拟光纤链路无互调失真动态范围与调制器半波电压 V_π 无关。

从图 7.6 中可以看出模拟光纤链路无互调失真动态范围与调制器半波电压 V_π 之间的关系。当调制器半波电压 V_π 较大（即增量调制效率较低）时，若非线性失真分量高于热噪声，则模拟光纤链路的无互调失真动态范围与调制器半波电压 V_π 无关；若非线性失真分量低于热噪声，则模拟光纤链路无互调失真动态范围随着调制器半波电压 V_π 的减小而减小。

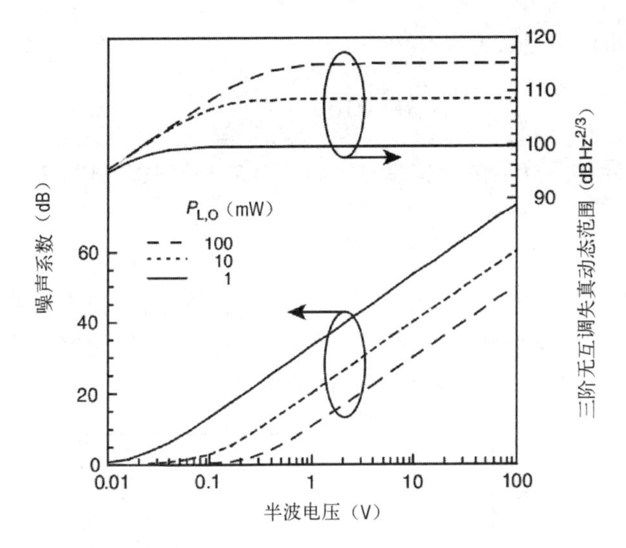

图 7.6　以平均光功率为参数，外部调制模拟光纤链路的噪声系数、三阶无互调失真动态范围与调制器半波电压 V_π 之间的关系曲线

由图 7.6 可知，调制器半波电压 V_π 的最佳取值范围取决于平均光功率的大小，通常为 0.05~0.5 V。目前商用马赫-曾德尔调制器的半波电压 V_π 一般为 2~10 V，因此在此范围内，V_π 的值应尽量小。当 V_π 超过最佳取值范围时，模拟光纤链路动态范围不再随着调制器半波电压的增大而增大，链路噪声系数也会随之恶化。

7.2.3　信噪比与噪声极限权衡

通常假定散粒噪声是模拟光纤链路的主导噪声源，其信噪比理论上可以无限大。图 7.7 中展示了由散粒噪声主导的模拟光纤链路的输出信噪比与平均探测光电流之间的关系曲线。然而，许多实际模拟光纤链路（几乎所有直接调制模拟光纤链路）的主导噪声为 RIN，因此，为了研究模拟光纤链路信噪比，需要考虑 RIN 的影响（Cox 和 Ackerman，1999 年）。

本节假设 RIN 为强度调制模拟光纤链路的主导噪声，并对图 5.4 所示模拟光纤链路进行讨论。

半导体激光器的调制电流 i_d 与平均探测光电流 I_D 的关系为

$$i_d = mI_D \tag{7.11}$$

其中 m 为光调制深度，由 RIN 主导的模拟光纤链路的输出信噪比为

$$\mathrm{SNR} = 10\lg\frac{m^2}{\mathrm{rin}} = 10\lg m^2 - \mathrm{RIN} \tag{7.12}$$

式（5.10）将 RIN 定义为

$$\mathrm{RIN}=10\lg\frac{2\langle i_{\mathrm{d}}^{2}\rangle}{\langle I_{\mathrm{D}}\rangle^{2}\Delta f} \tag{7.13}$$

其中 Δf 为半导体激光器的工作带宽，将式（7.13）代入式（7.12）可以得到

$$\mathrm{SNR}=10\lg\frac{m^{2}\langle I_{\mathrm{D}}\rangle^{2}\Delta f}{2\langle i_{\mathrm{d}}^{2}\rangle} \tag{7.14}$$

图 7.7 中同样绘制了由 RIN 主导的模拟光纤链路的输出信噪比与平均探测光电流之间的关系曲线。在模拟光纤链路中，光电探测器的平均探测光电流大小为 1~10 mA，因此链路信噪比通常由 RIN 主导。

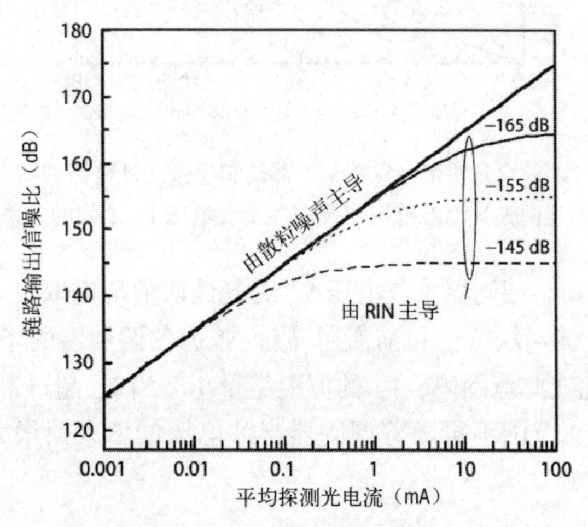

图 7.7　由散粒噪声/RIN 主导的模拟光纤链路的输出信噪比与平均探测光电流之间的关系曲线

光调制深度 m 的最大值为 1，因此模拟光纤链路信噪比的最大值为

$$\mathrm{SNR}_{\max}=10\lg\frac{\langle I_{\mathrm{D}}\rangle^{2}\Delta f}{2\langle i_{\mathrm{d}}^{2}\rangle}=-\mathrm{RIN} \tag{7.15}$$

对于 CATV 系统，光调制深度约为 $m=4\%$，分布反馈式半导体激光器的 RIN 值约为−155 dB/Hz，当激光器工作带宽 $\Delta f=4$ MHz 时，模拟光纤链路信噪比的最大值约为 61 dB。

由以上分析可知，当模拟光纤链路由 RIN 主导时，降低 RIN 或增大光调制深度 m 都能够提高模拟光纤链路信噪比。通常在 CATV 系统中，主要通过降低 RIN 来提高模拟光纤链路信噪比。此外，增大链路无互调失真动态范围也是模拟光纤链路的研究热点。在本书 6.4 节中我们通过理论分析并用实验验证了多种模拟光纤链路的线性化方案，链路无互调失真动态范围能够增大

10~20 dB，已经达到了 CATV 系统的实际应用要求。

本书第六章中定义的模拟光纤链路无互调失真动态范围为当互调失真信号等于基底噪声时的最大输出信噪比。在理想的线性化模拟光纤链路中不存在互调失真信号，此时链路最大无互调失真动态范围等于最高输出信噪比。改善链路线性度仅仅有助于减小链路非线性失真，而增大光调制深度不仅有助于提升模拟光纤链路线性度，还可以提高链路输出信噪比，直至其受限于 RIN。

图 7.8 反映了对数坐标下模拟光纤链路的输出基频信号功率、输出三阶互调失真功率与输入射频功率之间的关系曲线，可以看出模拟光纤链路的无互调失真动态范围对输出信噪比的影响，并且链路最大输出信噪比为最大输出基频信号功率和基底噪声的差值，无互调失真动态范围为当三阶互调失真信号功率等于基底噪声时，输出基频信号功率与基底噪声的差值。

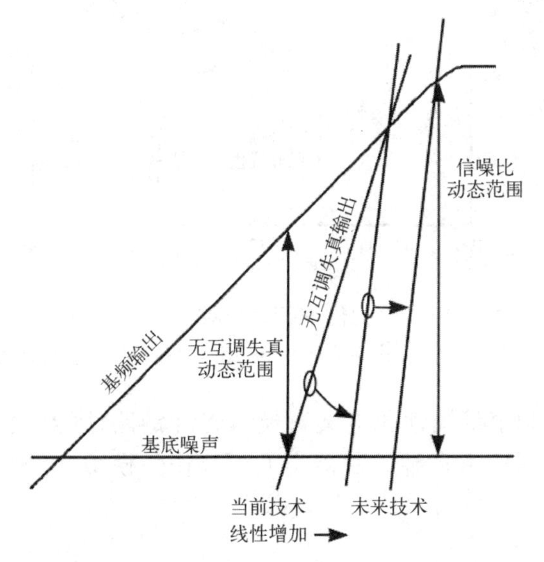

图 7.8　对数坐标下模拟光纤链路的输出基频信号功率、输出三阶互调失真功率与输入射频功率之间的关系曲线（Cox 和 Ackerman，1999 年，图 11，International Union of Radio Science，经许可转载）

Betts 等人于 1990 年通过实验验证了线性化方案对外部调制模拟光纤链路性能指标的影响。当未采用线性化方案时，基于马赫-曾德尔调制器的外部调制模拟光纤链路的无互调失真动态范围约为 110 dB·$Hz^{2/3}$，最大输出信噪比为 160 dB·Hz。实验中固体激光器的 RIN 值约为-180 dB/Hz。当采用线性化方案时（Betts 等，1994 年），外部调制模拟光纤链路的无互调失真动态范围可达 135 dB·$Hz^{4/5}$，实验中使用的光功率与未采用线性化时的光功率相同。因此，采用线性化方案能够使模拟光纤链路动态范围增大约 25 dB。

在本书 6.4 节中分别讨论了窄带和宽带模拟光纤链路的线性化方案。线性化宽带模拟光纤链路受限于复杂的调制器和偏置控制电路，因此 Bridges 和 Schaffner 等人更倾向于选择窄带线性化方案。此外，窄带和宽带线性化外部调制模拟光纤链路的噪声系数与无互调失真动态范围关系图如图 7.9 所示，可以看出，宽带线性化方案会恶化链路的噪声系数，而窄带线性化方法不会。

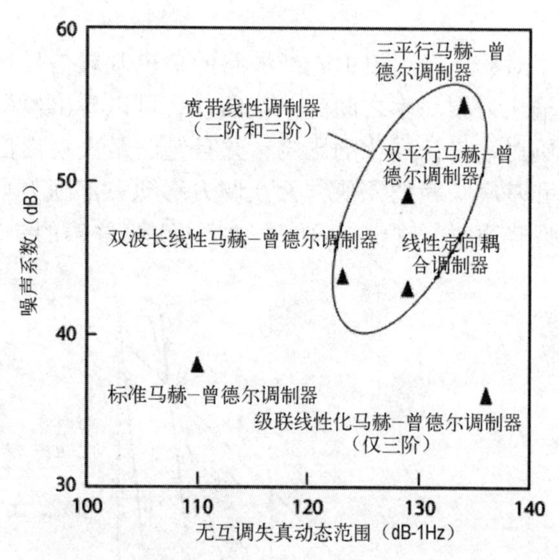

图 7.9　窄带和宽带线性化外部调制模拟光纤链路的噪声系数与无互调失真动态范围关系图（Bridges 和 Schaffner，1995 年）

目前，宽带和窄带线性化方案对模拟光纤链路性能的影响分析完全基于实验数据，上图所示多种调制器类型可以作为模拟光纤链路研究分析的参考。

7.3　级联射频放大器的模拟光纤链路系统

本节将根据模拟光纤链路和射频放大器的性能参数权衡设计级联射频放大器的模拟光纤链路系统的关键指标，该级联射频放大器的模拟光纤链路系统框图如图 7.10 所示。

7.3.1　射频放大器与链路功率增益

如图 7.10 所示，级联射频放大器的模拟光纤链路系统总功率增益 g_s 可以通过前置射频放大器功率增益 g_{pre}、模拟光纤链路功率增益 g_{link} 和后置射频放大器功率增益 g_{post} 表示，即

$$g_s = g_{pre} g_{link} g_{post} \tag{7.16}$$

将式（7.16）通过对数形式表示，系统总增益为各部分增益之和。因此，级联前置射频放大器和后置射频放大器均有助于提高模拟光纤链路系统总功率增益。

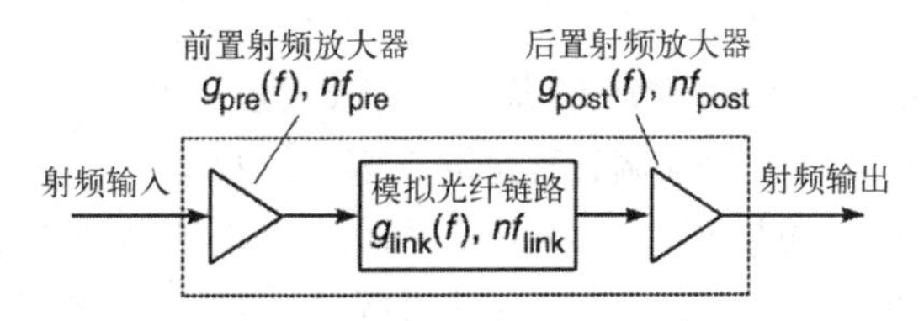

图 7.10　级联射频放大器的模拟光纤链路系统框图

7.3.2　射频放大器与链路频率响应

由于链路系统的增益与频率相关，由式（7.16）可得级联射频放大器的模拟光纤链路系统的频率响应函数为

$$g_s(f) = g_{pre}(f) g_{link}(f) g_{post}(f) \tag{7.17}$$

由上式可知，各级联部分的频率响应相互独立。因此，当模拟光纤链路中调制器响应带宽低于 1 GHz（即当 f>1 GHz 时 $g_{link}(f) \cong 0$）时，即使前后级联射频放大器的响应带宽大于 10 GHz，级联射频放大器的模拟光纤链路系统工作带宽仍低于 1 GHz。此外，模拟光纤链路的滚降特性通常可以采用级联均衡技术（包括前置均衡和后置均衡）进行补偿，使级联射频放大器的模拟光纤链路系统的频率响应特性趋于平坦。前置均衡射频放大器的频率响应为

$$g_{pre}(f) = g_{link}^{-1}(f) \tag{7.18}$$

7.3.3　射频放大器与链路噪声系数

在图 7.10 所示级联射频放大器的模拟光纤链路系统中，假设各级联模块之间满足阻抗匹配条件，则系统噪声因子可以表示为（Motchenbacher 和 Connelly，1993 年）

$$nf_s = nf_{pre} + \frac{(nf_{link} - 1)}{g_{pre}} + \frac{(nf_{post} - 1)}{g_{pre} g_{link}} \tag{7.19}$$

由上式可知，级联射频放大器的模拟光纤链路系统总噪声系数一定大于前置射频放大器噪声系数。前级模块增益越大，后级模块噪声系数对链路系统总噪声系数影响越小。因此，低噪声系数、高增益的前置射频放大器可以

有效降低链路系统的总噪声系数，而后置射频放大器无法降低链路系统的总噪声系数。与之前的结论类比，相比于提高光电探测器响应度，提高电光调制斜率效率更能有效降低模拟光纤链路的噪声系数。

如果前置射频放大器增益足够高，那么链路系统总噪声系数约等于前置射频放大器噪声系数，模拟光纤链路的噪声系数可以忽略不计。由于实际前置射频放大器难以达到如此高的增益，因此，为了降低链路系统总噪声系数，模拟光纤链路噪声系数也应尽量降低。例如，20 GHz 光纤链路的噪声系数通常高达 50 dB，实际中不存在如此高增益的前置放大器。此外，高增益前置射频放大器还将减小链路系统的无互调失真总动态范围，本章下节将进行详细分析。

根据式（7.19）可以得到以模拟光纤链路噪声系数为参数，级联前置射频放大器链路系统的总噪声系数与前置射频放大器增益之间的关系曲线，如图 7.11 所示。假定链路系统中无后置射频放大器，只包含前置射频放大器与模拟光纤链路，其中前置射频放大器噪声系数为 1 dB，并且不随增益改变。当前置射频放大器增益高于模拟光纤链路的噪声系数时，链路系统总噪声系数约等于前置射频放大器噪声系数。因此，级联低噪声、高增益的前置射频放大器能够显著改善链路系统的总噪声系数。

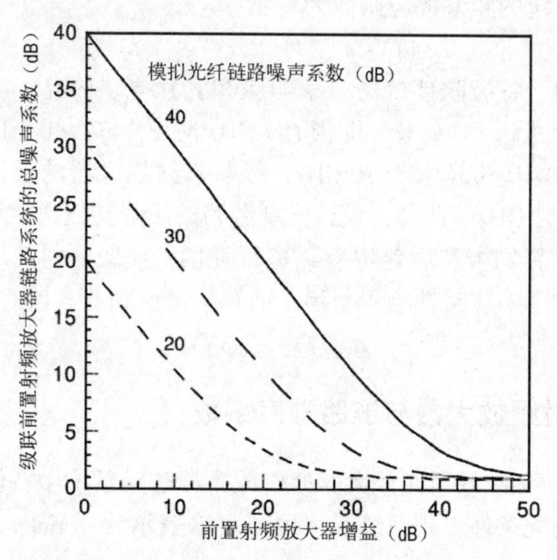

图 7.11　以模拟光纤链路噪声系数为参数，级联前置射频放大器链路系统的总噪声系数与前置射频放大器增益之间的关系曲线

7.3.4　射频放大器与链路无互调失真动态范围

如 6.2.1 节所述，模拟光纤链路中器件的传递函数为非线性的，可以展

开成幂级数形式。前置或后置线性放大器均无法消除其非线性失真，因此级联前置或后置线性放大器并不能增大链路系统无互调失真总动态范围。然而，特定非线性预放（如 6.4.1 节中预失真电路可视为前置非线性放大器）能够有助于抑制链路系统的非线性失真，进而增大模拟光纤链路的无互调失真动态范围。根据 7.3.3 节可知，增大前置射频放大器增益可以显著增大级联射频放大器的模拟光纤链路系统总增益并降低其总噪声系数，但是该方法通常会减小链路系统的无互调失真总动态范围。射频放大器增益越大，链路系统的无互调失真总动态范围越小。因此，级联射频放大器的模拟光纤链路系统在设计过程中需要权衡考虑前置射频放大器增益。

为了讨论射频放大器、模拟光纤链路与链路系统之间的非线性关系，需要构建与链路系统总噪声系数表达式（7.9）类似的非线性关系表达式。根据 7.3.3 节可知，只有前置射频放大器能够降低模拟光纤链路噪声系数，因此实际链路系统通常只包含前置射频放大器，并且链路系统中各模块之间以及输入输出端口均满足阻抗匹配条件，仅级联前置射频放大器的模拟光纤链路系统框图如图 7.12 所示。此外，假设射频放大器和模拟光纤链路中以三阶非线性失真分量为主，级联链路系统中仅存在唯一三阶非线性失真来源，因此，链路系统中的非线性失真可以简化为两个以上射频元件级联后的总失真。

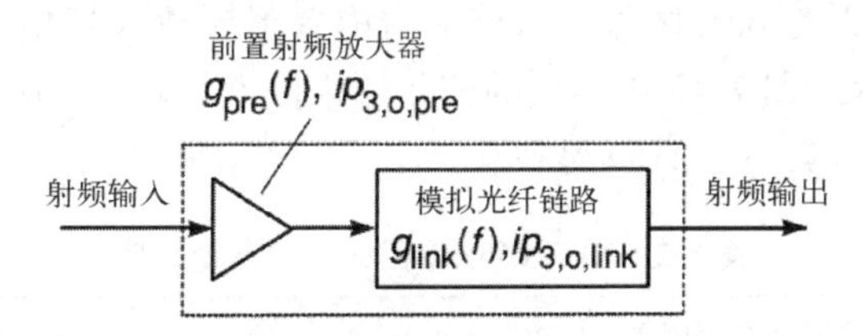

图 7.12 仅级联前置射频放大器的模拟光纤链路系统框图

与链路系统总噪声系数类似，Kanaglekar 等人于 1988 年推导出了级联系统非线性总失真表达式，根据前置射频放大器与模拟光纤链路的输出三阶截断点 $ip_{3,o,pre}$ 和 $ip_{3,o,link}$ 可以得出级联链路系统的输出三阶截断点 $ip_{3,o,s}$，即

$$ip_{3,o,s}=\left(\frac{1}{ip_{3,o,pre}^{2}g_{link}^{2}}+\frac{1}{ip_{3,o,link}^{2}}+\frac{2\cos(\phi_{pre}-\phi_{link}+\theta_{pre})}{ip_{3,o,pre}ip_{3,o,link}g_{link}}\right)^{-\frac{1}{2}} \tag{7.20}$$

其中 g_{link} 为模拟光纤链路固有增益。

由式（7.20）可知，链路系统总失真为前置放大器与模拟光纤链路中两个独立失真分量之和，当式中余弦项为 1 时，系统无互调失真总动态范围最小，实际系统中最小无互调失真总动态范围比理论值低约 1~2 dB（Kanaglekar，1988 年）。链路系统最小输出三阶截断点可以表示如下：

$$ip_{3,o,s}=\left(\frac{1}{ip_{3,o,pre}g_{link}}+\frac{1}{ip_{3,o,link}}\right)^{-1} \tag{7.21}$$

根据式（7.21）可知，级联链路系统中输出三阶截断点最小的元件对整个系统非线性失真影响最大。因此，如果要减小前置射频放大器对级联射频放大器的模拟光纤链路系统的无互调失真总动态范围的影响，应使式（7.21）中第一项分母大于第二项分母，即前置射频放大器输出三阶截断点与模拟光纤链路增益的乘积应大于模拟光纤链路输出三阶截断点。然而模拟光纤链路的增益通常小于1，因此前置射频放大器输出三阶截断点应高于模拟光纤链路输出三阶截断点。

上述分析将带来7.3.3节中提到的链路系统总噪声系数与总动态范围之间的权衡问题。前置射频放大器增益应大于模拟光纤链路噪声系数，而模拟光纤链路噪声系数大于模拟光纤链路损耗值，因此，前置射频放大器输出三阶截断点应至少大于模拟光纤链路输出三阶截断点与前置射频放大器增益之和（对数形式）。例如，如果模拟光纤链路的损耗和输出三阶截断点分别为−30 dB和0 dBm，则前置射频放大器增益至少为30 dB，并且其输出三阶截断点至少为30 dBm。

以前置射频放大器的输出三阶截断点为参数，级联前置放大链路系统总噪声系数和三阶无互调失真总动态范围与前置射频放大器增益之间的关系曲线如图7.13所示。图7.13中使用的链路参量数值如表7.2所示，链路系统总噪声系数通过式（7.19）计算得到。

表7.2　图7.13中使用的链路参量数值

前置射频放大器噪声系数	1 dB
固有链路增益	−30 dB
固有链路噪声系数	39 dB
固有链路三阶无互调失真动态范围	110 dB Hz

假定上述参数与前置射频放大器的输出三阶截断点无关，先根据式（7.21）中前置射频放大器的输出截断点计算出级联链路系统的输出三阶截断点，再根据式（7.4）中级联链路系统的总噪声系数和输出截断点可以计算出无互调失真总动态范围。若前置射频放大器的增益为40 dB，则级联链路系统的总噪声系数约等于前置射频放大器噪声系数。模拟光纤链路的损耗为30 dB，且输出三阶截断点约为0 dBm，为了降低前置射频放大器对模拟光纤链路无互调失真动态范围的不利影响，前置射频放大器的输出截断点应为30 dB+0 dBm=30 dBm。Schaffner和Bridges等人1993年已将上述分析扩展至以五阶非线性失

真为主的链路系统中。

表7.3总结了前置/后置射频放大器对模拟光纤链路关键性能参数的影响，可以看出，后置射频放大器只能提高链路系统的总增益，而前置射频放大器不仅可以提高链路系统总增益，还可以有效降低链路系统总噪声系数。然而，提高放大器增益虽然能够改善级联链路系统总噪声系数，但也会减小级联链路系统的无互调失真总动态范围，并且级联前置或后置射频放大器均不能增大链路系统工作带宽。

表7.3　前置/后置射频放大器对模拟光纤链路关键性能参数的影响

参　量	前置射频放大器	后置射频放大器
增益	是	是
频率响应	否	否
噪声系数	是	否
动态范围	否	否

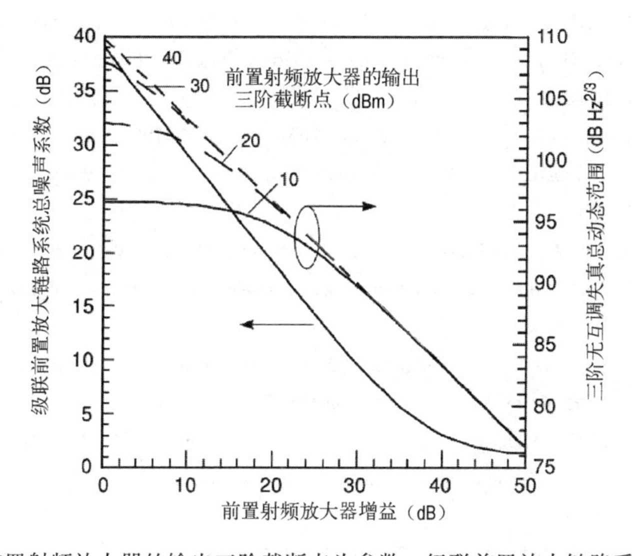

图7.13　以前置射频放大器的输出三阶截断点为参数，级联前置放大链路系统总噪声系数和三阶无互调失真总动态范围与前置射频放大器增益之间的关系曲线

参考文献

[1] Ackerman, E. I., Wanuga, S., Kasemset, D., Daryoush, A. S. and Samant, N. R. 1993. Maximum dynamic range operation of a microwave external modulation fiber opticlink,

IEEE Trans. Microwave Theory Techn., 41, 1299-306.

[2] Ackerman, E. I. 1998. Personal communication.

[3] Betts, G. 1994. Linearized modulator for suboctave-bandpass optical analog links, *IEEE Trans. Microwave Theory Tech.*, 42, 2642-9.

[4] Betts, G. E. and O'Donnell, F. J. 1993. Improvements in passive, low-noise-figure optical links, *Proc. Photonics Systems for Antenna Applications Conf. - III*, Monterey, CA.

[5] Betts, G., Johnson, L. and Cox, C., III. 1990. High-dynamic-range, low-noise analog optical links using external modulators: analysis and demonstration, *Proc. SPIE*, 1371, 252-7.

[6] Betts, G. E., Donnelly, J. P., Walpole, J. N., Groves, S. H., O'Donnell, F. J., Missaggia, L. J., Bailey, R. J. and Napoleone, A. 1997. Semiconductor laser sources for externally modulated microwave analog links, *IEEE Trans. Microwave Theory Tech.*, 45, 1280-7.

[7] Bridges, W. B. and Schaffner, J. H. 1995. Distortion in linearized electrooptic modulators, *IEEE Trans. Microwave Theory Tech.*, 43, 2184-97.

[8] Cox, C. H., III and Ackerman, E. I. 1999. Limits on the performance of analog optical links, Chapter 10, *Review of Radio Science* 1996-1999, W. Ross Stone, ed., Oxford: Oxford University Press.

[9] Farwell, M. L., Chang, W. S. C. and Huber, D. R. 1993. Increased linear dynamic range by low biasing the Mach-Zehnder modulator, *IEEE Photon. Technol. Lett.*, 5, 779-82.

[10] Kanaglekar, N. G., McIntosh, R. E. and Bryant, W. E. 1988. Analysis of two-tone, third-order distortion in cascaded two-ports, *IEEE Trans. Microwave Theory Tech.*, 36, 701-5.

[11] Motchenbacher, C. D. and Connelly, J. A. 1993. *Low-Noise Electronic System Design*, New York: John Wiley & Sons, Inc., Section 2.8.

[12] Roussell, H. V., Helkey, R. J., Betts, G. E. and Cox, C. H. III 1997. Effect of optical feedback on high-dynamic-range Fabry-Perot laser optical links, *IEEE Photon. Technol. Lett.*, 9, 106-8.

[13] Schaffner, J. H. and Bridges, W. B. 1993. Intermodulation distortion in high dynamic range microwave fiber-optic links with linearized modulators, *J. Lightwave Technol.*, 11, 3-6.